Web 3 時代的數字貨幣

蔡維德 著

U0108886

商務印書館

責任編輯　楊賀其

裝幀設計　麥梓淇

責任校對　趙會明

排　　版　高向明

印　　務　龍寶祺

Web 3 時代的數字貨幣

作　　者　蔡維德

出　　版　商務印書館（香港）有限公司
　　　　　香港筲箕灣耀興道 3 號東滙廣場 8 樓
　　　　　http://www.commercialpress.com.hk

發　　行　香港聯合書刊物流有限公司
　　　　　香港新界荃灣德士古道 220-248 號荃灣工業中心 16 樓

印　　刷　美雅印刷製本有限公司
　　　　　九龍觀塘榮業街 6 號海濱工業大廈 4 樓 A 室

版　　次　2023 年 4 月第 1 版第 1 次印刷
　　　　　© 2023 商務印書館（香港）有限公司
　　　　　ISBN 978 962 07 5955 0
　　　　　Printed in Hong Kong

前言

　　數字貨幣的出現時並沒有引起人們的關注，許多人認為它只是一個工程項目或是玩家的一次嘗試。沒有任何人預料到這將是一次涉及科技、貨幣、金融、文化、法律的整體大改革，其程度相當於 14-16 世紀歐洲的文藝復興，是一次 21 世紀的新型文藝復興。數字貨幣帶來的改革超乎想像，其特點是變中有變，持續改變，國家政策也只能隨機應變，因時制宜。

　　當「比特幣大軍」兵臨城下之時，「守軍」才發現自己早已被包圍。當然，不是「守軍」懈怠，而是它在多次巡視觀察後始終不見任何敵人的蹤影，更未曾想到「比特幣大軍」為攻城竟修建了地下暗道。此時的「比特幣細作」早已穿過地道，進入首都地下市場活動多年，並和城外的包圍部隊形成裏應外合之勢。一些國家選擇開門投降，接受比特幣成為國家法幣，而一些不願意投降的國家則試圖讓比特幣大軍改邪歸正，讓其加入合規市場。

　　比特幣大軍的追隨者以太坊大軍，自問世後在很長一段時間內一直以「小弟」身份出現，但在這兩年卻「青出於藍」，「更上一層樓」。由於以太坊系統部署了比特幣原來沒有的智能合約，開啟了「可編程經濟」。因此，在許多國家還聚焦在比特幣的時候，以太坊暗中攻城略地，其產品從數字貨幣出發，到後來的分權式金融（DeFi）、數字藝術（NFT）、數字品牌、數字貿易、數字機構等，以太坊的市場愈來愈大，影響力超過比特幣。一些媒體大肆讚揚其創新性，認為它將帶來巨大金融革命以及美好的未來。

2021 年，世界才理清如何對應比特幣，但是現在還要考慮如何治理以太坊。然而，以太坊大軍由於是可編程的，因此可以不斷繁殖演化，可以在很短的時間將小組軍隊變成「千軍萬馬」。如果不在根部解決以太坊的問題，以太坊的問題會超過比特幣。

因此，發展數字貨幣不但要有傳統金融的安全維穩思維，還要有「腦筋急轉彎」的能力。落後帶來的風險極大，影響的不只是銀行或是金融機構，還可能是各行各業。

自序

材料一邊書寫，事件一直出現：
步履不停，創新不止

本書以數字貨幣為主核心，探討數字貨幣的科技、經濟理論、市場架構以及其對世界的衝擊。

自從 2019 年 6 月 18 日晚 6 點（北京時間）原臉書（Facebook）公司發佈數字穩定幣白皮書，全世界就受到了來自數字貨幣的衝擊。至今，我們仍可感受到當時多家商業銀行領導人輾轉反側、夜不能寐的場景，可見衝擊之大。這一次，美國商業銀行也坐不住了，為了此事竟與筆者通訊，希望我能夠開發其他系統來反擊臉書（可是我沒有接受他的邀請）。如果不是這段親身經歷，筆者無法得知竟然有這麼多人對此坐立難安。從那時起，數字貨幣對人類的影響持續增加，大量相關討論隨之出現。

2019 年 8 月 23 日，美國的學者迎來一個更大的衝擊，可以說是「美元珍珠港事件」。英國央行行長在美國舉辦的聯合國貨幣和金融會議（United Nations Monetary and Financial Conference）上談到：「以後基於一籃子法幣的數字貨幣會取代美元成為世界儲備貨幣。」如果大家了解歷史典故就知道，1944 年美國布雷頓森林也曾舉辦了相同的會議。會議上，世界各國接受美元取代英鎊成為世界儲備貨幣。75 年後，英國央行提出數字貨幣取代美元成為世界儲備貨幣。

英國央行行長的提議雖然沒有實現，但是這次演講卻震撼美國政壇。到了今天，美國仍有許多文章描述那次演講帶來的震驚。

2019 年 11 月，哈佛大學 Rogoff 教授代表美國智庫發聲，公開反擊英國央行行長的理論。同時他還提出，不論該理論是否正確，美國都必須預備好這次貨幣大競爭。從那時起，美國開展了積極的數字貨幣研究。

美國總統行政令有重大影響

經過兩年多的討論，美國總統在 2022 年 3 月 9 日正式簽署行政令（Executive Order），接受數字資產（Digital Assets），而內容大多與數字貨幣有關。美國總統令要求數字資產必須在合規的環境下進行，這也是筆者過去多年的主張。一場近四年的辯論結束了（從 2018 年開始算起，由於那年美國國會開了聽證會，討論數字貨幣），美國全面接受了數字貨幣以及數字資產，並且認為數字美元必定要在貨幣市場領導其他數字貨幣。此外，行政令還要求美國各部門一起合作，共同推進數字資產。

數字貨幣是集成知識

筆者認為數字貨幣研究需要：

- 了解現在金融市場的發展以及需求。
- 了解區塊鏈設計，但不只是了解比特幣的區塊鏈，也不只是了解以太坊的區塊鏈，而是了解 Diem 的區塊鏈系統的設計，或是了解基於 PFMI 的區塊鏈系統。這些區塊鏈系統的架構和處理流程不盡相同。其中，基於 PFMI 的區塊鏈系統和比特幣的區塊鏈系統差異非常大。
- 了解數字貨幣交易科技，包括交易、流動性節約機制（Liquidity Saving Mechanism, LSM）、結算、監管（KYC、AML 等）技術

和流程，以及他們之間的複雜關係。

· 了解一些數字貨幣宏觀經濟學，包括金融風險、系統性風險、金融穩定和貨幣取代理論等。

本書的一個重要觀點是數字貨幣研究不能只靠單維度的分析和了解，筆者多次在演講時也提到研究數字貨幣不能頭痛醫頭，腳痛醫腳，比如一些人發現比特幣系統存在許多問題就開始優化其系統。2016 年英國央行就曾提出優化比特幣系統來建立數字英鎊計劃，這就是一個經典單維度思維案例。所以，對於數字貨幣的研究，不但要了解加解密以及共識機制，還需要了解其他領域。

英國央行提出數字貨幣模型一年後，加拿大央行、歐洲央行、日本央行等多國央行加大了對數字貨幣的研究，並得出許多新的理論，推翻了之前的觀點，甚至連一些大家普遍認同的傳統理論都受到挑戰。2019 年後，美聯儲也開始他們對數字貨幣的研究。他們的一個重要觀點是研究數字貨幣需要 360 度全方位的分析，從數字貨幣經濟理論、區塊鏈技術、加密技術、網絡科技、交易科技等多方面考慮。

如果想要對以上內容有更清晰的解讀，需要充分研究最近幾年（從 2014 年開始）世界權威金融機構發佈的研究報告。本書的參考文獻更集中於英國央行、國際貨幣基金組織以及美聯儲的研究報告。在早期，英國央行、國際貨幣基金組織常常是數字貨幣研究的帶領者，後來美聯儲也在加快步伐，頻繁發佈研究報告。

如果讀者有興趣可以直接閱讀他們的原文報告，直觀感受他們對研究內容的興奮或是失望。例如，我們在閱讀原英國央行行長的演講稿時，他對於數字貨幣即將為世界帶來的改變感到十分激動，也讀到英國央行不得不因為項目失敗而取消原本向世界宣佈的偉大計劃時的惋惜。2021 年英國媒體報導稱英國央行數字貨幣（Central Bank Digital Currency，

CBDC）研究「起個大早，但是趕了晚集」，與此同時美聯儲宣佈開啟大型CBDC計劃。

事物不斷出現，理論一直更新

數字貨幣發展變化之快史無前例，僅僅是 2021 年 3 月到 6 月間就出現多次重大事件，以至於本書在編寫時一再修改調整。例如美聯儲分別在 2021 年 4 月和 6 月發佈的報告觀點就前後矛盾。但是，自 2022 年 3 月 9 日後觀點一致了。當天美國總統簽署了行政令，全力支持在合規環境下發展數字資產。

讓數據說話是本書的寫作原則，其內容都是使用公開的數據，最新素材，最新理論來解釋最新事件。因此，本書不會像古典數學教科書 G. H. Hardy 的《純數學課程》（*A Course of Pure Mathematics*）可以使用多年而不更新。

本書的定稿使用的是 2022 年 6 月之前的材料，只是在序中添加 2022 年 11 月發生的 FTX 事件。誠如英國學者所說：「數字貨幣關係到國家金融命脈，改變國家整個經濟體系。」

事情發展太快，計劃趕不上變化

「比特幣挑戰美元」事件可以說是數字資產帶給世界最大的一次震撼。由於這事件對世界金融產生的衝擊是極大的，讓各國央行、金融機構等顯然都沒有做好事先準備。多國央行學者也公開承認根本沒有預測到該事件會發生，而且發生得如此猛烈。

世界股王華倫·巴菲特（Warren Buffet）因堅持不投資比特幣讓他在股東大會上受到了來自其他股東的嚴厲批評，認為他的年事已高，觀點過時，做法過分保守，使得股東的收益減少。

比特幣挑戰美元事件發生後，除了讓比特幣大漲以及美聯儲大印鈔票之外，另一個重要影響就是因為世界接受了數字貨幣區理論，以流動性來評估貨幣（包括數字貨幣）。突然之間，數字貨幣成了重要貨幣工具和政策。

2021 年倫敦大學學院 Josh Ryan-Collins 教授認為，數字貨幣將徹底改變國家經濟體系。

歷史性關鍵時期

本書可以作為研究數字貨幣發展史的文獻材料，因為筆者在討論它的主要理論的同時也整理了它的整個發展過程，包括一些背景故事。其中有一些是筆者親身經歷。

我們在閱讀歷史時會想像如果生活在漢朝、唐朝或是明朝會有怎樣的經歷，而現在我們正在經歷一個歷史性的大改革。科技、金融、文化、法律四大改革同時發生，而這幾年就是改革的關鍵時期。一個幾百年來才遇到的大改革，以後的學者會羨慕我們生逢其時。「我的祖父沒有這樣的機遇，我祖父的祖父也沒有這樣機遇，而我卻遇到了」，這是 2016 年 9 月筆者在倫敦參與國際會議時，坐在我旁邊的歐洲央行學者在會議中表達的觀點。

因此，希望讀者們可以細讀書中的內容，因為此刻的你正在經歷一個我們祖父沒有遇到的機遇，我們祖父的祖父也沒有遇到的機遇，而我們卻遇到了。

普林斯頓大學的數字貨幣區理論

在這裏解釋一下為甚麼本書選擇普林斯頓大學的數字貨幣區理論作為主要研究方向，因為筆者認為這是最靠近事實的經濟學理論。從 2019

年 5 月開始，筆者陸續提出一些數字貨幣理論，也發表相關文章。後來在讀到普林斯頓大學的數字貨幣區理論時發現與筆者的觀點不謀而合，但其有自己的獨到分析，例如：「世界金融會因為數字貨幣而更加碎片化，而不是更加融合」。這是意料之外的，於是筆者決定通過普林斯頓大學的數字貨幣區理論來討論數字貨幣。

數字貨幣區理論帶給世界金融市場的影響是巨大的，後來許多重要機構包括美聯儲、歐洲央行等也開始了對這理論長期研究討論。2021 年美國財政部多次根據這理論討論如何維持美元的霸權，又在 2021 年 1 月根據這理論提出美國商業銀行的改革計劃。

數字貨幣理論需要實際系統支持

2021 年，美聯儲發佈的一篇報告，挑戰了多個當時流行的數字貨幣理論。美聯儲認為這些所謂的數字貨幣理論的提出，是基於傳統貨幣理論的，而不是基於基於數字貨幣的。因此這些理論可能只是空中樓閣，沒有根基，而通過這樣方式匯出的數字貨幣理論不準確，也無法應用。

根據美聯儲的觀點，如果一個理論和實際系統不相符合時，就是到了數字貨幣理論需要更新的時候。因此雖然本書的主題是數字貨幣，但包含了相關的科技的介紹。

不了解底層系統，得出錯誤的數字貨幣理論

在過去，數字貨幣研究報告出現不準確的觀點或是連基本定義都錯誤時，一般做法是發佈新版本來覆蓋原有的定義。然而，這樣的錯誤並非個例，甚至還發生在權威且重要的研究報告上。2019 年，世界急需數

字貨幣理論作為指導，但當時非常缺少數字貨幣深度研究學者[1]。在不了解底層系統的情況下所提出的一些理論就會錯誤。

大量數據出現，改變理論基礎

2020 年，美國監管科技公司收集了大量的數字貨幣數據，經過研究分析後發現近年來所提的一些數字貨幣思想理論與實際數據並不相符合，後被自然而然地淘汰掉了。

系統更新，數字貨幣理論也需要更新

一個重要信息：只有對數字貨幣系統充分了解後才能知道一個理論是否正確（即使只是方向正確）。因此，本書將對數字貨幣區理論的「世界金融會以平台為中心」持懷疑，其原因是該理論是根據傳統數字貨幣系統的模型而導出來的，現在有新的數字貨幣系統的模型出現。模型變了，理論也要跟着變，市場作業和架構只能跟着改變。

感謝

本書寫作得到國家科技部重大項目（2018YFB402700）的支持，自然科學基金項目（61672075，62690202）的支持，青島市嶗山區政府支持，蘇州市政府支持，寧波市政府支持以及北京金融安全產業園支持。

本書落筆的最主要原因是來自中國銀行原副行長張燕玲行長的邀請，感謝她邀請筆者演講《數字貨幣十講》；感謝王永利行長（也是中國

---

[1] 我們和國外學者交流時，他們表示只有很少的學者了解數字貨幣。

銀行原副行長）給我們作重要點評；感謝中國互鏈網分會倪健中會長的點評和協助。

在整個起稿過程中，筆者分別在北京金融局、中國銀行、農業銀行、國家能源、中建、中石油等多個單位發表了演講，也接受了央視英文頻道、百度、財經雜誌和環球雜誌上訪談，中間經歷了科技部重大項目的中期以及終期考核以及自然科學基金研究等工作，還與多個研究機構進行了交流，例如北大、清華、北郵、社科院、對外經貿大學、西安交大、京東數科等，在百忙之中完成了本書。

蔡維德

2022 年 7 月 30 日

北京市

序

　　蔡維德教授作為區塊鏈領域的國際權威專家，於新書介紹了新型貨幣戰爭的來龍去脈，幫助讀者深入理解數字貨幣的內涵，理解央行數字貨幣的實際意義，從而幫助投資者把握數字貨幣的投資機遇，增強對未來發展趨勢的領悟，從而做出正確的抉擇。

　　本書的討論令我深感怦然心動，新的大規模系統型技術變革令人震驚，而這種令人興奮的機遇，正是我們現在互聯網時代面臨的根本性挑戰。從包括區塊鏈、智能合約、互鏈網等科技進一步討論到數字貨幣、金融改革、數字資產、NFR/NFT 及根本知識，其中所包含概念及其他理論例如可編程經濟和物聯網，傳播科技的改變令我深感興奮。同時，蔡教授討論了監管數字貨幣的重要性，以及央行發行的數字貨幣、國際貨幣支付結算的新方式等，讓大家有機會了解到金融科技的先進與發展，了解到新型貨幣戰爭的神秘地帶。本書閱讀起來極其精彩，帶給我深刻而又持久的影響，讓我看到金融技術的真正進步。

蔡全

香港區塊鏈協會創會聯席主席
海南自由貿易港金融發展中心特邀專家
國際金融科技、清結算和交易金融專家
創建國內第一家交易銀行業務事業部
過去 30 年曾任職香港渣打銀行、中國銀行及南非投行

數字代幣和央行數字貨幣起源

01

第 1 章

數字貨幣的第一步：
數字代幣

數字代幣的出現一直呈現兩極化的看法，一種觀點認為這是他們的「信仰」，盲目追求，只買不賣；另一種觀點則認為這是「洪水猛獸」，會擾亂國家金融，需全面避開，甚至還出現鄙視數字代幣以及相關從業人員。

儘管存在爭議，但不可否認中國也曾一度成為參與數字代幣活動人數最多的國家，且資金池也是最大的。可以說，對當時幣圈發展有着「舉足輕重」的作用。

面對龐大的交易市場，除了人的參與，還需要有一套完整的、有組織性、系統性產業鏈發展體系。也就是說一個成功的產業其整個產業鏈必定是非常「健全」的，不僅要有上游，有下游團隊的支持，也需要有專業背景的支持，包括學術的支持，產業的支持，還有營銷團隊推廣以及媒體的同步宣傳推動。

2021 年美國分析師發現一個擁有完整產業鏈的數字代幣其盈利竟高達到三萬億美元，這已經不能簡單地形容為「富可敵國」。假設這是一個國家的 GDP，那麼它將成為世界第五大經濟強國，超過世界上 98% 的國家。

面對強大的經濟體系「誘惑」，很多國家都表現出濃厚的興趣，躍躍欲試。

過去，美國反反覆覆多次改變觀點，公開辯論，打壓相關企業，但在2022 年 3 月還是決定走向該路線，積極鼓勵發展，接受政府監管。

雖然數字代幣已退出中國大陸市場，但央行數字貨幣的研究仍有參考價值。

1.1 甚麼是數字代幣？

數字貨幣（Digital currency）一般是指加密貨幣（Cryptocurrency），而加密貨幣的研究發展至少有 30 年的歷史。一開始，只是少數對加密貨幣有興趣的學者在研究，試圖使其成為主流貨幣，結果不言而喻。今天，多國政府並不承認這些不合規的加密貨幣是「貨幣」，只能稱之為「數字資產」，因此本書將這些不合規的加密貨幣統稱為「數字代幣」。

在討論數字貨幣之前，我們需要對數字代幣特別是比特幣有基本了解。如果沒有充分理解比特幣的特性、功能等，那麼在討論數字貨幣戰爭時會存在知識誤區。

中國區塊鏈界分為幣圈和鏈圈，其中幣圈進行炒幣，鏈圈進行技術開發。中國曾擁有世界上最大的幣圈，且資金最雄厚，社區最大，實力最強，參與人最多，如果可以持續發展，將誕生更多的大型交易所，但是損失也最慘重的。這是因為幣圈發生過多次大型欺詐事件，甚至有一些幣圈竟可以在沒有區塊鏈系統的環境下，還能通過金融進行炒作（這是空氣幣），後來爆倉讓很多人血本無歸。

另外，中國的區塊鏈技術不論是幣圈或是鏈圈的區塊鏈系統大多來源於國外的是開源項目，或是進行二次開發，以至於許多國內的區塊鏈系統都大同小異。

本章從比特幣的發明者開始討論，分析比特幣的特性、價值及其產生經濟效應，最後討論 2021 年比特幣監管狀況。

1.2 比特幣發明者

2008 年 10 月一位名叫中本聰（Satoshi Nakamoto）的作者發表了一篇論文，公開了一個點對點（peer-to-peer，P2P）的電子貨幣系統，即比特幣系統。由於其筆名極具日式風格，很多人都以為「中本聰」是日本人。

然而，根據美國多家調查單位的研究報告和紀錄片披露，真實的中本聰可能是美國人尼克薩博（Nick Szabo）[①]。首先，他是美國人，同時擁有電腦和法律背景，也是加密科技的專家。以日本名出現，可以逃避法律責任。

為甚麼真實中本聰不會承認身份？

1. 法律問題：由數字代幣引發法律問題不勝枚舉，如果承認可能會面臨刑事責任。這讓真實的「中本聰」不會承認，因為當初一同發展數字代幣的另外一個加密專家就因此違法入獄。

2. 收稅問題：如果承認，美國國稅局會立刻處理比特幣盈利，罰金會讓真實的「中本聰」立刻破產。

因此不會有人在美國公開承認自己是「中本聰」。有沒有發現「中本聰」冒名頂替者都不在美國？

[①] 國外多部記錄片以及公開文獻都直接注明美國人尼克薩博是「中本聰」。這是根據 1）排除法，2）文字寫法分析，3）電子郵件的追蹤；4）談話內容和語言分析；5）論文內容和語言分析；6）多處不合理的場景得出來的結論。在當時只有大概 10 位電腦學者對這題目有興趣，但是不是每位學者在那段時間都有時間開發比特幣系統。經過大量地對比他們當時的工作行程來排除，只有一位仁兄沒有被排除掉，就是尼克薩博。而單單根據文字寫法的分析（例如比較比特幣白皮書和尼克薩博公開的寫作），大於 99.9% 的可能性他就是中本聰，就是不到 0.1% 可能性他不是。這是經過電腦自然語言處理系統分析的結果，不是人工得出來的結論。另外一些不合理的場景就是當人們多次問他對比特幣的觀點時，他經常有過分而且過激的觀點。例如他說比特幣是「完美的」，對任何人對比特幣的批評都強烈辯駁。如果他不是中本聰，而且神志清醒，尼克薩博不應該有這樣的過激的反應。

1.3 比特幣的特性與價值

如果比特幣是一家公司，那麼將是世界上最奇特的公司。微軟創始人比爾・蓋茨認為，比特幣系統沒有董事長、總經理、客服、電話、辦公室、電子郵件、工商、稅務、銀行、外匯管理等，有的只是代碼，但仍可正常運營簡直是一個奇跡。通常來講，支付需要考慮擔保、牌照、客服等事項，而比特幣在沒有這些要素的情況下竟然可以進行國內支付和跨境支付。

比特幣在 2020 年交易額大幅提升，由傳統金融市場支持其交易量。2021 年 3 月，比特幣平均每天的交易額是 174 億美元，超過許多銀行一天的交易額。其中，直接交易為 5 億美元，其餘為間接交易，大多借由灰度（Grayscale）基金進行交易。

思考問題：驚人的觀點指出甚麼方向？

比爾・蓋茨説得對，比特幣是世界最奇特的一家「公司」。這帶來甚麼信息？

1. 以後可能會出現全數字化，全自動化的金融機構，或是其他任何機構。這就是「道」（Decentralized Autonomous Organization, DAO），中文是「分權式自治組織」，幣圈使用「去中心化自治組織」。這帶來的產業和市場變化會是巨大無比的。

2. 比爾・蓋茨説錯了。雖然比特幣沒有客服，沒有總經理，但是有大量程式員在背後更新比特幣系統的代碼。所以，事實上比特幣是控制在這些程式員手中。將來 DAO 也會被程式員控制。

社會學者可以討論這樣的組織形態是不是國家可以接受的？以及如何在這種環境下治理國家、社會、經濟體系。

數字代幣跨境支付比銀行快得多

　　國際貨幣基金組織指出，比特幣等數字代幣的跨境支付比銀行快。國際貨幣基金組織還指出，對於國內支付，銀行可與比特幣等數字代幣競爭，但對於跨境支付，現在的銀行根本無法與比特幣等數字代幣競爭（除非銀行也使用數字貨幣進行跨境支付，例如美國摩根大通銀行已經開發自己的數字貨幣進行跨境支付）。

大部分數字代幣交易是跨境支付

　　現在機構之間的數字代幣交易，特別是比特幣有 74% 是跨境支付，例如交易所與交易所之間，銀行與銀行之間。

　　摩根大通在 2021 年 2 月發佈的一份報告中表示，大部分數字代幣用於跨境支付，而這些跨境支付沒有受到外匯管理和國家監管，這是一個嚴肅的問題，意味着每天有大筆資金不在國家或國際治理之下。

比特幣的價值

比特幣有沒有價值一直存在爭議。傳統上，一個貨幣的價值建立在國家信用或是貴金屬上；如果以這兩種方式來評估比特幣，比特幣的確毫無價值。因為比特幣沒有國家信用憑證，沒有貴金屬支撐，純屬私人「貨幣」，當然也沒有準備金。然而，暴漲的比特幣卻一直挑戰着傳統經濟學理論。

美國摩根大通總裁 Jamie Dimon，作為美國第一大銀行的總裁，他曾堅定地認為比特幣是沒有價值的。但面對常年暴漲的比特幣市價，他又改變了自己的觀點[2]。

作為世界央行的銀行國際清算銀行也認為比特幣沒有任何價值，是國際金融市場的擾亂者。但是在 2021 年 9 月，國際清算銀行也改變觀點，認為這些私人數字貨幣，會和國家法幣，以及未來的 CBDC 並存。

比特幣的價值在於服務地下經濟

「地下經濟」又稱隱形經濟、影子經濟、逃稅經濟等，就是沒有納入政府統計報表的商品或服務。地下經濟屬於隱形經濟，政府難收稅收，因此地下經濟也是逃稅經濟。在一些地方，地下經濟是指走私、賭博、

---

[2]　由於他一直堅持沒有價值，而比特幣一直在漲，他的談話反而是業界的一個茶會談話的題目。

未註冊的就業、短工、夜工、逃稅和未登記收入活動。地下經濟活動者總是千方百計逃脫政府和公眾的監督，也是社會和法律所不允許或者是不提倡的活動。

在一些國家，地下經濟佔有的比例還很大。例如在歐豬（南歐洲 4 國）事件，出現債務危機的葡萄牙（Portugal）、義大利（Italy）、愛爾蘭（Ireland）、希臘（Greece）和西班牙（Spain），這五個國家以英文國名首字母組合「PIIGS」英文單詞「pigs」（豬），因此稱為歐豬事件。而歐豬事件就是一件地下經濟的明顯例子。德國在這事件就認為不應該提供救濟。由於一些歐豬國家，國家經濟不強，但是地下經濟卻還是非常強勁。地下市場擁有名貴跑車還超過富有的德國擁有的名貴跑車，因此德國認為不應該只是以國家統計數據來評估一個國家的經濟實力。例如希臘的地下經濟高達 40-50% 的 GDP，表示竟然有國家 1/3 的活動是地下經濟，因此希臘的經濟是被大大低估的。

哈佛大學 Rogoff 教授認為比特幣的價值在於服務地下經濟，因為地下經濟需要有地下貨幣存在，而比特幣就是地下經濟的貨幣。

地下市場有貨幣需求，現金一直是地下市場最重要的工具。自從比特幣出現後，其高流動性、高速跨境支付、匿名性以及不受任何政府的監管的特性，比現金更「好用」。由此，比特幣成為地下經濟的主要流通貨幣。

Rogoff 教授還指出，地下市場佔比約為合格市場的五分之一，大規模交易使得比特幣的需求也很大。值得注意的是，在合規國際市場，美元、歐元、人民幣、日元等多國法幣在競爭，而在地下國際市場，比特幣一家獨大。

比特幣的價值在於給投資人帶來的市值暴漲

2018 年西方情人節，美國公開表示大力支持金融科技創新。後來反洗錢金融行動特別工作組（Financial Action Task Force, FATF）要求全世界數字資產交易所在 2020 年 6 月 30 日前進行註冊接受監管。一旦交易所選擇註冊接受監管，這就代表該交易所是合法的，在內部交易的數字代幣也部分合法化。這一思想的改變，使得數字代幣暴漲。

2020 年美國合規金融機構大筆買入比特幣，許多知名單位紛紛入場。在這些投資者的眼中，比特幣有沒有終極價值是可以討論的，但在市場上暴漲卻是事實。即使有一天比特幣真的歸零，但在之前他們可以先賺一筆。在這種思想下，導致比特幣的價格暴漲而且挑戰美元。

小故事

這些思想都在美國媒體公開出現，連美國著名投資公司高盛集團也多次發生轉變。傳統上認為比特幣沒有價值，因為作為美國投資界領頭羊，高盛採取保守的觀點是正確的。但是看到比特幣帶來的「豐厚」效益也忍不住開放投資。不久之後，美國媒體有多番比特幣挑戰美元的報導，以及哈佛大學教授認為比特幣「在地下市場有價值論」，高盛只好退回到原來的觀點。

一些國家公開或是暗地支持比特幣

美國監管單位通過在科技公司收集到的數據分析顯示每天有大量比特幣進行跨境交易，而且市場成熟、規模大，而在這些交易中就有一些國家經常性地使用比特幣在做跨境貿易。

早在 2013 年，德國就允許使用比特幣做交易支付，2017 年 4 月 1 日（愚人節）日本也宣佈接受比特幣支付。德國和日本是全世界帶頭承認

比特幣進行支付的主要工業國家，但到目前為止仍未找到日本願意接受比特幣的原因。日本政府只是說「這對日本好」，但是好在哪裏？日本政府一直沒有明確說明。有人打趣地說這是日本政府愚人節的玩笑。

2018 年，美國亞利桑那州成為全美國第一個允許比特幣繳納稅收的州，該州也因此大賺一筆（如果他們沒有馬上換成美元）。

2022 年 2 月，俄羅斯宣佈願意接受比特幣作為交易媒介。2022 年 11 月俄羅斯宣佈在國家財政部和中央銀行支持下，預備開啟比特幣交易所。

俄羅斯的決定不是一時興起，而是通過地下市場，跳過美元使用比特幣做交易。

俄羅斯在 2022 年 2 月作出的重大決定不只是因為西方國家在 2022 年對其實施制裁，而是已經實施多年。事實上，西方國家對俄羅斯的制裁在 2014 年就已經開始，為了自保不得不提前探索使用比特幣等數字代幣作為交易媒介。

根據公開的信息，俄羅斯在幾年前與他國的交易每天有超過 3000 萬美元是以比特幣結算，並且俄羅斯還擁有大量的數字代幣的礦機，整個比特幣產業鏈是非常完整的。這次俄羅斯是有備而來。

比特幣以後能否存留還是未知數

從上面分析來看，比特幣的價值在於它的使用，而且是地下市場的使用，但因沒有國家信用憑證，沒有準備金，也沒有貴金屬支持的「貨幣」，這樣的「貨幣」以後能否存留還無法得到確切的定論。

數字代幣與黃金屬性不同，本身沒有價值，而且是人為（Artificial）貨幣，只存在電子系統內。如果一個國家沒有電力或是沒有網絡，比特幣在這個國家消失。比特幣更重要的價值在於它在地下市場的交易，如果將來在地下經濟出現新的數字貨幣，私隱性更好，比特幣就可能會被

取代。現在美國已經出現這樣的數字貨幣出現，並且得到美國國家科學基金會（National Science Foundation）的支持[3]。

比特幣系統正經歷大量的改造。2021 年美聯儲的演講提到麻省理工學院數字貨幣團隊從 2020 年開始已經在改寫比特幣代碼。怎麼改，改甚麼？美聯儲沒有提及，但該改寫引發的反應是很明顯的。最近，一些網站認為比特幣「不夠安全」，著名暗網也拒絕接受比特幣的支付。作為地下市場「寶貝」的比特幣，現在卻為甚麼被拒之門外了？因為在美國多家監管科技公司追蹤下，比特幣早已沒有私隱可言，暗網只能被迫放棄。如果地下經濟完全放棄比特幣，那麼比特幣將失去其作用，幣價可能跌至谷底，甚至歸零。

現在比特幣的代碼正在更新中，能否存留還是未知數的，但以後在國際監管機構監督下不會是隱形的，而是赤身裸體的。

③　這代表美國學術界認定數字貨幣是一門科學研究課題，而且是國家重點關注的專案。

第 2 章

比特幣：
一開始就想走歪路

有人認為比特幣是他們的「信仰」，崇拜比特幣的匿名性，規避監管性以及支持快速跨境等特性。

有人認為比特幣是「洪水猛獸」，會擾亂國家金融，需全面避開。

但這些只是比特幣最基本的屬性，根據這些特性而得出的數字貨幣結構，交易流程，金融市場的架構，監管策略都會因此改變，甚至還會影響一個國家在世界經濟的地位。

這是英國央行在 2015 年的原話，當時許多國家包括美國都不認同這種觀點。但是 2019 年 8 月 23 日後，美國一反常態，投入大量人力物力、財力研究比特幣。兩年半，於 2022 年 3 月 9 日美國總統簽署數字資產行政令，徹底改變以往的觀點，全面擁抱數字資產、數字貨幣。

到底甚麼是數字貨幣？這像個飛行的地毯，因為定義一直在變。不同時間有不同定義。根據不同的定義會得到不同的解釋，也會得到不同的數字經濟結構，包括不同的合規市場以及不同的地下市場。

如果要學習數字貨幣需從比特幣入手，雖然它是一個數字代幣，但也是世界上出現的第一個數字「貨幣」。由於先入為主觀念，許多開發者在設計數字貨幣時會以比特幣系統作為基礎。

例如由英國央行在 2016 年提出，倫敦大學學院團隊負責開發的第一個央行數字貨幣（CBDC）模型 —— RSCoin 就和比特幣的模型大同小異，最終沒有得到國際的認可，後來英國央行也不再提及、討論。但是直到今天許多數字貨幣模型同樣是以比特幣為基礎的，例如 2022 年 2 月美聯儲和麻省理工學院合作的 CBDC 項目仍然了比特幣系統的設計思想。可以看出比特幣的影響甚廣，因此本章先討論比特幣的模型。

筆者的觀點正好相反，央行數字貨幣的設計需要完全避開比特幣的模型。如果我們專注於「學習」比特幣的設計，反而容易進入一個花園小徑（garden path）。在心理學中，花園小徑代表思想混亂。當人們已經有了一個慣性思維，又要求創新時，很難打破先入為主觀念，或多或少都會受潛移默化的影響。因此筆者認為，只有把比特幣的設計模型作為反例，才能進行創新。

現在，有關比特幣介紹的書籍、文章不可勝數，讀者可自行閱讀。但本章不是純技術討論，而是以社會、經濟的觀點來探討比特幣的特性。

2.1 比特幣的交易特性

比特幣的設計使用的是 UTXO 模型(Unspent Transaction Outputs)，是其獨創的新型數據結構。比特幣系統中使用 token(代幣) 模型正如現金中的 coin(硬幣) 一樣，可以有多種圖案和不同面值。例如有 10 元、1 元、5 角、1 角、5 分、1 分硬幣，圖案與面值一一對應不能更改。例如買份報紙 1.5 元，給 10 元硬幣，需找回 5 元＋ 1 元＋ 1 元＋ 1 元＋ 5 角硬幣。硬幣上的面值不能隨意更改。

比特幣 UTXO 模型也是一樣，每個幣有固定的面值不能更改，但是種類可以有很多。例如我有 5 塊比特幣，預備花一塊比特幣時，事實上 5 塊比特幣就消失，其中新比特幣（4 塊）支付給了自己，另外新比特幣（1

塊）支付給了交易對方。也就是說比特幣總體面值沒有改變，只是原來的 5 塊面值硬幣消失，換成一個 4 塊和一個 1 塊的兩個比特幣。當然，這裏使用 4 塊和 1 塊作為例子，事實上也可以是 3.9945 比特幣，另外一個是 1.0055 比特幣。

這一奇特的模型意味着賬戶（如果我們把 token 當作賬戶）只使用一次，類似於小偷在作案後第一時間將贓物處理掉。

重點

比特幣的一個重要特性是 UTXO token，即一次性賬戶，用過即扔。過多的賬戶給監管單位增加監管壓力。

一些學者認為任何數字貨幣都需要使用 UTXO 模型（以太坊除外）。例如，2016 年英國央行提出的 CBDC 模型的 RSCoin，2022 年 2 月美聯儲和麻省理工學院共同提出的 CBDC 模型都是使用 UTXO 模型。

2022 年 2 月，美聯儲和麻省理工學院認為央行數字貨幣模型的數據結構需要更加簡單，因為越簡單的結構，在電腦系統內處理越方便，佔用體積（例如記憶體以及存儲）就越小。為了增加速度，美聯儲採取了 UTXO 模型。但是天下沒有免費的午餐，在一個地方簡化意味着在另外一個地方可能會複雜化。為了支持 UTXO 模型的交易，美聯儲在其他地方存儲了大量的數據來支持 CBDC 的合規交易。由於 UTXO 模型存儲信息量太少，而反洗錢則需要大量數據，因此在其他子系統會更加複雜。又因為模型是「使用一次就丟」的模型，而不重複使用同一賬戶的傳統模型，加上匿名性，比特幣大大便利跨境支付洗錢（大大增加反洗錢的難度）。

2.2 比特幣賬本結構

比特幣有一個賬本架構，和傳統賬本不同，其賬本數據是一塊接着一塊的。數據放在塊裏，每個數據塊都做雜湊（hash），並把前一塊的雜湊值放在後一塊的內容中。由於每塊都做雜湊，等於層層雜湊（或是次次雜湊），以此來讓後面的數據塊保障前面數據塊的完備性。

舉例來說，一段文字（或是其他媒介例如圖片）信息，都可以使用雜湊演算法，產生雜湊。例如「今天北京下雨」（原文），產生雜湊是11000101（簡化版本），看起來是亂碼。另外一段文字「昨天青島晴天」（原文），產生雜湊10000111（也是簡化版本），看起來也是亂碼，但是這兩個亂碼卻是不一樣。如果我們發現兩個亂碼（雜湊）不同，就可以知道原來文字必定不同。區塊鏈就是使用技術來分辨兩個信息不同，而且在不知道原文只知道雜湊（亂碼）情形下，仍然可以判定兩篇原文不同。

那麼兩個亂碼一致，原文一定一樣嗎？不一定，但是可能性非常小。只是在區塊鏈內作業，如果兩個雜湊亂碼一樣，有 99.999% 的可能性兩篇原文是一樣的。例如兩個節點都收到 11000101 的雜湊值，他們幾乎可以認定這兩個雜湊值的原文是一樣的，而錯誤的可能性只有 0.01%（低到可以忽略不計）。例如系統兩個節點的信息都是 11000101，代表這兩個節點在不知道原文情形下（就是「今天北京下雨」），可以判定原文是一致的（出錯的可能性少過千萬分之一）。

如果原文改為「昨天北京下雨」，只是改了一字，得出來的雜湊可能差距非常大，例如 0101111。從兩個亂碼來看，不知道原文只是差了一個字。而「小王和小美結婚了」可能得到同一雜湊，每個字都不一樣但是雜湊一樣。

數字代幣和央行數字貨幣起源

數學語言

雜湊演算法就是一個散列函數，函數輸入（key），得到 hash（key）值。其中 key 表示元素的鍵值，hash（key）的值表示經過散列函數計算得到的散列值。雜湊演算法有三個特性：

確定性：如果兩個雜湊值不同，兩個輸入也肯定不同。

散列碰撞：兩個雜湊值一樣，但並不代表兩個輸入一樣，因為不同輸入可能得到同一輸出。

不可逆性：從輸出不能得到輸入。

由於不可逆性，雜湊演算法保證比特幣上的數據不能被更改。如果更改，只要再算一次雜湊，因為更改後的數據，得到同樣的雜湊值的可能性太小。

區塊鏈系統大量使用雜湊演算法，每一個區塊都產生雜湊，並把前面一區塊的雜湊值放進下一個區塊內再產生雜湊。這樣層層雜湊，每一次雜湊都建立在前面雜湊上。這樣數據就很難篡改。

區塊內的數據很難篡改，因為一旦更改所產生的雜湊會和以前的雜湊差距很大，因此更改就很容易被發現了。

這樣層次的雜湊架構就形成了塊子鏈，每個節點都有自己的塊子鏈，最終形成一種層層加密的賬本架構。

2.3 區塊鏈共識機制

共識機制就是讓所有參與方都擁有同樣的數據。在電腦界有非常多的共識協議，包括數據庫共識協議、拜占庭將軍協議以及比特幣的工作量證明共識協議（Proof of Work, PoW）等。

甚麼是數據庫共識協議？

簡單地說，就是系統只會做正確的事，否則就會停機。這裏以機器人舉例，每個機器人只會有兩個狀態，要麼說實話，要麼出錯，由內部控制迫使機器人停機不動。

甚麼是拜占庭問題？

簡單地說，就是參與者可以說謊。說謊不同於停機，停機很容易發現的問題，只要系統不回答，就知道系統故障了。可是說謊問題難以檢測，因為說謊的系統不但可以繼續運行，還會給予不同系統不同信息。

傳統電腦系統沒有拜占庭問題，電腦只是單一地執行代碼不會說謊。但是要設計一個會說謊的機器其實是一個不小的工程，因為說謊不是讓每個數據都是錯誤的，而是部分對的，部分錯誤的才算說謊。如果每個數據都錯誤，問題就非常明顯。而說謊的系統可能大部分信息是正確的，因此發現說謊技術會難得多。舉例就會明白，例如清朝雍正皇帝有許多傳聞，例如篡改康熙的旨意登上皇位等。由於這些傳聞大部分信息都是正確的，許多人都認為很理所當然的雍正的確篡改過康熙的旨意。

早期，一些學者認為區塊鏈系統不需要處理拜占庭問題，只需要處理停機問題。這是誤區，為甚麼？這裏看比特幣的作業方式就明白。比特幣可以在沒有客服的情形下，支持兩個不認識的人，也互不相信的人們，不經過銀行系統，沒有銀行擔保，不經過身份認證，只要有比特幣的私鑰，就可以從事比特幣交易。交易的一方可能是國外洗錢團隊，也可能是高科技黑客。他們的目的想辦法偷取你的比特幣。從這裏就可以看到為甚麼需要驗證說謊，查驗作弊行為。

數字代幣和央行數字貨幣起源

表 2-1

	出錯的情況	處理方法	應用
可信任環境	出錯的系統只能停機	數據庫一致性協議	傳統系統，包括互聯網系統
無信任環境	出錯的系統可能停機，但是也有可能繼續作業，並且故意輸出錯誤的信息，誤導整個系統	拜占庭將軍協議	新型數字經濟系統，數字貨幣系統

　　這是為甚麼 2019 年摩根大通銀行認為「超級賬本」不是區塊鏈系統的原因，因為該系統只能運行在可信任的環境內。本書以後還會再討論。

重點：

　　數字貨幣的一個重點就是運行在「無信任的環境」。在這種無信任的環境之下，仍然可以進行需要高度信任的商業行為，例如金融交易。

　　這也是麻省理工學院媒體實驗室提出的數字社會（Digital Society）的一個重要基礎，就是在新型數字經濟，人們不再只依賴傳統第三方權威組織，而是在大部分情形下可以依託協議和演算法來維持信任度。由於協議和演算法不是權威機構，因此區塊鏈最大的創新就是以協議和演算法來從事權威機構的作業。

　　但是在實際系統內，由於伺服器還是可以看出問題，因此在許多區塊鏈系統內還維持着監管機制，讓監管單位可以觀察區塊鏈所有作業，並且得到所有的數據，並且在必要時可以停止交易。

數據庫共識協議

　　數據庫使用大量共識協議，一般應用在兩階段（2 phase）提交協議，就是兩輪（2 phase）投票協議。

第一階段：領導提出，所有參與者需要共識，大家投票同意或不同意，將投票結果回饋給領導；

第二階段：如果第一輪投票結果是一致的（都同意），領導通知大家有共識，上次統計數據就可以記錄在案。

這是傳統數據庫的共識演算法，就是在互相信任的環境下完成的協議，所有參與方都不會說謊。這在傳統系統是正確的假設。在過去，電腦系統能夠跑起來就已經很不容易，哪裏還會說謊。前面提過說謊是一個藝術，而且不是一件很容易的藝術。在這樣的協議在信任的環境下，數據可以運行得很好。

但這不是比特幣或是區塊鏈的共識演算法。在區塊鏈界，共識是在沒有信任的環境下完成的。甚麼是沒有信任的環境？就是參與者有可能說謊。如果參與者有可能說謊，使用傳統數據庫共識協議就可能出錯。

拜占庭將軍共識協議

參與者可能說謊的環境就是拜占庭將軍共識問題。傳統上，電腦出錯時會停機，就是停止運行，但說謊的問題不同。說謊不是停機，說謊的系統仍在繼續工作，只是故意送出不同的信息給予不同節點。如果系統停機，就不可能說謊。拜占庭將軍共識問題是系統沒有停機，而是有部分參與者故意說謊，使系統沒有辦法達成共識。

拜占庭將軍共識問題於 1980 年提出，經過 20 年的研究後發現兩個階段不能解決拜占庭將軍共識問題。於是在 1999 年左右，由麻省理工學院提出「實用拜占庭將軍容錯協議」（Practical Byzantine Fault Tolerance, PBFT），該協議有三個階段，比傳統數據庫共識協議多了一輪，增加一輪投票機制來發現是否有參與者說謊。

從理論上來說，拜占庭將軍協議只能容忍 1/3 的參與者說謊，只要系

統叛逆者少於 1/3，系統仍然可以達成共識，超過 1/3 就沒有協議可以完成共識。同理，要達到拜占庭將軍的共識協議需要 2/3 參與者同意。

一個共識協議
是不是拜占庭將軍協議？

一個簡單的規則，如果只有兩輪階段，該協議就不可能是拜占庭將軍協議，最多是數據庫一致性協議。

2.4 比特幣的共識協議
—— PoW 協議及其耗能

比特幣系統也有共識機制，但不是使用拜占庭將軍協議，而是使用 PoW 協議。其基本思想就是需要超過一半的參與者同意後，才有共識。然而拜占庭將軍共識協議需要 2/3 參與者同意，因此比特幣的共識協議不是拜占庭將軍協議，因為只需要一半通過就可以。

雖然 PoW 協議不是拜占庭將軍協議，但在實際運行的 12 年中還沒有發生過重大意外事件。因此，通過比特幣共識系統催生了幾個巨大產業，包括晶片公司、礦機公司。

比特幣 PoW 耗能

比特幣系統因為耗能問題一直被外界批評，也就是礦機非常耗能。

2016 年，筆者到英國拜訪英國智庫，他們表示比特幣礦機居然消耗了全世界近 2% 的能源。從這一數據推導，世界不會出現 50 個與比特幣

類似的系統，因為這件事如果發生，世界將沒有電力從事其他活動。其實大家可以想一想，以目前挖礦耗能程度，世界出現三到四個這樣耗能的系統已經是不可能的。

因此，可以預測即使以後會有大量耗能的數字代幣出現，物理能源的限制會導致全世界不會再有類似比特幣系統出現。即使會出現同樣使用比特幣挖礦機制的新的數字代幣，它們的影響力必定會遠不如比特幣的影響力，因為世界不會允許損耗如此大的能源資源來「挖礦」。這代表以後的數字代幣將不再跟隨比特幣的路線，而是需要尋找新路線。這也代表比特幣機制很難被其他數字代幣複製，這一限制不是來自協議，而是來自能源。

由於傳統依賴算力來挖礦遇到愈來愈多的反對的聲音，2021年許多數字代幣也開始根據這一思路重新設計，考慮使用再生能源來挖礦，或是不再依賴算力。

2.5 比特幣使用 P2P 網絡協議

比特幣的特性之一是全網記賬，全世界任何一個網絡只要願意就能參與記賬，它採用了一種點對點協議（Peer-to-Peer， P2P）。

P2P協議主要作用是通過網絡在兩個伺服器或是節點之間建立連接、發送數據。其優點是簡單，具備用戶驗證能力，可以解決IP分配等。

P2P協議的一個主要特性是，只要網絡上有電腦或是伺服器願意接受這一軟件，該協議就可以在這個機器上執行。當世界上有許多伺服器願意參與時就形成一個大型網絡，可以在世界每個地方執行任務。如果這項任務對社會是有利的，那麼整個社會將得到好處；但如果執行的任務是違法的，將會成為全世界的公敵。

P2P協議的設計者肖恩‧范寧（Shawn Fanning）在使用該協議開發

了 Napster 系統，幾乎顛覆了當時的世界音樂產業，因為全世界人民都可以通過這一系統得到免費音樂。但從法律層面來看，這是違法行為，而受害者是全球音樂界。在一些不尊重版權的地區，Napster 可以說是天上掉下來的餡餅，因為當地居民可以免費下載想要的音樂，但是對於音樂工作者，這是權益的侵害。

後來，Fanning 被多家音樂公司共同起訴，最終因為侵權敗訴。雖然 Fanning 敗訴了，但 Napster 已經改變音樂界，整個產業也改變以往的銷售途徑，從線下 CD 售賣到線上下載的轉變。這是一次科技改變音樂領域的著名案例。P2P 協議很難監管，而且難以移除。

P2P 協議難移除性是指只要有伺服器願意讓其運行，它就會繼續存在。比特幣系統就是在使用該協議之後無法被移除，因為總有人在支持比特幣，想要做礦機。這也是數字代幣一直無法從互聯網上移除的重要原因。

思考問題

難移除性是區分公鏈與聯盟鏈重要特徵之一。由於公鏈參與的節點非常多，幾乎很難從世界上消失，而要聯盟鏈徹底消失不是很難的事。

區塊鏈系統和 P2P 網絡協議沒有關係

由於 P2P 協議的難移除性導致監管十分困難，才被使用於比特幣系統之中。曾經有人認為開發區塊鏈系統必須使用 P2P 協議，但事實上區塊鏈和 P2P 協議沒有必然關係，可以選擇用或是不用。但如果使用了 P2P 協議，這套系統就很難在世界上移除。

因此，是否使用 P2P 協議，會出現如下表的四種情況。

表 2-2

	使用 P2P 協議	不使用 P2P 協議
公鏈	現在的公鏈	還沒有出現
聯盟鏈	很少出現	現在的聯盟鏈

比特幣設計就是要規避監管

「中本聰」的目的非常明確。作為律師（薩博具有電腦和法律兩個背景），他意識到如果監管部門發現這一系統就會將其移除，但使用 P2P 協議後，即使發現也無可奈何。

所以，數字代幣難被移除的根本原因不在於區塊鏈，而在於它使用了 P2P 網絡協議。但也正是因為 P2P 協議，區塊鏈技術才被大眾誤解，認為是洗錢的工具。

P2P 網絡協議的剋星「互鏈網」

互鏈網概念的提出或有機會解決如 P2P 網絡協議問題，詳情可參考互鏈網章節。

公鏈和許可鏈

公鏈是指所有的節點都可以參與投票、記賬和建塊。筆者發現，最近幾年一些只有部分節點可以投票的「公鏈」，從功能上來看，事實上這些公鏈是聯盟鏈[4]。換句話說，如果只有部分節點可以投票，只是貼上「公鏈」的標籤的聯盟鏈。如果以這種方式來分類，現在一些「公鏈」已經是

---

④　由於市場混亂，「公鏈」這一概念已經模糊了。

聯盟鏈。

另外，一般來講公鏈代碼都是開源的，賬本也是公開的。既然開源，世界上每個國家都擁有同樣的技術。

許可鏈（Permissioned blockchain）或聯盟鏈（Consortium blockchain）正好相反，只有得到許可的節點才能參與投票、記賬、建塊，而且代碼不一定開源。

公鏈很難在中國發展

公鏈在中國無法發展，主要原因有：（1）太過耗能；（2）交易數據公開；（3）逃避監管。即使比特幣在海外合法化，其他公鏈（和他們的數字代幣）也很難合法化，特別是空氣幣、傳銷幣等系統肯定是違法的。在中國只能推行合法合規的許可鏈（聯盟鏈）。

2019 年開始監管科技發展突飛猛進，任何公鏈的活動很容易被監管追蹤到，讓違法活動無所遁形。

小歷史

2015 年筆者在北航開發北航鏈時只有公鏈而沒有公開的聯盟鏈可以參考，直到 2015 年 12 月 IBM 宣佈開啟超級賬本計劃才有了開源的聯盟鏈。但當時我們已經搭建自己的協議，如果放棄，以後可能永遠跟隨 IBM 的腳步。因為走 IBM 路線，思維固化很難有自己的創新。

於是，筆者決定走自己的路線。資源項目可以少，但必須有自己的原創科技。

開源軟件帶給全球區塊鏈技術開發者帶來福音，讓許多國家可以學習最先進的技術，擁有一樣的優質軟件，但是同時間也帶來阻礙。因為許多工程師會被開源軟件「洗腦」，思維方式被束縛，很難在開源軟件外有獨立的創新。

數字代幣項目方才是欺詐的最大來源

根據美國 2020 年監管科技報告，一般人認為的黑客攻擊並不是數字代幣最嚴重的問題，數字代幣項目方是不是誠實才是最大的問題。

2021 年 1 月，美國財政部提出的監管規則，要求所有數字穩定幣和交易所都在美國本地註冊，並且提出讓項目發行方每一天都需要報告後續準備金情況。如果監管單位能夠有效地治理好數字貨幣的項目方，那麼之前出現的大部分問題就會迎刃而解。

例如臉書事件[⑤]，在 2019 年 6 月臉書發佈白皮書後，大部分的討論都集中在客戶使用臉書穩定幣洗錢的問題。其實最關鍵的問題是管理好項目方，就是能夠有效地監管臉書團隊和其軟件。

再例如，美國財政部在 2021 年 1 月推出的穩定幣方案就對項目方就有非常嚴格的監管制度。由於美國財政部批准美國任何銀行都可以發行穩定幣，如果穩定幣項目方（銀行）作假，投資人的損失會非常大。

學以致用

這是一個讓數據說話的經典案例。洗錢和黑客攻擊並不是數字代幣（或是其他任何數字貨幣）的首要問題，項目方才是最大的問題製造者。只有監管好數字代幣項目方，之後才是洗錢和黑客問題。

---

⑤　後來系統改名為 Diem，技術也轉移給銀門銀行（Silvergate Bank）。

雙標的數字代幣項目方

2020 年國際監管機構 FATF 開始着手準備自己的系統來監管數字代幣系統，由一家監管科技公司負責開發。一個重要問題：該監管系統是否需要使用區塊鏈來監管數字代幣？

這無疑遭到幾乎所有數字貨幣公司的反對。因為一旦他們的數據上了區塊鏈系統，數字代幣的項目方或是投資者很難再作弊了。沒有任何機構比他們還明白區塊鏈系統的優劣勢，這將嚴重損害自身利益。他們討論的監管系統就是 TRISA 系統。

美國監管單位最後還是決定讓步，沒有使用區塊鏈系統在 TRISA 系統來監管數字貨幣交易。這代表以後如果要強監管就必須使用區塊鏈系統，例如中國開發的 STRISA 系統就是使用區塊鏈系統。

使用區塊鏈系統和參與建塊不同

很多人認為如果要參與聯盟鏈或公鏈就一定要參與建塊。事實上參與建塊和使用區塊鏈系統不是同一件事，並非每個單位都要參與建塊。某一單位或是某一個人都可以使用區塊鏈，但是不需要參與建塊，他們有權查明相關的交易數據，或溯源數據。

第 3 章

比特幣經濟：
奇跡的締造者

有人認為比特幣是他們的「信仰」，其經濟「一日千里」，漲勢驚人，超過歷史上任何資產。

但比特幣瘋狂的暴漲可能一去不復返了。為甚麼？

本章前面幾節介紹比特幣「瘋狂」的發展史，一個暴漲暴跌的產業。不但帶領比特幣以及其他數字代幣上漲，還帶來交易所，也帶動挖礦和晶片產業以及其他數字代幣模仿者，例如「學習貓」（copycat）。事實上，大部分數字代幣就是複製比特幣代碼，換上新的「皮膚」，變成一個新的數字代幣，然後大賣特賣。

幸運的是，這樣一個瘋狂的時代可能已經過去了。一個重要的原因是麻省理工學院從 2020 年開始已經在改寫比特幣代碼，並且利用改寫後的代碼能夠找到比特幣的洗錢團隊。

比特幣和美國股票有甚麼關聯嗎？在理論上應該是沒有的，歷史上也是這樣的。但最近一些分析師卻發現比特幣的漲跌與美國股票漲跌有關，為甚麼？其實，這件事很容易明白。因為現在大部分比特幣交易不是經過比特幣系統，而是經過傳統基金，而基金又經過傳統股票交易所的。經過同一通道處理，代表供應鏈是一致的，是不是可能出現類似的

結果？美國股票市場上漲時，幾乎所有股票都會上漲，而比特幣也和其他股票類似，有同樣的供應鏈。

是不是可以認為以後的比特幣就是一種特殊的「美股」？拭目以待。

2021 年 11 月開始的比特幣大跌是永久的，還是暫時的？國外分析師在 2019 年時曾推測，一旦比特幣被合規市場接受，由於和股票市場有同一供應鏈，比特幣和股票市場完全脫節的暴漲（以及暴跌）行情不會再出現。Sayonara！

未來，比特幣將面臨哪種處境？大家可以想一想。

比特幣第一次出現是在 2008 年年底，之後經歷了多次上漲，並在 2021 年達到最高點。同年 11 月開始，比特幣和其他數字代幣開始暴跌。

3.1 比特幣是歷史上漲幅最大的資產

比特幣是歷史上漲幅最大的一個「資產」（或是「泡沫」），它的漲幅超過世界上任何一檔股票、期貨、黃金、房地產的漲幅。我們可以看到比特幣有兩個非常明顯的增長區間，一個是從 2016 年末到 2018 年初，另一個是 2020 年到 2021 年底。

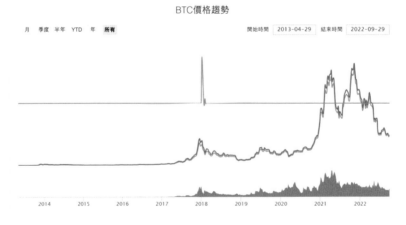

圖 3-1　比特幣漲幅驚人，2018 年已經大幅上漲

2022 年 6 月，此時的比特幣經過 7 個月大跌，但是如果從 2008 年開始比較，比特幣仍然是歷史上漲幅最大的「資產」。2018 年的比特幣的漲幅已經是歷史上漲幅最高的「資產」，而 2021 年的比特幣更是再上兩個梯度。比特幣的確是奇跡的締造者。

思考問題

有學者認為，比特幣的快速增長得益於地下經濟的發展。但是這樣史無前例的漲幅不會只是因為「地下經濟」的需求，必定還有其他原因。內在科技以及金融市場的改革是主要原因，包括區塊鏈系統的開發以及部署，並以此解決了幾百年來銀行系統一直無法解決的問題（第四章會介紹這些問題，而這些問題部分導致 2008 年由美國出發的全球經濟危機）。

這些在英國央行，國際貨幣基金組織以及美聯儲都有公開討論或演講，特別是 CBDC 提出後而表現出的強烈信心和決心。這是因為他們都看到了，如果區塊鏈技術可以使一個不合規的「貨幣」成為歷史上漲幅最大的資產，那麼合規數字貨幣以及數字資產將為國家經濟帶來更大的助力。數字貨幣將成為一個國家發展的重要課題。

3.2 比特幣交易所經濟

#	平台名稱	24h成交額	24h成交額	交易對	幣種	上線時間	地區
1	幣安網 現貨、期貨、法幣…	1689.75億	259.96億	1692	455	2017-07-14	馬耳他
2	SushiSwap 現貨、DEX	72.35億	11.13億	1431	1286	2020-08-27	
3	芝麻開門 現貨、期貨、槓桿…	81.5億	12.54億	2526	1545	2013-01-01	開曼群島
4	Coinbase Pro 現貨、法幣	224.25億	34.5億	446	158	2012-06-20	美國
5	庫幣網 現貨、期貨、法幣…	153.43億	23.6億	1270	711	2017-09-01	塞舌爾
6	Upbit 現貨、法幣	357.77億	55.04億	398	257	2017-10-31	韓國
7	歐易OKX 現貨、期貨、期權…	2157.97億	332.0億	674	338	2013-05-01	馬耳他

圖 3-2　世界前幾名交易所的市價

　　圖 3-2 是 2021 年 4 月時數字代幣交易所的世界排名。其中，BNB 交易所市值為 713 億美元，OKB 交易所市值接近 60 億美元，HT 交易所市值為 34 億美元，比特幣等數字代幣為這些交易所帶來了巨大利潤。比特幣奇跡還外溢到交易所。

比特幣建立數字貨幣礦業，但是不能在中國生存

　　數字代幣礦業 2021 年報告顯示，礦業規模將從 2021 年 10 億美元以年均 16% 的速度增長到 2026 年的 25 億美元。國外一些「礦場」，規模龐大，所以那些企圖一個人在家裏使用一台小型礦機想要同大型礦場競爭是不現實的。

　　2021 年，我國金融部門多次發文明確虛擬貨幣相關業務屬於非法金融活動，並從 5 月開始，國內大部分礦場已陸續關停。

數字貨幣基金蓬勃發展

2018 年數字貨幣基金暴漲時，很多人開始成立基金，基金數目上升。2019 年數字貨幣基金暴跌時，基金數目開始下降。數字貨幣基金一直存在，但是從 2021 年開始大筆傳統基金進入數字貨幣基金市場，於是資產總值大量上升。國外估算，未來五年，該產業的年均增速將為 26%。

2022 年這些情況改變，許多數字代幣基金虧損。

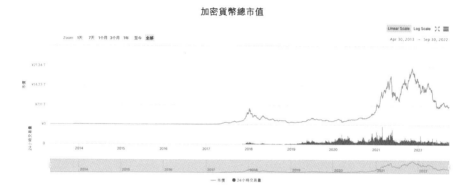

圖 3-3　2021 年第一季數字貨幣基金資產大幅上升

比特幣礦機助力晶片公司台積電

比特幣帶動了晶片和礦機的需求，台積電是最大的出產比特幣礦機公司，挖礦機也是台積電的重要業務，而英偉達（NVIDIA）的業務則包括以太坊的挖礦機。當比特幣大漲的時候，礦機的需求也大增，只能加價等待，台積電和英偉達的股票也大漲；但是當比特幣大跌的時候，礦機被當做廢鐵賣，也無人問津，台積電和英偉達的股票也受到影響。

2022 年以太坊從 POW 改為 POS 後，不用挖礦的機制，這對英偉達不好，由於英偉達的礦機是一筆大收入。由於世界各國對挖礦都採取負面的態度，愈來愈多的數字貨幣不會採取挖礦的方式來釋放數字貨幣，市場的生態也會改變。

重量級金融機構進入數字貨幣

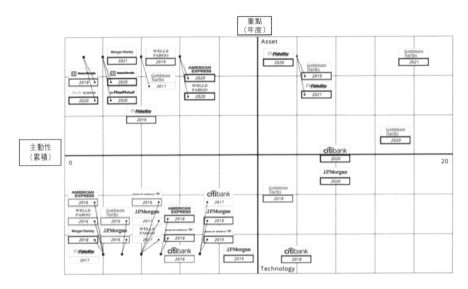

圖 3-4：美國數字貨幣／區塊鏈的基金佈局，2020 年後湧進數字資產投資

　　傳統金融機構在 2020 年第四季湧進區塊鏈和數字貨幣市場。高盛在過去五年一共做了 18 個項目，從 2020 年以後開始逐漸減少純科技項目的投資，增加對數字資產投資。圖 3-4 右下方投資處於基本停滯狀態，而左上方是湧上來資產投資企業。

　　此數據說明了整個金融市場已經改變，參與數字代幣的單位包括摩根大通銀行、灰度（Grayscale）、MicroStrategy、貝萊德（BlackRock）、MassMutual（一家保險公司）、SkyBridge Capital、高盛、花旗銀行、特斯拉（Tesla）、PayPal。這些都是世界著名的大型合規基金或公司，例如摩根大通銀行是美國最大的銀行，它帶頭投資數字代幣、區塊鏈項目這件事是令人驚訝的。

高品質比特幣代碼成為數字代幣「模仿者」

筆者通過天民（青島）國際沙盒的泰山沙盒系統測試和評估了世界許多公鏈和聯盟鏈的代碼發現比特幣的代碼品質非常高，其飛速增長的經濟吸引了大批「學習」者，加上又開源，所以產生了大量以比特幣為原型的數字代幣。有的甚至與比特幣代碼毫無二致。

此外，筆者還發現世界上大部分公鏈多半來自三大家族重新組合。公鏈還有很大的創新空間。

比特幣代碼已被改寫

2021 年美聯儲報導了他們和麻省理工學院合作的 CBDC 項目，並透露從 2020 年開始麻省理工學院就參與比特幣系統開發，現在有部分核心代碼是由他們開發的。這表示麻省理工學院當時已經改寫了大量的比特幣代碼。

麻省理工學院到底改了比特幣那部分代碼？改了以後會有甚麼改變？他們都沒有說明，只是表示比特幣「核心代碼」更新了，而且會改變全部的核心代碼。如果核心代碼全部都被更新了，這還是原來的比特幣系統？

這次代碼改寫在媒體上討論比較少，到底改了甚麼，也不公開說明。我們只知道由美聯儲和麻省理工學院聯合帶領下完成的，改變後的代幣必定對美聯儲（以及美元）是有利的。

3.3 比特幣是「數字黃金」？

黃金雖然在國際法律上不是貨幣，但是作為國際硬通貨，是最具儲備價值且也是最安全的。有人認為暴漲的比特幣是可以和黃金等同的「數

字黃金」，甚至更加方便。不僅便於攜帶，而且可以無需兌換當地法幣就可在地下市場使用或是進行跨境交易，且難監管。在這些方面，比特幣的確比黃金更強更有優勢。

在比特幣暴漲時期，比特幣的優勢更大；但是比特幣暴跌的時候，比特幣的劣勢卻也非常明顯。而且現在比特幣的匿名性很差，不論在哪裏買賣比特幣，監管單位都知道，黃金卻還是匿名的。

即使在今天，10 年後比特幣會不會存留還是一個問題。即使 10 年後比特幣還存在，但是 100 年後比特幣還會存在？但是黃金在 100 年後還會存留卻是肯定的。黃金已經經過幾千年的挑戰而繼續存留，表示黃金的生命力非常強勁。而比特幣只有不到 15 年的歷史，而包括美國自然科學基金（National Science Foundation）都在研發取代比特幣的方案。

10 年後，比特幣的科技已經太老舊了，10 年後許多人可能不會接受比特幣的功能，性能以及私隱性。

真實「數字黃金」是基於物理黃金的數字貨幣

因此我們認為真實的數字黃金是基於黃金的數字貨幣，而不是比特幣。比特幣有的只是數字黃金的部分特色或是功能。原因很簡單，比特幣後面沒有價值支撐，一旦失去地下市場的流通，比特幣就沒有價值。

3.4 比特幣監管狀況

　　2021 年 5 月 7 日，黑客組織「黑暗面」對美國科洛尼爾管道運輸公司（Colonial Pipeline）發動同名網絡攻擊病毒「黑暗面」（Darkside），竊取機密數據並勒索贖金。供應鏈的中斷導致燃料短缺，該公司不得不向「黑暗面」支付了高額贖金以恢復被攻擊的系統。

　　6 月 7 日美國聯邦調查局（FBI）表示已追蹤到了黑客使用的加密貨幣錢包，且將大部分贖金（比特幣）取回。FBI 的回應引發幣圈巨大恐慌，因為這表示美國可能已經擁有破解比特幣的方法，從此比特幣不再是私

隱交易。但有人認為加密演算法早有漏洞，因此美國可以破解（可能性不大）。

FBI 的解釋是早在 2020 年美國監管單位就已經申明清楚每一筆比特幣交易的來龍去脈，連暗網都不願意接受比特幣，只願意接受零知識證明（Zero-knowledge proof）協議的數字代幣。只有 75% 的交易已經不再經過合規交易所（因為經過合規交易所會被國際監管系統 TRISA 追蹤），而是經過個人錢包。

美國 FBI 後來又說他們可以從交易所拿到比特幣私鑰。其做法是：首先發現比特幣贖金到達的交易所的錢包，然後通過法院拿到許可向交易所索取私鑰，利用私鑰取回存在交易所內的比特幣。

顯然，美國媒體並不相信這一解釋。一個黑客組織居然將絕對不能見光的贖金放在交易所（由交易所控制），而不是放在個人錢包（例如冷錢包）。不可思議！

普通用戶都明白比特幣應該放在個人錢包，而不是放在交易所，而黑客組織都是「專業高手」卻會將贖金放在交易所？FBI 的措辭讓人不能相信。

真實情況到底是怎樣？我們無從得知。

但不論這件事件的真、假，美國監管單位可以追蹤到每一筆比特幣交易已是事實。這表示比特幣在美國監管單位面前是絕對透明的，如果想用比特幣洗錢將會是非常困難的。

這也可以解釋為甚麼國外暗網不再接受比特幣，只願意接受零知識證明的協議的數字代幣。同樣，從 2021 年 5 月發生的「黑暗面」（Darkside）事件我們看出美國監管科技（見第 9 章）發展迅速，已經可以成功追蹤和監管到暗網中比特幣的使用。

第4章

區塊鏈：信任機器

區塊鏈誤區通常有以下四種：

第一個誤區：「區塊鏈＝數字代幣」。事實上區塊鏈只是數字貨幣（包括數字代幣）組成的一個子系統。這個誤區讓區塊鏈長期以來被誤解，認為是「洪水猛獸」。

第二個誤區：「數字貨幣＝數字代幣」。事實上數字代幣只是數字貨幣的一種，還有許多其他種類的數字貨幣。其中，央行數字貨幣（CBDC）也是數字貨幣的一種，是國家支持的。

第三個誤區：區塊鏈系統必須具有 P2P（點對點）協議，然而這是不需要的。P2P 協議是特殊人羣經常使用的技術。

第四個誤區：區塊鏈是「去中心化」。區塊鏈系統內有多個節點，一同建立共識。如果區塊鏈的確是去中心化，試問哪個中心需要被區塊鏈系統去掉？國外使用「Decentralization」這個單詞，大部分字典都翻譯成「分權式」，而不是「去中心化」。分權是管理學的專業名詞，經常使用在政府以及機構內。分權後，中心還在，例如國家將地方治理的權力下放給地方政府。這就是「分權式」，而且分權後，中央政府還在，並沒有發生「去中心化」的現象。

所以，一些人認為區塊鏈就是數字代幣，又使用 P2P 協議，還大聲高喊「去中心化」，因此並不支持區塊鏈技術的發展。

數字代幣和央行數字貨幣起源

2016 年，筆者同多位學者參加了工信部內部高層會議。在會議中上多人提議並達成共識，從我做起，在中國不使用「去中心化」。

4.1 區塊鏈定義

區塊鏈系統是數字貨幣系統內最重要的組成子系統，而且合規數字貨幣大都使用區塊鏈系統。

2021 年美聯儲官方報告明確提出美聯儲的 CBDC 項目使用區塊鏈系統[6]，而在這之前包括英國央行在內的多國央行的報告都只是「可能」使用區塊鏈系統。即使在開啟數字英鎊計劃英國央行已經專門研究了比特幣及其區塊鏈系統，但還一直堅持說區塊鏈系統只是選項之一。作為英國國際央行他們的說法是正確的，因為過程中至少有兩次宣佈放棄使用區塊鏈系統的計劃。例如他們在宣佈計劃下一代即時全額結算系統（Real-Time Gross Settlement, RTGS），區塊鏈技術就是一個重要考量，經過實驗後果斷放棄使用區塊鏈技術。

本章介紹傳統區塊鏈科技，包括數據結構和加密機制等。

區塊鏈是一種信息技術，使用加密技術、特殊數據結構來建立一個共享分佈式數據庫以及分佈式共識機制來維持一個「信任」基礎。其存在區塊鏈系統內容的數據或信息具有不可篡改，時間戳記，可溯源等特性。這是因為使用分佈式共識機制，參與方（節點）可在同一時間接收同一信息，收到的信息後又因為有時間戳記而數據不能篡改，因此區塊鏈系統可以溯源。

---

[6] 但是美聯儲和麻省理工學院在 2022 年 2 月出的 CBDC 原型報告內，並沒有使用區塊鏈系統，而是使用部分區塊鏈技術。

區塊鏈系統使用加密技術，對每一條接收信息必先驗證。身份驗證通過後，該節點送出來的信息才能被採納。

比特幣是應用，而區塊鏈是一種技術。傳統區塊鏈定義是塊子鏈＋多節點＋拜占庭將軍協議。

塊子鏈：塊子鏈如下圖所示，就是層層加雜湊，一塊扣一塊，後面的一塊使用前面一塊的雜湊值作為數據，以至於前面所有塊的信息很難被篡改而不被發現。這些在第一章已經討論。

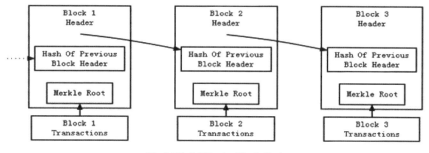

圖 4-1　塊子鏈結構：密中密（層層加密）（圖片來源：Reserechgate）

多節點：每個節點獨立存在同樣信息。一些區塊鏈系統在不同節點存有不同信息，這種情形在分鏈上可以。但對於一條鏈，節點有不同信息往往會帶來無窮的困難，特別是金融交易系統。如果節點有不同信息，每次都需要在不同節點尋找信息，更新區塊。那麼，交易完備性、監管性都會很難。

拜占庭將軍協議：拜占庭將軍協議是一種特殊的一致性協議，能夠容忍部分參與者說謊。該協議和傳統數據庫一致性協議不同，傳統一致性協議是假設每個參與者都是誠實的，但是拜占庭將軍協議下，參與者可能說謊。該協議比數據庫一致性協議複雜得多。在理論上，系統可以容忍三分之一的節點（參與者）說謊，誠實的參與者可以達到一致性。

數字代幣和央行數字貨幣起源

4.2 類似區塊鏈系統

早期區塊鏈只有以上特性，具有以上特性的區塊鏈系統也稱為「分佈式賬本技術」（Distributed Ledger Technology, DLT）系統。這就是在國外很多文獻中，不使用區塊鏈名詞，而使用 DLT 就是這個原因。

一般來說，區塊鏈系統就是 DLT 系統，但 DLT 系統不一定是區塊鏈系統，因為有許多「類似區塊鏈」系統（例如在一個 DLT 系統內，每個節點存儲不同的數據）功能和性能一直都被許多學者所質疑。由於每個類似區塊鏈系統都需要單獨評估，而多次類似區塊鏈系統都被發現沒有交易完備性，這就代表該系統並不適合做金融交易，之後還需要大量的研究才有可能應用在金融市場。沒有交易完備性的 DLT 系統，或許可以做存證應用，但是在合規金融領域現在是不能通過的。因此許多學者都推薦不要使用類似區塊鏈系統在金融領域，而使用區塊鏈系統[7]。

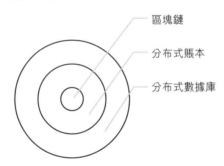

圖 4-2 區塊鏈系統，分佈式賬本系統，分佈式數據庫

DLT 系統是一種特殊的分佈式數據庫系統，使用加密技術和共識協議，而分佈式數據庫系統通常沒有這樣的機制。

---

[7] 2022 年出現一些新思想，就是只採用區塊鏈系統內的鏈架構以及加密機制，但不採用其他機制（例如共識演算法）。這樣的系統不是區塊鏈系統，也不是類似區塊鏈系統。這樣的系統由於和傳統區塊鏈系統差距比較遠，大部分區塊鏈的特性在這些系統是不存在。

有些非區塊鏈的 DLT 系統應用在地下經濟的數字代幣系統上，借用一句國外常說的一句話表達我們的觀點「我祝你好運」（I wish you the best of luck）。因為在這樣的系統上進行金融交易，隨時都可能出現錯誤，而且還可能一直連續性出錯。如果一筆交易完成而沒有出現錯誤，是運氣好；如果出現錯誤，是常態，因為在技術上已經很難維持交易完備性。

理由非常簡單，一個基於正確理論的區塊鏈系統，在實際環境下，還會因為其他不相關的原因出錯，例如人員操作問題，臨時停電等問題。由於可能發生意外的子系統非常多，區塊鏈系統還是可能出錯。那麼基於沒有完備機制的 DLT 系統，出事的機會更大，而且出事的時候問題更加嚴重。

4.3 拜占庭將軍協議是關鍵點

拜占庭將軍協議是區塊鏈界的一個重要分水嶺，因為一些區塊鏈系統沒有該協議。如果沒有該協議，代表所有參與者都必須是誠實的，也即可以完全相信所有參與者。原來的超級賬本系統就作了這個假設[8]。

許多學者認為如果沒有使用拜占庭將軍協議的「區塊鏈系統」是沒有價值的。因為在沒有拜占庭將軍協議環境下，系統無法查驗是否有參與者說謊。一旦有節點說謊，整個系統內數據就會被打亂，金融交易完備性就會出問題。在跨境支付環境下，有些節點在海外，如果海外節點說謊，本地很難發現，這樣跨境支付就可能出錯，還可能引起國際糾紛。

---

[8] 這信息出自 2016 年網絡上 IBM 高級工程師討論超級賬本的設計。他們認為在傳統 IT 系統內，參與單位以及系統都是互相信任的，這個假設完全正確。他們也因此認為區塊鏈系統不需要拜占庭將軍協議。這就是他們的誤區，因為區塊鏈系統需要在不信任的環境下運行。

區塊鏈的一個重要思想是在不信任環境下從事可信的交易。若是沒有拜占庭將軍協議就只能在信任環境下運行，這樣的「區塊鏈系統」有價值嗎？

如果一個區塊鏈系統沒有拜占庭將軍協議，那麼這個區塊鏈系統就是一種傳統分佈式數據庫系統。系統內一個節點被攻擊後開始說謊，就會癱瘓整個系統。系統一旦癱瘓，就會形成系統性風險，即所有參與節點都受到影響。如果該系統使用在重要應用上，例如央行的即時全額結算系統（Real-Time Gross Settlement, RTGS），系統一旦癱瘓，國家金融就會停止。根據國外即時全額結算系統的數據，央行的即時全額結算系統一天的交易額可以高達該國 GDP 的 30%。

4.4 節點需要有同樣信息，而且有獨立備份

多節點是另一個關鍵要素。如果一個「區塊鏈」系統只有一個節點，就是一個中心化的系統，不是區塊鏈系統。因此一個區塊鏈系統必須有多個節點，但是一些「區塊鏈」系統中，每個節點卻可以存有不同的信息，主要的目的增加系統的交易速度。這樣的系統在交易時上可能會出現問題。由於不是每個節點都有同樣信息，一筆交易使用一個節點上的數據和使用另外一個節點上的數據得到的結果就可能不同，由於這兩個節點上的數據就有可能不同。這代表如果每個節點上的數據不一致，交易就可能沒有完備性，交易如果沒有完備性，就有金融風險。而系統交易的速度越大，金融風險越大。原來目的是增加區塊鏈交易速度，但是卻可能增加金融風險。

這些系統為了防止這樣的金融風險出現，都添加其他複雜機制而不讓這種現象出現。問題是為甚麼一開始就提出有這樣風險的設計方案？

作為金融系統基礎設施的區塊鏈系統，不能只考慮系統自身的風險，例如可靠性，擴展性，還需要考慮金融風險。而金融風險的重要性超高系統自身的風險。區塊鏈系統如果出問題，風險還是限制在系統內；但是如果區塊鏈如果使用在金融內，風險就不會限制在系統內，而是擴展到金融市場。

有學者認為區塊鏈系統不能有單獨一個節點控制整個系統，如果是這樣，區塊鏈系統就成為傳統中心化數據庫系統。而由於這中心控制整條鏈，所有參與者都必須相信該節點，不符合區塊鏈定義。

共識經濟機制（信任機器）

區塊鏈的特別之處在於共識經濟，最基本的精神是它提供了一種信任機制，同一賬本，但是獨立備份（在每個節點），多中心化，每個獨立備份不共享數據。在互相不信任的環境下，仍然可以憑藉數學、協議維持一個可以信任的作業，這是區塊鏈最重要的原則。如果違反了這一原則，它就不是區塊鏈，而是性能不好的分佈式數據庫系統。

筆者認為這也是超級賬本的根本問題所在，因為從理論上它不是真正的區塊鏈。如果區塊鏈僅依託一個系統，和中心化的系統沒有本質區別，甚至中心化系統會更加快速和方便。

區塊鏈系統特性

同一賬本，多中心化	獨立備份，沒有共享
賬本加密，保證安全	持續加密，無法更改
完整歷史，可以溯源	互相查驗，防止說謊

誠信機器，監管利器

如果區塊鏈沒有使用拜占庭將軍共識或中心化系統，則該鏈是沒有價值的。根據《互鏈網：未來世界的連接方式》一書的介紹，共識經濟的原則如下：

- 我和你的交易是同時得到共識的，不是說你昨天同意，我今天才同意，我們是同一時間同意的。
- 我知道你的數據（而且是和我的數據一致），我也知道你不能改存在你那裏的數據。
- 你知道我的數據（而且是和你的數據一致），你知道我不能改存在我這裏的數據。

任何節點加入這一共識機制，就得到同一結果。上面這些原則如同繞口令一般，其實意義很大。以三個應用場景來示範：

- 跨境支付系統：多個銀行和金融機構參與跨境支付系統。地方銀行先將資金轉到代理銀行，然後再由代理銀行轉到權威中心 SWIFT 系統，之後 SWIFT 系統將資金轉到外地代理銀行，然後由外地代理銀行再轉到當地銀行來完成跨境支付。如果使用區塊鏈系統，那麼整個交易流程則不經過中介單位（包括代理銀行和 SWIFT 系統），點對點直接支付到國外機構或是個人。轉出者和轉入者在同一時間接收到操作信息，其間不能更改數據，直到交易完成。2021 年，美國摩根大通銀行宣佈它們基於區塊鏈的跨境支付系統已經成功部署在 78 個國家，400 多家金融機構和 25 家銀行。
- 貸款業務：如果某機構希望向銀行貸款，則需要將相關信息傳給銀行以及相關機構，例如海關、工商、公證處、上下流企業等。此時所有信息一致，不能更改。如果材料為真，則貸款通過，如果材料為假，則不能通過。2021 年 5 月，日本央行提出

將區塊鏈系統應用物聯網（「物鏈網」）支持中小型企業貸款的難題。

- 海關業務：區塊鏈系統可以大量減少手工檔處理，儘早發現問題，助力海關人員發現需要調查的物件，可以迅速地找到和處理需要的檔。因此區塊鏈系統可以直接和進口商連接，可以快速聯絡商家處理相關的業務。2019 年 8 月，美國海關完成了一次區塊鏈應用實驗，實驗報告沒有公開，只是將結果公開，結果是「區塊鏈系統在海關應用上沒有缺點」。

共識經濟是所有參與單位都使用同一協議、同一分佈式共識協議，數字簽名以及加密技術。信息一致不能更改。

4.5 區塊鏈革命的原因

區塊鏈基本設計原則之一是交易必須具備完備性，金融區塊鏈系統要能夠符合現代交易，且可以回滾。但比特幣和以太坊非常奇特，雖然其系統有交易完備性，但不符合現代金融的流程，而且不能回滾，也沒有機制支持監管。

有人可能認為在地下市場，不需要重視交易完備性。其實恰好相反。在地下市場因為沒有法律制度為保障，必須依賴其他辦法來補償，或是自求多福。因此在地下市場，交易完備性更加重要。但比特幣在沒有政府憑證，沒有任何央行支持也沒有任何商業銀行提供服務（2020 年 7 月後美國商業銀行可以提供服務）的狀況下，每天交易額竟可以高達百億美元。這也是為甚麼《華爾街日報》認為區塊鏈技術是 500 年以來最大的一次金融科技創新，而上一次創新 1494 年出現的複式記賬法。

區塊鏈是 500 年來最大的一次金融科技創新

這是華爾街日報在 2015 年 1 月的報導，其主要的根據是 1494 年出現的複式記賬法徹底改變了當時的金融市場，建立了現代金融體系，為西方經濟高速成長奠定基礎。從 1494 年開始到 2008 年（超過 500 年），世界才出現新的記賬法。

中國雖然也提出類似的記賬法，但是並沒有流行。著名歷史學者黃仁宇教授認為，之前中國經濟落後西方的一個重要原因就是沒有使用複式記賬法，從而沒有跟上西方的工業時代，停留在農業時代。

這一次，中國不能不高度重視區塊鏈技術，因為世界經濟市場會因為區塊鏈的出現而產生巨變。

521 年後的 2008 年，區塊鏈系統出現，人類有了一個新的記賬法 —— 三式記賬法，就是複式記賬法加上區塊鏈系統的數據結構。英國央行認為，由三式記賬法的合規數字貨幣 CBDC，必定改變現在經濟體系。

比特幣系統設計原則

儘管比特幣系統的設計具有交易完備性、共識機制，但不符合現代金融交易規則，例如交易不能回滾。即使監管單位可以在系統外面查詢數據，卻不能在原來的網絡上做 KYC 和 AML。

比特幣設計原則如下：

- 交易很難被監管；
- 系統軟件很難在互聯網上被移除；
- 留在系統裏的數據公開但是不能被篡改；
- 系統可以依靠數學和協議，讓客戶相信系統可以完成交易。

事實上，比特幣的出現速度加快了地下經濟的交易，不利於社會經濟的發展。

監管單位和開發者博弈

2020 年，美國監管科技公司的科技已經可以追蹤到大部分比特幣的交易，一個重要原因是其區塊鏈系統完整地留下了交易痕跡。雖然比特幣交易是匿名的，但由於交易信息都公開在區塊鏈系統上，所以可以被輕而易舉地追蹤

但美國監管科技公司仍無法破解零知識協議，於是要求合規交易所下架基於零知識協議的數字代幣，停止其交易。在暗網，零知識協議的數字代幣也成為最受歡迎的「貨幣」。零知識數字代幣商更是表示要開發更加隱蔽的數字代碼，來確保地下市場對私隱交易的需求。

這是一場監管單位與開發者之間的博弈，一方面表示必定要加強監管，另一方則全力逃避監管。結果是監管越趨嚴格，監管科技愈來愈先進，但是逃避監管的協議也會愈來愈複雜，技術門檻也愈來愈高，代價是交易愈來愈慢。

圖 4-3：合規市場和地下市場做法經常相反

對於地下經濟，比特幣的「優化」
應該是更「隱蔽」的協議

比特幣等數字代幣系統設計目的之一就是要規避監管，所以其優化路線是使其交易更隱蔽，而不是提高交易速度。因為如果這樣：

數字代幣和央行數字貨幣起源

- 加大監管難度，需要在最短的時間監管更多的交易；
- 交易量的激增會增加交易完備性的出錯概率；
- 私隱性會被破壞，洩露私隱信息。

所以，抑制地下經濟發展，放慢數字代幣交易速度，維持其交易完備性以及信任機制是最好的解決辦法。這就是筆者一直在談的區塊鏈底盤問題。如果底盤不對，優化只會使結果更壞。

延伸閱讀

傳統上，區塊鏈的一個重要學術研究就是加快交易速度，這是以交易速度來衡量區塊鏈系統。但是如果以多維度，例如監管性、交易完備性、私隱性來衡量，那麼僅是加快交易速度就不是一個最優方案，反而可能產生更壞的結果。

對於地下經濟，它們需要的是私隱性；對於監管單位，它們需要的是能夠監控整個交易流程，能夠在即時交易中防止洗錢的交易。因此，地下經濟需要的比特幣系統和監管單位需要的是兩個完全不同的區塊鏈系統。一個是高速聯盟鏈，使用高速共識機制、高性能監管機制、全面實名、系統容易控制、遷移，設置的區塊鏈系統。另一個是交易緩慢的高私隱系統，沒有監管性，全部匿名，難移除性的區塊鏈系統。

2021 年 5 月，美聯儲和麻省理工學院合作的漢密爾頓項目團隊宣稱從 2020 年開始已經改寫 14% 比特幣系統核心代碼。由於沒有提供改寫細節，外界並不清楚比特幣代碼以後會往哪個方向發展。如果朝着監管方向發展，比特幣恐失去地下市場「霸主」地位。

第 5 章

央行數字貨幣起源

　　有人認為數字貨幣的出現將對央行產生前所未有的挑戰，因為第一個數字貨幣比特幣設計目的就是同法幣競爭的。因此，比特幣與世界央行之間或是「死對頭」的關係。

　　但在 2014 年 12 月局勢發生了轉變，英國央行率先成為世界上第一個關注數字貨幣的央行，且關注的是和英鎊競爭的比特幣。需要注意的是，英國央行並不是支持比特幣，而是由反對改為了審視。因為他們認為比特幣有極大的創新，值得每個央行學習。可以看到，儘管比特幣不合規，但其區塊鏈科技出淤泥而不染，或將帶領世界貨幣進行改革。

　　英國央行是世界上第一個現代央行（1694 年成立），英鎊是英國央行發行唯一法幣。直到比特幣出現後，才提出央行數字貨幣（CBDC）概念，並且認為數字英鎊是 320 年來最大的一次貨幣改革。

　　這是 2016 年筆者在倫敦參加銀行數字貨幣會議時親耳聽到的消息。英國央行的演講感慨激昂，參會的其他央行學者也對這一概念表現出異常的興奮。

　　從那時起英國央行就認為 CBDC 會改變世界，改變金融市場，然而這種觀點並沒有得到美聯儲的接受。在經過了長達 8 年的討論與研究之後，終於在 2022 年 3 月美國政府全面接受數字貨幣。

5.1 前言

2014 年 12 月，英國央行發佈《支付技術的創新與即將來臨的數字貨幣》[9] 的報告，其核心觀點認為如果把比特幣當作貨幣，那麼貨幣將沒有信用風險和流動性風險，跨境支付也不需要中間商。這一發現為英國央行發展數字貨幣帶來非常大的啟發，他們的邏輯如下：

- 現代金錢大都是以電子方式存儲（而不是以現金方式）；
- 數字代幣得到大量的重視，而這些代幣後面的區塊鏈系統才是大家需要關注的；
- 以後大量的資產都會以電子方式存儲，因此區塊鏈技術有潛力可以徹底改變金融市場。

英國央行的學者又表示，數字代幣系統由於沒有中介機構（例如銀行），沒有信用風險，也沒有流動性風險，付款人和收款人直接對接。在沒有中介機構的環境下，用戶相信的使用的分佈式系統以及相關的加密技術[10]。

「現有的分佈式支付系統通過消除中介來移除信用和流動性風險；支付直接在付款人和收款人之間進行。但要確保這一流程可靠，則需要使用者確定對於他們所使用的任何分佈式系統的加密方法都已正確實現。」

---

⑨ R. Ali and Roger Clews, James Southgate, "Innovations in payment technologies and the emergence of digital currency", 2014 Q3, Bank of England.

⑩ Existing distributed payment systems remove the credit and liquidity risks discussed above by eliminating intermediaries: payments are made directly between payer and payee. To besure of this, users need to have confidence that for any distributed system they use, the cryptography employed has been implemented correctly.

信用風險：個人或是機構都可能面臨的風險

信用風險是指銀行或是機構倒閉帶來部分損失或是全部損失的風險。例如一家企業欠客戶十萬元，如果突然之間企業倒閉，客戶就可能損失十萬元。

流動性風險：有錢但是無法正常流轉

流動性風險是指資金受到限制暫時無法正常流通的風險。例如一家企業欠客戶十萬元，企業有資金，但資金被另外一筆交易鎖定，需要等待一個月後才能解鎖，可是客戶要求現在付款，於是就產生流動性風險。

國家央行沒有信用風險，但是商業銀行無論規模多大卻一定存在信用風險。信用風險和流動性風險引發了 2008 年的全球金融危機，當時倒閉的企業包括雷曼兄弟、貝爾斯登等，它們都是當時美國著名的大型投資銀行，資金雄厚，幾乎沒有人認為它們會倒閉，但還是倒閉了。

大型銀行和金融公司的接連倒閉，使得在市場上出現連鎖反應，其他關聯公司也跟着倒閉，於是美國就發生了系統性金融風險。由於這些大銀行都有國際業務，美國的金融危機很快就傳到海外，其他國家也隨之出現金融危機。美國做的第一件事就是要保護還沒有倒閉的大型銀行（美聯儲立刻大量注資），因為這些銀行「大到不能倒」。如果其他大型銀行也倒閉，將導致許多其他銀行或是企業倒閉。這樣美國就可能會引發新一輪的系統性風險。

系統性風險

系統性風險是指整體性風險。假設一個國家有系統性風險，那麼將面臨整個金融市場倒閉。例如 1920 時代的德國，1929 年美國大蕭條，以及 2008-2009 年美國金融危機，都是國家出現系統性風險事件。

系統性風險出現的原因可能很簡單，可能源於某一個系統的故障。例如某央行內部系統每天需要處理國家 30% 的 GDP，如果這一系統出現問題整個國家經濟活動就會停止。在很短的時間內，整個國家就面臨系統性風險。

當英國央行發現比特幣在沒有國家、央行、銀行、公司的支持下，竟然可以沒有信用風險也沒有流動性風險時，英國央行當時只用了兩個字來形容他們的感受：震驚。

為甚麼？英國央行是世界第一個中央銀行，自 1694 年成立後英鎊一直是其法定貨幣。但經過 300 多年的發展，基於英鎊的商業銀行還是有信用風險和流動性風險。比特幣雖然只有 6 年歷史（2008-2014 年）卻沒有信用風險和流動性風險。這是不是說明現在的貨幣支付系統在設計上有根本性的問題？（後來英國的一些數字貨幣項目也朝着比特幣發展，例如 Fnality 就是預備降低信用風險和流動性風險而設計金融系統，有興趣的讀者可以閱讀《互鏈網：未來世界連接的方式》，其中有詳細介紹）

2008 年，如果美國的大型銀行沒有信用風險或是流動性風險，那麼金融危機將很快度過，也不會蔓延至其他國家。

5.2 開啟數字英鎊計劃

比特幣的出現是伴隨着爭議的。在多國央行都一直認為法幣（任何

法幣）和比特幣是完全對立[11]的，只有英國央行採取積極的態度，並開始深度研究。當英國央行發現比特幣竟然沒有信用風險和流動性風險之後，就計劃發行數字英鎊（Digital BP）。這就是央行數字貨幣（Central Bank Digital Currency, CBDC）的起源。

央行數字貨幣 CBDC 的提出是一個重要分水嶺。2008 年，由私人開發的數字代幣出現遭到許多政府的強烈反對，一些加密貨幣開發者因此入獄。2014 年一個新的里程碑出現了，同樣是加密貨幣，CBDC 不但有政府支持，還有央行憑證。兩種數字貨幣都是基於加密技術和區塊鏈技術開發，卻產生了兩種不同的結果。這是因為數字代幣使用 P2P 網絡協議、匿名交易、UTXO 數據結構等，以此來逃避國際、國家、地方金融的監管的。CBDC 則不同，是為合規市場提供的貨幣工具，接受國際、國家、地方監管政策。同樣是加密貨幣，但引申出來的經濟效應卻完全不同，一個挑戰國家法幣，建立龐大的地下經濟；另一個出淤泥而不染，支持國家法幣，對國家經濟體系進行改革。

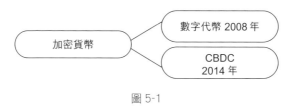

圖 5-1

英國央行學者認為數字貨幣有巨大創新，而分佈式賬本會改革金融系統。這說明一個世界金融革命就要開始了，其原因是數字貨幣沒有信用風險和流動性風險，也不需要中間媒介，而這三個特性是現代銀行貨幣系統所沒有的。

---

[11] 當時各國政府對比特幣的觀點都是負面的，美國還將數字代幣的一位開發者關進監牢，迫使真實「中本聰」採用日本假名隱藏身份。

英國為甚麼發展 CBDC？其目的不言而喻。如果數字英鎊沒有信用風險和流動性風險，那麼在國際支付舞台上將再次佔據主導地位，並且會比傳統英鎊更有優勢。

數字英鎊的發展

英國央行的數字英鎊計劃雖然構建了一幅宏偉藍圖，但在具體實施過程中困難重重。例如由英國央行實施的全額結算系統（Real-Time Gross Settlement, RTGS），研究團隊竟然不知如何開展，最終宣佈放棄。

2018 年幣圈迎來了寒冬，多國 CBDC 計劃也進入靜寂期，許多計劃要麼延遲，要麼就取消了。但英國央行和其他兩家央行（加拿大央行和新加坡央行）卻在此時提出一個新型數字貨幣模型。

2019 年 7 月，在英國央行行長即將卸任之際，對外公佈了英國開啟數字英鎊計劃主要原因，其目的不是為了提供更好的金融服務（這是 2015-2016 年公開的目的），也不是為了拿回監管權（這是 2016 年表達的觀點，在 2019 年又重複同樣的信息），而是要復興英國經濟（2019 年演講時提出的觀點），改革國家經濟體系（2021 年公開的觀點），提高英鎊在世界法幣的地位。

5.3 比特幣和 CBDC 模型是不同設計方向

比特幣不是「貨幣」，沒有國家法律支持，沒有國家信用的支撐，也不和黃金掛勾，以傳統貨幣學來看是沒有價值的。比特幣的價值只是一個支付系統，一個便於為地下經濟服務的支付系統。換句話說，比特幣系統其實就是一個封閉支付系統（包括 token 結構和簽名驗簽機制），使

用加密的 P2P 協議，再加上獎勵（挖礦）的機制（來維持賬本一致性以及交易完備性）。

P2P 協議不只是通訊協議，還具有自我調整性、難移除性等特性。因此，可以認為比特幣具有以下功能：

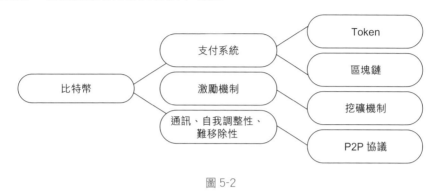

圖 5-2

比特幣設計可以有其他的選擇，例如支付系統可以使用賬本系統（或是其他機制）而不使用 token；激勵機制可以採取分紅以及保證金制度；通訊機制可以傳播協議或是其他協議，而不是 P2P 協議。一旦有不同的選擇，數字貨幣的特性就會發生轉變。例如，如果比特幣設計放棄 P2P 協議而使用其他通訊協議，性能就有可能大大提高，但自我調整性會降低，而且不再難移除。這也是聯盟鏈的設計原則。

以上是比特幣的選擇，那麼 CBDC 應該如何選擇呢？是否需要激勵機制？是否有自我調整性？是否有難移除性？由於 CBDC 發行大多有激勵機制會帶來新業務，因此不需要挖礦機制來鼓勵他們參與。另外 CBDC 也不需要自我調整性，因為其發行就是國家央行。當然，CBDC 更不需要具有難移除性，因為是央行發行，不會有人懷疑 CBDC 會一夜消失。

第6章

統帥令出三軍動：
美國數字資產行政令

2019 年 8 月 23 日，英國央行行長在美聯儲公開表示，數字貨幣會取代美元成為世界儲備貨幣。

這個信息對美國人來說太過驚人，認為根本就是天方夜譚，不可能的事。

事實上，英國央行行長提出的觀點在數字貨幣學術界早已經有了討論。普林斯頓大學提出「數字貨幣區」（Digital Currency Areas, DCA）理論就有同樣的結論。但究竟哪一個數字貨幣會是世界儲備貨幣？目前還無法下結論。

演講事件以後，美國學術界加大對數字貨幣的關注，提出不少新觀點，也產生不少爭議。這是很正常的，不同學者有不同的觀點，不同的理論會得出不一樣的市場理論、國家貨幣政策以及資產政策。例如：

- 哈佛大學 Rogoff 教授根據數字區理論，認為在數字貨幣戰爭，數字貨幣有可能可以取代美元成為世界儲備貨幣。

- 2021 年在美聯儲多次展開數字貨幣的討論，每次結論都不相同。

- 2022 年 3 月 9 日美國總統簽署的行政令（Executive Order），數字資產發展達成共識，反對觀點不再出現。

讀者可以從行政令上看到美國政府對數字貨幣的態度，哈佛大學在 2019 年 11 月提出的觀點成為主流，貫穿於行政令。

因此，需要特別注意行政令中的一些用詞，每個字都可能經過幾個月或幾年的激烈討論才得到的結論，值得大家仔細閱讀，深度思考。

6.1 前言

2022 年 3 月 9 日，美國總統在簽署數字資產的行政令（Executive Order），其主題雖然是數字資產，但內容談及最多的卻是數字貨幣。這份報告重要的一個原因是，美國政府正式接受數字貨幣，結束對其長達 4 年的激烈討論。

美國總統行政令的驚人內容：

- 美國政府全盤接受數字資產（但沒有全盤接受數字代幣的科技）；
- 美國政府要求許多部委積極參與以及支持數字資產發展；
- 數字資產促進經濟發展是國家安全級別的課題；
- 全球將面臨數字貨幣競爭，特別是美元將受到其他國家的央行數字貨幣的挑戰。

這些觀點早在 2019 年 11 月哈佛大學和麻省理工學院討論「數字貨幣戰爭」時就已經提出，只是未能得到美國政府認同。當時哈佛大學和麻省理工學院還提出一些國家會使用數字貨幣來規避西方的金融制裁，並且表示 SWIFT 在執行制裁的有效性以後會持續下降。這些觀點在 2022 年都被一一證實。

根據行政令的內容，分析得出以下關鍵字，如圖 6-1：

圖 6-1（圖片來源：南方都市報）

6.2 十個重要信息

如圖 6-1 所示，行政令一文中常見的關鍵字為：數字資產、美國、金融機構、風險、CBDC、國家安全、貨幣等詞彙。從這些關鍵字可以看出美國政府的十大態度：

數字資產（或是數字貨幣，下同）是國家安全級別的題目

數字資產對國家發展非常重要。文章中「數字資產」出現次數最多（出現 74 次），而「國家安全」次之（18 次）。例如「我們必須減少濫用數字資產帶來的非法金融和國家安全風險」。

數字資產促進經濟發展

行政令中「經濟」一詞出現 15 次，且出現都是在論證「數字資產會促進經濟高速成長」。例如「基於可能的設計選擇，美國 CBDC 對國家利益的潛在影響，包括對經濟增長和穩定的影響。」

此外，行政令還多次提到美國傳統銀行系統服務不足，跨境匯款和支付成本高，無法獲得更具成本效益的金融產品和服務。因此，美國有興趣確保所有人民都能公平享受金融創新帶來的便利。

細讀沒有？

有沒有發現，美國政府在行政令中承認現在的銀行作業和服務已經落伍了，跟不上時代潮流了？

2021 年，前臉書經理公開批評美國銀行體系過於老舊，有超過 100 年時間沒有更新，需要新的銀行規則和制度。這次行政令的內容等於是承認該經理的觀點正確。

大家可以想一想哪些銀行法需要更新？

「2021 年 11 月，非國有發行的數字資產總市值達到 30,000 億美元，高於 2016 年 11 月初的約 140 億美元」。行政令中特別提到數字資產在不到 6 年的時間增長了 214 倍，一般來說只有一個產業在爆發期才會有這樣的發展速度。

事實上，行政令中其實根本不必公開這些數據，但又着重提出，其目的就是讓讀者得到一個重要信息：數字資產經濟活力是巨大無比。

數字貨幣降低成本

「美國 CBDC 可能有潛力支持高效和低成本的交易，特別是跨境資金轉移和支付，並能夠促進更多地進入金融系統，減少私營部門帶來的風險 —— 管理的數字資產」。

央行數字貨幣的發行不僅可以使跨境支付速度更快而且成本更低，在促進經濟增長同時支持美國在國際金融體系中的持續中心地位，有助於保護美元在全球金融中主導地位。當然，也需要考慮潛在的風險和不利因素。

CBDC 助力美元

行政令中「CBDC」共提到 37 次。在全球貨幣共同探索國際局勢下，美國政府為保障主權貨幣的良好運作金融體系，將研發工作置於美國 CBDC 的潛在設計和部署選項中的「最高緊迫性」，並列舉了美國 CBDC 具備的潛在優勢和影響：

「美國 CBDC 可能有潛力支持高效和低成本的交易，特別是跨境資金轉移和支付」。

「基於可能的設計選擇，美國 CBDC 對國家利益的潛在影響，包括對經濟增長和穩定的影響」。

「美國 CBDC 可能對金融包容性產生潛在影響」。

「本屆政府認為展示美國在與 CBDC 相關的國際論壇以及涉及 CBDC 的多國對話和試點項目中的領導力和參與度是有益的」。

文中所述以上幾點表明了美國 CBDC 的重大意義，文章也多次強調美元在未來全球支付體系中的任何設計都應符合美國優先事項和民主價值觀。

世界已經開始數字貨幣競爭

2019 年 11 月，哈佛大學 Rogoff 教授提出了數字貨幣即將開啟全球化競爭。

行政令列舉的多個競爭場景：

第一種場景是 CBDC 帶來的競爭。例如全球貨幣當局也在積極探索中央銀行數字貨幣，當這些 CBDC 流入美國就可能出現外幣取代現象，並可能破壞以美國為金融中心的支付系統。例如「評估外國 CBDC 的增長可能對美國總體利益產生的影響」。

細讀沒有？

　　數字資產行政令認為數字貨幣「競爭」是存在的。只是當提到數字貨幣時，有人就把其與比特幣等同。然而比特幣是禍國殃民的，會擾亂金融市場，沒有意義繼續討論的，只需要打壓。所以，數字貨幣也就不存在所謂的競爭，該項目「不重要」，「不需提」，「沒有意義」。現在行政令公開表示，這是國家安全級別的項目。

　　第二種場景是 CBDC 和私人貨幣的競爭，例如行政令中「全球主權貨幣和私人貨幣的未來以及對金融體系和民主的影響」。

美國在數字資產領域領先世界

　　儘管行政令中出現「美國在數字資產領域一直處於全球領先地位」的描述，但其仍然需要通過行政手段等方式提升美元在全球數字貨幣競爭中的地位，例如「必須加強美國在全球金融體系以技術和經濟競爭力方面的領導地位，包括支付創新和數字資產」。

　　美國政府鼓勵美聯儲繼續研究數字貨幣，能夠最大程度上提高現有和未來支付系統的效率並降低成本，繼而評估美國 CBDC 的最佳形式，為美聯儲和更廣泛的美國政府行動制定戰略計劃，以及評估實施美國 CBDC 計劃的必要步驟，以判斷其發展現狀。

　　行政令還強調，「在本命令發佈之日起 180 天內，美國科技政策辦公室主任、首席技術官、財政部部長、美聯儲主席以及其他相關機構的負責人應向總統提交一份關於貨幣和支付系統未來報告以促進和支持引入 CBDC 系統」。

　　一個重要信息：美國政府需要在半年內，在多部門共同合作下需提出一個 CBDC 整體計劃的方案。

監管數字資產是關鍵，
例如讓監管來確保金融穩定性

如何解決數字資產對金融穩定以及市場完整性構成的威脅？美國金融監管機構將發揮着關鍵作用。

行政令要求美國金融監管機構應撰寫一份報告，概述各種類型數字資產可能造成的具體金融穩定風險和監管缺口，並以此提出解決方案，包括可能需要增加或調整監管政策以及新立法的提案。

美國參與制定國際數字貨幣標準

美國政府通過 G7、G20、FATF 和 FSB 等推動了數字貨幣整體標準的制定和實施、合作與協調以及信息共享。

關於 G7：「在美國擔任 2020 G7 主席時，成立了 G7 數字支付專家組，討論了 CBDC、穩定幣和其他數字貨幣的支付問題。G7 報告概述了 CBDC 的一套政策原則，是對建立管轄區探索和潛在發展 CBDC 的指導方針。雖然 CBDC 將由一個國家的中央銀行發行，但支持性的基礎設施可能涉及公共和私人參與者。G7 報告強調，任何 CBDC 都應基於 G7，對透明度、法治和健全的經濟治理以及促進競爭和創新的長期公開的承諾」。

關於 G20：「美國繼續支持 G20 解決數字貨幣跨境資金轉移、支付挑戰等問題。例如改進現有跨境資金轉移和支付系統、國際層面 CBDC 的設計工作以及監管良好的穩定幣開發的潛力」。

關於 FATF：「在美國擔任 FATF 主席期間領導該組織制定並採用了第一個數字資產國際標準。美國必須繼續保持與國際夥伴的合作，制定數字支付架構和 CBDC 的開發標準和適當的互通性，以減少支付效率低下，確保任何新的資金轉移和支付系統符合美國的價值觀和法律的

要求」。

關於 FSB：「國際金融穩定委員會（FSB）與標準制定機構一起致力於穩定幣、跨境資金轉移支付以及數字資產支付等其他國際層面有關的問題，同時由 FATF 制定數字資產的 AML/CFT 標準」。

關於數字資產，美國政府將努力確保核心民主價值觀得到尊重；消費者、投資者和企業受到保護；保持適當的全球金融系統連通性以及平台和架構互通性；維護全球金融體系和國際貨幣體系的安全和穩健。

數字資產重點是跨境支付，需要國際合作

美國政府有興趣進行負責任的金融創新，降低跨境資產轉移和支付的成本，從而提升美國人民羣眾的生活幸福指數。行政令提到：「美國有興趣確保所有美國人都能公平享受金融創新帶來的便利，並減少金融創新帶來的不利影響」。

美國的 CBDC 或可支持高效和低成本的交易，特別是跨境資金轉移和支付。不過在國際上需要其他國家的支持和配合，並充分考慮潛在金融風險和不利因素等問題。例如，當美國與其他貨幣當局發行的 CBDC 進行交互操作時可以促進更快、成本更低的跨境支付，促進經濟增長的同時確保美國在國際金融體系中的持續中心地位，有助於保護美元在全球金融中扮演的獨特角色。

美國政府多部門聯合完成數字資產戰略佈局

在 2021 年 2 月 4 日簽署的國家安全備忘錄中描述了跨機構程序進行協調，完成數字資產佈局需要各行政部門聯合執行。行政令則明確指出，跨部門程序應酌情包括：國務卿、財政部長、國防部長、司法部長、商務部長、勞工部長、能源部長、國土安全部長、環境保護署署長、管理

和預算辦公室主任、國家情報局局長、國內政策委員會主任、經濟顧問委員會主席、科技政策辦公室主任、信息與監管事務辦公室主任、美國國家科學基金會主任、美國國際開發署署長，還可酌情邀請其他行政部門、機構代表和其他高級官員參加跨部門會議。在尊重其監管獨立性的情況下，還可邀請聯邦儲備系統理事會、消費者金融保護委員會代表局（CFPB）、聯邦貿易委員會（FTC）、證券交易委員會（SEC）、商品期貨交易委員會（CFTC）、聯邦存款保險公司、貨幣監理署以及其他聯邦監管機構」。

細讀沒有？

數字資產政令明確指示要求多部門參與數字資產計劃。為甚麼？

- 這一次，不只有財政部，監管單位參與，還包括其他與貨幣以及金融沒有直接聯繫的機構。這表示「數字資產」的發展不再只是與貨幣以及金融相關，而是全國性的改革。
- 這次數字資產改革不是依據以往的數字代幣模式，而是在政府監管之下進行的數字資產改革。

第 7 章

基於區塊鏈的
下一代互聯網：Web 3

2021 年 12 月 8 日，一場主題為「數字資產和金融的未來：了解美國金融服務的挑戰和好處」（Digital Assets and the Future of Finance: Understanding the Challenges and Benefits of Financial Innovation in the United States）的聽證會在美國國會舉行。這是國會議員首次通過委員會全體聽證會來強調「Web 3 是互聯網的未來」。

前美國貨幣監理署（OCC）代理署長 Brian Brooks 出席聽證會並發表講話：Web 3 的不同之處在於讓使用者擁有互聯網數據的所有權。現在的互聯網數據是屬於谷歌和其他公司的，但是你可以擁有以太坊[12]。Web 3 讓用戶成為互聯網的真正擁有者，而不只是屬於科技公司。簡而言之 Web 3 就是可讀、可寫、可擁有、可信。

這次美國聽證會上的友好態度是前所未見的，這表明美國兩黨正在迅速改變對數字代幣及 Web 3 的看法。但因數字代幣爭議大，各國政府

---

[12] 這觀點不一定準確，因為在今天，用戶可以購買谷歌股票，也等於擁有谷歌網絡。而且現在以太坊市值高，即使一般人擁有以他幣，也不能左右以太坊的發展。

（包括美國在內）不約而同地加大了對數字代幣的監管。雖然部分議員還是表達了對數字代幣在碳排放、反洗錢、衝擊美元地位的擔憂，但更多內容還是關注於對數字代幣的技術和其目前實現的功能，以期對其更好的監管，並且積極在美國推進 Web 3。

聽證會上議員 Patrick McHenry 稱：「數字代幣對未來的影響可能比互聯網更大……我們需要合理的規則……不需要立法者僅僅出於對未知的恐懼而下意識地監管……因未知恐懼而進行的監管只會扼殺美國的創新能力，使我們在競爭中處於劣勢……我們如何確保 Web 3 革命發生在美國？」

本章主要介紹海外 Web 3，其計劃和佈局主要圍繞推動數字代幣的發展而非科技。由於海外和國內 Web 3 發展路線截然不同，筆者的觀點出現在後續的互鏈網以及 NFR 章節中。

7.1 互聯網發展的三階段

在 1989 年的歐洲粒子物理研究所（CERN），由英國電腦科學家伯納斯·李（Bernes Lee）領導的小組提交了一份針對互聯網的新協議以及一個使用該協議的文檔系統，該小組將這個新系統命名為 World Wide Web，簡稱 WWW（萬維網），它的目的在於使全球的科學家能夠利用互聯網來交流自己的工作文檔。

互聯網的發展被認為經歷了兩個時代。即從 1990 年至 2005 年的 Web 1 時代和從 2005 年開始的 Web 2 時代。

Web 1 由開放協議主導，其中網絡根據 HTTP 協議，電子郵件根據 SMTP 協議；互聯網內容是可讀的，類似於雜誌只能接受信息不能互動。Web 2 是單純地由「讀」向「寫」共同建設發展，從被動接收互聯網信息向主動創造互聯網信息邁進。

Web 2 時代的創新之處是互聯網內容變成可讀＋可寫，互聯網使用

者不但能接收內容，還能創造內容。不過，這些數據大多被互聯網巨頭公司商業化了。他們每天收集大量使用者信息，並利用這些信息賺得盆滿缽滿，而提供數據信息的使用者不僅沒有收益，還要承擔個人私隱信息洩露風險。

未來的 Web 3 是一個由用戶和建設者共同構建的互聯網，創新之處在於將逐漸弱化甚至取消中心化公司的功能，將價值和控制權回歸給創建者和使用者，解決數據所有權問題。

使用者擁有自己的數據，而不是平台，這也是 George Gilder 提出的加密宇宙思想（見本書互鏈網章節）。由於數據存在區塊鏈或分佈式系統中，大大提升安全性；數據由使用者的私鑰保護，可以通過私鑰自主選擇性訪問和關閉自己的數據；從開發者角度而言大部分代碼都是開源的，將可以擁有更多可組合性和創新。

簡而言之，Web 1 只是讀，Web 2 可讀可寫，是通過 Web 服務讀取、寫入動態數據，自訂網站並管理項目。Web 3 也可讀寫，並擁有控制，下表是關於 Web 1、Web 2 和 Web 3 的對比。

表 7-1： Web 1、Web 2、Web 3 對比

Web 1	Web 2	Web 3
唯讀	讀、寫	讀、寫與擁有
關注公司	關注社區	關注個人
主頁	博客 / 微博	視像 / 直播
閱讀內容	分享內容	合併內容
WebForms	Web App	Smart App
目錄	標籤	用戶行為
頁面流覽	點擊成本	用戶參與
Banner 廣告	Web App	Smart App
Britannica Online	Wiki	語義網
HTML/Portals	XML/RSS	RDF/RDFS/OWL

7.2 Web 3 的定義

Web 3 的定義一直在變化。

早期的 Web 3 主要是指語義網，然而該定義一直有爭議。因為大家公認的 Web 2 是在語義網之後才出現的，此時的語義網學者將其定義為 Web 2 不免有馬後炮之嫌。雖然互聯網使用語義科技，但並沒有成為主要發展方向。

區塊鏈出現後，有學者提出 Web 3 是分權式網絡（Decentralized Networks）[13]。在幣圈，通常被理解為不需要政府參與，由區塊鏈網絡自主開發和治理。很顯然，這是一個典型的無政府主義（Anarchism）思想。一些無政府主義信仰者開始大力推廣沒有任何央行支持的比特幣，也正是因為這種無政府思想，分權式網絡被翻譯為「去中心化網絡」，但筆者並不推薦使用「去中心化」這一名詞。

分權式網絡已經有大量的支持者，特性也很明顯，但是該定義也有爭議。

這是一些網站的自訂：

分權式網絡就是網絡上在沒有中央決策機構的情況下可以驗證交易以及交易方身份的能力[14]。

下面是美國國家標準與技術研究所（National Institute of Standards and Technology, NIST）的定義：

「分權式網絡是一種網絡配置，有多個節點。每個節點代表一個或是

---

[13] Decentralization 在大多數字典都翻譯成「分權式」，是管理學中常用的概念和架構。在分權式治理下，權力從中心下放到地方，但是中心還在，因此不是「去中心化」。

[14] What makes a network "decentralized" is its ability to fully validate and authenticate transactions without a central decision-making authority.

數字代幣和央行數字貨幣起源

多個權威機構，每個節點可以代表後方參與組織的權益。由於參與者位於節點後方，一旦丟失或將阻礙進行通訊。」⑮

可以看出，官方定義和非官方定義差異很大。官方定義不但強調有權威機構參與，而且是多家權威機構參與，而非官方定義則將所有的權威機構全部除名。

背景材料

根據百度百科介紹，美國國家標準與技術研究所（NIST）隸屬於美國商務部，從事物理、生物和工程方面的基礎和應用研究，以及測量技術和測試方法方面的研究，提供標準、標準參考數據及有關服務。筆者也在和 NIST 研究員多次交流中了解到 NIST 在很早以前就已經開始了區塊鏈研究。

事實上，Web 2 還有其他定義。例如在 2006 年的《紐約時報》，約翰·馬考夫（John Markoff）將 Web 2 稱為「智能 Web」，通過提供「微格式、自然語言搜尋、數據採擷、機器學習、推薦代理和人工智能等技術強調機器輔助的信息理解，從而提供更有成效、更直觀的用戶體驗。」這一定義強調了 Web 2 智能的一面，但沒有突出它最重要的特性 —— 即刻擁有。

---

⑮ A network configuration where there are multiple authorities that serve as a centralized hub for a subsection of participants. Since some participants are behind a centralized hub, the loss of that hub will prevent those participants from communicating.

7.3 區塊鏈、元宇宙進入互聯網

區塊鏈技術的出現讓 Web 3 概念更加清晰，希望借此打造全新的互聯網架構以提供分權式網絡服務。筆者在 2018 年發佈了一系列區塊鏈中國夢，其中第一個夢就是區塊鏈互聯網（也就是互鏈網）帶來的科技改革。

以太坊聯合創始人加文伍德（Gavin Wood）提出，Web 3 或可稱為後斯諾登（Edward Snowden）[16] 時代的 Web，它是目前已經使用過 Web 的重新構想，但在交互模型上卻有根本性的不同。例如，可公開的信息發佈出來，已達成共識的信息放入共識賬本；保障私人信息安全不被洩露，通訊始終通過加密管道進行，並且僅以匿名身份作為端點；永遠不帶有任何可追溯的內容（例如 IP 位址）。由於無法合理地信任任何組織，因此該系統設計會以數學方式執行。

後斯諾登時代的 Web 包含四個組件：靜態內容發佈、動態消息、去信任交易和集成的使用者介面，是一組包容性協議，為應用程式製造商提供構建塊。這些構建塊取代了傳統的 Web 技術，如 HTTP，AJAX，MySQL 提供了一種全新的創建應用程式為使用者提供強大且可驗證的保障，從而確保接收、提供信息的安全以及支付信息的保密。

毫無疑問，這個定義同樣存在爭議。幾乎沒有任何一個國家願意接受這樣的網絡系統，由於過度保護私隱而損壞公眾的利益。因為過度的保護私隱會讓互聯網成為暗網，成為犯罪以及欺詐的溫床。

因此本章討論的 Web 3 不是語義網（但可使用語義網科技），也不是分權式網絡，而是一個融合區塊鏈、5G（以及 6G）、數字貨幣、元宇

---

[16] 而 2013 年發生的「棱鏡門」事件：美英兩國的情報部門在沒有法律授權，在公眾甚至國會都不知情的情況下，對本國公民展開大範圍的監聽。針對斯諾登「棱鏡門」暴露出的現有互聯網壟斷的問題，巨頭公司掌控所有參與者的數據、信息，並且享受着互聯網發展的紅利，而作為用戶只能出賣自己的數據、信息等。

宙的集成互聯網。傳統互聯網是信息網（Web 1）以及共享網（Web 2），而 Web 3 是價值網（有數字資產），是交易網（可以在沒有信任環境下交易），同時也是 3D 網（具有元宇宙場景和功能）。該定義：

- 得到美國國會的重視。
- 大批企業已經預備建立一個超大型 Web 2 生態。

新的 Web 3 有市值、有生態、有基礎設施、受國家重視，將創造一個新的全球數字經濟，誕生新的商業模式和市場經濟，是一場自下而上的創新。

這次大批企業入局包括以 dydx 為代表的分佈式交易所及聚合；以 Centrifuge 為代表的資產證券化協議；以 Axie 為代表的具有鏈上資產的加密貨幣遊戲；以 Gitcoin 為代表的工作協作平台；以 Syndicate 為代表的投資協作平台；以 NBA Top Shot 為代表的 NFT 相關平台……跨鏈、跨層，DeFi 堆疊 100 多個協議陸續出現，從 BNB 的推出到 MATIC 的迅速崛起再到現在蓬勃發展的 LUNA、SOL 和 DOT，可以看出以 DeFi 財富效應搭建的多鏈多層生態即將誕生，與大批企業一起助推一個多對多的全新 Web 3 形成。

每一個新時代都有新領導者，這次的主要參與者與 Web 2 企業（例如谷歌）和 Web 1 企業（例如美國線上 American Online）不同，是新時代企業。Meta 也發佈消息稱正在嘗試將社交系統與 Web 3 技術結合，Web 2 企業也開始向 Web 3 轉型。

- 融合元宇宙系統

2021 年是元宇宙元年，這是 Web 3 的早期應用。從消費互聯網到產業互聯網，應用場景已經打開，通訊、社交正在視像化，視訊會議、直播崛起，遊戲也在雲化。隨着 VR 等新技術、新的硬件和軟件在各種不

同場景的推動，近年來，人們開始意識到線上的大型數字世界並非只是遊戲娛樂場所，而是未來社會交往和日常生活的新空間。在這樣的大背景下，元宇宙的概念逐漸明確，並成為全球各大媒體、科技界、投資界和產業界廣泛關注和討論的新議題。

元宇宙最早出現在《雪崩》中，作者尼爾・斯蒂芬森將平行於物理世界的數字世界命名為「元宇宙」。「元宇宙是集體的虛擬共享空間，包含所有的虛擬世界和互聯網，或許包含現實世界的衍生物，但不同於增強現實。元宇宙通常被用來描述未來互聯網的反覆運算概念，由持久的、共享的、三維的虛擬空間組成，並連接成一個可感知的虛擬宇宙」。

· 海外 Web 3 融合數字代幣、NFT、分權式金融（DeFi）

自 2020 年下半年開始分權式金融（DeFi）爆炸式湧現，基礎設施、數據工具品質大幅提升，幫助行業真正開啟實際商業應用。Web 3 中的資金成本與現實世界趨同，用於期限結構、對沖和互換的 DeFi 堆疊日漸成熟，以及實物證書託管＋追索權日漸發展而產生的重量級企業和業務。

2021 年 10 月由市場觀察機構 Statista 提供的數據顯示，DeFi 市場從 2020 年 5 月起開始爆炸式發展，在 2021 年時超過 2000 億美元市值；數字資產機構 Diginex 也預測稱 DeFi 將會取代部分金融機構的功能。圖 2 的數據證實了這一預測，大量貸款已經經過 DeFi 完成。

但是他們的預測太過積極，沒有思考到 DeFi 的地基不穩（見本書智能合約章節）。2022 年 DeFi 集體爆雷，網絡上出現大量 DeFi 是否可以存留的質疑之聲。

Defi市值圖表
下列圖表顯示了所有的Defi貨幣的市值和交易量。

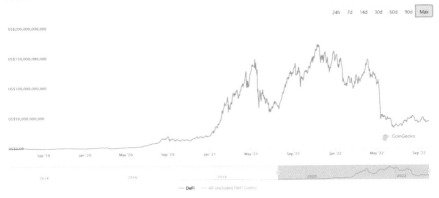

圖 7-1：DeFi 市場從 2020 年 5 月開始爆發[17]，資產超過 772 億[18]，但 2022 年暴跌

7.4 Web 3 的特點及相關技術

身份確權性

　　分佈式存儲可使科技公司對數據的使用透明化，保護數據安全、數據私隱，將數據所有權歸還給使用者，防止數據被破壞或未被授權即使用。個人在數字世界擁有並控制自己的身份，其數字身份信息能夠安全存儲並保護好私隱，分權式身份（Decentralized Identity, DID）就是這個問題的解決方案。DID 是指一套完全分權式的，允許個人或組織能夠完全擁有對自己數字身份及其數據的所有權、管理權和控制權。即個人對這個數字身份有絕對操控權，從而實現由全球使用者民主擁有和控制網絡。

---

[17]　來自：https://www.statista.com/
[18]　來自：https://news.coincu.com/31238-defi-could-be-100-times-bigger-in-5-years-than-it-is-today/

更公平的價值分配

Web 3 將權力和所有權向創作者和用戶傾斜，主要通過四種方式：1）通過 NFT 等引入數字稀缺性並恢復創作者的定價權；2）讓創作者成為一種投資行為，而不僅僅是利他主義；3）引入新的可編程經濟模型，在整個創作者環境中創造經濟；4）為創作者提供創造途徑，不僅可以擁有自己的製作內容，還可以擁有平台本身。

Web 3 採用 NFT 技術讓「傳統」可編程經濟（Programmable Economy）變成「新型」可編程經濟。在傳統可編程經濟中，雖然有數字代幣和區塊鏈，但由於沒有 NFT 技術，任何文字、圖片都可以在網絡上無限複製，很難保護知識財產權，互聯網平台方接收所有信息來源，仍然具有強大的共享優勢。而在 Web 3 時代有保護版權的 NFT 技術，優勢就轉向創造者和使用者，市場結構更加扁平，更適應世界反壟斷潮流。

智能化

Web 3 將是一個智能化的網絡，各種基於人工智能（AI）工具和技術（如粗糙集、模糊集、神經網絡、機器學習等）將與應用程式結合，通過人機交互和代碼智能以實現虛擬實境。AI 軟件能夠理解自然語言，識別真假並提供更可靠的數據。Web 3 時代的機器語言理解「語義」一個核心方式是知識圖譜。基於 Web 3 的應用程式可以直接進行智能分析，即使沒有用戶干預也可以實現最佳輸出；不同語言的文檔可以智能地翻譯成其他語言，使世界各國人民能夠自由地交流。

個性化

在信息處理、搜索、形成個性化門戶等不同場景中，將考慮個人或

個人偏好，語義網將是 Web 3 實現個性化的核心技術。Web 3 不僅關注關鍵字和數值，還可以理解照片、影片或音訊等內容，以及產品、地點和特定行為之間更複雜的關聯。使用聲明性本體語言，如 Web Ontology Language（OWL），以生成機器可用於智能推理的領域特定本體。這不僅僅是匹配關鍵字而是得出結論，使機器能夠以更人性化的方式處理內容。

互通性

互通性意味着重用，這也是一種協作形式。使用者可以將自己的賬戶或數字身份在網站或服務之間無縫切換，Web 3 將為知識和信息提供交流媒介。當某個人或某一個軟件程式在網絡上產生的信息被另一個人使用時，就會產生新的信息或知識。Web 3 應用程式很容易定制，而且可以在不同類型的設備上獨立工作，而基於 Web 3 的應用程式將能夠在多種類型的電腦、微波設備、手持設備、手機、電視、汽車和其他設備上運行。

連　接

在 Web 3 中利用所有可用信息，通過語義中繼數據將信息連接起來消除數據孤島，每個設備連接到網絡由不同應用程式操作。Web 3 時代將一切事物連接在網絡上，也就是物聯網。

虛擬化

Web 3 是一個具有高速互聯網頻寬和高端 3D 圖形的網絡，整合 3D 圖形和 VR 技術的使用提供虛擬實境生活場所，各類產品更好地進行虛擬化。未來的網絡趨勢是創建虛擬三維環境。

目前，這七個特徵正在演變和塑造新的互聯網，其中身份和價值系

統是關鍵。每一項技術都在進步，從今天使用的互聯網中創造出更為先進的互聯網版本。

Web 3 的相關技術

區塊鏈技術允許數據分散，並為透明化、可驗證、防篡改、安全的數據傳輸和交易提供了環境。區塊鏈與 Web 3 的集成將解決 Web 2 當前集中化、監視、利用和操縱性廣告的問題，同時提供支持分散基礎設施的框架。

Web 3 的關鍵特性是可驗證性。如果將可驗證融入區塊鏈中，那麼在其進行的每一筆交易、產生的每一條數據都是防篡改、時間戳記和公開記錄的，一個最可能的結果就是任何人都可以因此驗證數據傳輸，這一關鍵功能是 Web 3 技術最具影響力的地方。

區塊鏈存入數據不能被篡改而且可追溯，因此 Web 3 可以由第三方驗證交易。通過將可驗證性與智能合約相結合，消除不信任、第三方干預、操縱、欺騙和各種人為錯誤，改變使用者數據（包括身份信息）不知去了哪裏？被誰使用，如何使用的現狀，增加透明度構建誠信社會。

除了區塊鏈以外，Web 3 還有其他技術的加入，包括人工智能、分佈式存儲協議，以及更安全的密碼體系，它們一起描繪出了 Web 3 的偉大藍圖。

Web 3 的大致發展路線：第一步解決 Web 3 的數據存儲和傳輸（通訊）問題，這是 Web 3 的基礎工程，也是一些區塊鏈項目追尋的底層框架；第二步考慮應用的可行性，並接入安全的數字身份；第三步呈現更貼合大眾認知的流覽器和網站。

Web 3 發展趨勢

Web 3 將區塊鏈編織到新一代互聯網框架中。互聯網曾是有史以來最快被採用的新技術，加密技術和區塊鏈應用的軌跡正在超過早期的互聯網應用。區塊鏈技術已經提供了 Web 3 早期所需的基本框架。許多 Web 3 軟件是開源的、可編程的，在這個網絡中運行各種各樣的智能合約，就像是一塊完整且可升級的解決方案，可以被靈活運用和組合。

這次 Web 3 將產生深遠影響，是一場數字化的文藝復興，而且發展速度會更快、更迅猛。科技界、金融界、文化界、政府等都將進行更深度融合、全面融合，比如以往的金融只是在後方支持科技公司上市、網上交易等，而且海外和國內會有不同的路線。

隨着時間的推移，各個領域都會發生變革，包括金融改革（數字金融、數字貨幣）、科技改革（元宇宙）、藝術改革（數字藝術）、私隱大改革（例如歐盟的 GDPR、信任機器）、法律改革，還有可編程經濟。

Web 3 現在還處於非常早期的階段，幾個月前大力推薦的科技在市場上遭遇的滑鐵盧式慘敗讓一些媒體對其發展產生了懷疑，但筆者認為現在看到的 Web 3 系統不是將來的 Web 3 系統。

Web 3 是一個新型網絡基礎設施，集成傳統互聯網、區塊鏈、（新型）可編程經濟、預言機等，而且還需要大量的科研和發展。雖然最後的架構目前還無法確定，但由於得到多國的重視以及產業的支持，Web 3 方興未艾。由於中國不認可比特幣等數字代幣的發展，以後中國 Web 3 和海外 Web 3 的發展路線必定不同。中國需要建立一個新型基礎設施如互鏈網和 NFR 替代以太坊，以便在 Web 3 時代競爭。

7.5 Web 3 對國際競爭的影響

有學者認為，Web 3 帶來的改變將超過傳統地緣政治的影響，技術不僅可以改變了全球經濟秩序，還將改變公司甚至國家本身的性質。

《外交政策》（Foreign Policy）期刊在 2021 年 12 月發佈一篇論文〈影響巨大的協議政治〉（Great Protocol Politics），其中的兩位地緣政治學者（Parag Khanna 和 Balaji S. Srinivasan）認為 21 世紀不屬於傳統地緣政治大國，也不屬於傳統科技公司，而是屬於 Web 3 的佈局和發展[19]。傳統地緣政治時代正在過渡到「協議政治」（Protocol politics）或是「科技政治」（Techno-politics）時代，區塊鏈協議或將成為國際競爭的一個重要因素。如果這一點觀點屬實說明科技不但影響商業或金融，以後也會影響國際競爭。

「協議政治」產生的影響，媲美傳統「地緣政治」產生的影響。由於國內和國外使用的協議不同會產生許多分歧，這種分歧不是因為「地緣政治」，而是因為「協議政治」。如果「協議政治」理論正確：

- 看待「協議」像看待「土地」或是「地理位置」一樣；
- 保護自主的「協議」好像保護「國土」一樣；
- 發展新協議，就等於發現或是創建新「土地」一樣；
- 國家沒有自己的協議，就等於國家沒有「國土」一樣；
- 使用國外的協議，就等於國民經濟建立在國外經濟體系一樣。

他們還提出「網絡距離」（network distance）概念，是對傳統的「地理距離」（geographical distance）進行補充。例如兩家合作機構，一家位於

---

[19]　參見：https://www.paragkhanna.com/great-protocol-politics/

北京，另一家位於倫敦，雖然相距萬里但因使用同樣網絡協議在網絡世界成為「鄰居」。在新的協議政治上這兩家公司還會是聯盟，同其他聯盟競爭。

在 Web 3 時代，網絡協議距離比地理距離更加重要，大量人才可以借助相同網絡協議在世界任一地方為任何機構提供服務。數字世界比物理世界進步更快，傳統資產也陸續數字化，而且也會有數字貨幣戰爭（Digital currency wars），多國數字貨幣在網絡上競爭。國際規則也被代碼化，使用智能合約技術自動執行，國家間的一個重要競技場竟然是網絡協議競爭。

中國和國外在 Web 3 上分治

《影響巨大的協議政治》兩位作者發現中國和國外在新型數字經濟上已經出現分治，而以後的分歧會愈來愈大。2021 年，國外幾乎全面接受數字代幣（只是需要監管），而同年中國卻全面禁止。

分治並不代表和國外數字經濟脫勾。分治是正常現象，但是如果其中一方沒有自己的協議或是市場，問題就出現了 —— 例如 A 方有自己的協議和市場，但是 B 方沒有，A 方就會處於優勢地位，因此雙方都需要發展自己的科技和市場。當雙方處於同一起跑線時，如果 A 方大力發展數字經濟發展，而 B 方毫無進展，其在科技以及市場上產生差距會隨着時間的流逝越發顯現（表 7-2）。

表 7-2： 競爭雙方在新型數字經濟領域博弈模型

博弈模型		A 方決策	
		不發展	發展
B 方決策	不發展	情形（1）：A 方和 B 方都不發展協議，繼續停留在舊科技時代。	情形（2）：由於 A 方發展，而 B 方不發展，B 方只能跟隨 A 方。
	發展	情形（3）：由於 B 方發展，而 A 方不發展，A 方只能跟隨 B 方。	情形（4）：A 方和 B 方都發展，雙方在市場上競爭。

根據上面的博弈論模型，只要有一方發展相關科技，另外一方必須跟進發展自己對應的科技（第四個情形），不然將在市場上落後（第二或是第三情形）。但由於是各自發展，分治現象就此出現（圖 7-2）。

圖 7-2： 世界由於科技分治，科技發展路線也會不同

這樣的技術博弈在將來會是常態，過去長期依賴國外科技的局面將不復存在。由於數字經濟和金融相關，假科技、偽科技時代也將一去不復還，硬科技時代已經來臨。

7.6 簡易 Web 2 和 Web 3 的區別

簡而言之，Web 1 只可以讀內容；Web 2 是通過互聯網服務讀取、寫入動態數據，自訂網站並管理項目；Web 3 是讀取、寫入並擁有控制內容。 Web 2 與 Web 3 除了在基礎設施上有不同以外，在運行理念上更是存在着巨大差異（表 7-3）。

表 7-3： Web 2 與 Web 3 的理念差異

	Web 2	Web 3
1	流量、數據、平台	用戶、安全、價值
2	我的數據你擁有	我的數據我擁有
3	我貢獻你受益	我貢獻我受益
3	你橫行，我管不着	你無法在我的環境內橫行
4	我的空間，你壟斷	我的空間，我選擇
5	傳統數字經濟體系	可編程經濟體系

Web 2 運行理念詳解

- 「流量、數據、平台」：在 Web 2 時代，重視流量，重視數據（部分來自客戶），而互聯網平台主導。

- 「我的數據你擁有」：平台提供免費而高品質服務，但平台擁有一切數據，使用者缺乏私隱保護。

- 「我貢獻你受益」：用戶可以貢獻，但由於數據權歸屬平台，平台是最大受益者。

- 「你橫行，我管不着」：比特幣之類的數字代幣使用 P2P 協議，可以在「虛擬貨幣世界」橫衝直撞。現代的系統根本無法關閉，政府也沒法直接監管。

- 「我的空間，你壟斷」：在 Web 2 時代，互聯網平台幾乎壟斷市場，客戶選擇權有限。

- 傳統數字經濟體系：Web 2 重視社交網絡和電商，使用傳統軟件，包括作業系統、數據庫、App、社交網絡等，網絡通訊，在中心交易。

Web 3 運行理念詳解

- 「用戶、安全、價值」：Web 3 重視用戶（而不是平台），平台有責任保護使用者私隱，讓使用者數據可以在平台上產生價值。

- 「我的數據我擁有」：數據所有權歸屬使用者，不再只是平台說了算，沒有「我」的同意，平台就無權處理「我」的數據。平台可以在「我」知曉並授權之下，利用「我」的數據來盈利。

- 「我貢獻我受益」：因為數據權屬於「我」，使用者從數據提供方變成同時也是受益方。

- 「你無法在我的環境內橫行」：Web 3 時代使用更先進的互聯網作業系統，比如互鏈網，能自動執行風險防範機制，有效阻止數字代幣在個人、社會、國家系統「橫行霸道」。

- 「我的空間，我選擇」：Web 3 支持端到端加密，平台難以壟斷，客戶可以選擇自己喜好的產品或是服務。

- 可編程經濟體系：Web 3 重視數字資產價值和交易，使用互鏈網、區塊鏈系統和智能合約，讓第三方開發的智能合約，多方在多鏈上參與執行，進入可編程經濟體系。

互聯網平台的世代更替

第一代互聯網領頭企業是雅虎、美國線上、亞馬遜、eBay 等，第二代互聯網領頭企業已變成谷歌、臉書、亞馬遜等。

第三代互聯網公司正在出現中：Meta（原臉書）在 VR 上領先；微軟在 AR 上領先；Unity 軟件雄霸軟件市場；騰訊、字節跳動等國內優秀企業也各有其優勢；OpenSea 在 NFT 全球交易市場上佔有最大份額；CoinBase 是在傳統交易所上市並依法註冊的合規數字資產交易所；ChainLink Lab 則是專注於預言機的區塊鏈龍頭企業。

數字貨幣的理論

02

第**8**章

改變世界的經濟理論：
數字貨幣區理論

本章介紹數字貨幣一個重要理論：數字貨幣區，它在過去 4 年主導了數字貨幣理論的發展。

早期，有學者認為數字貨幣就只是一個工程項目，沒有理論基礎，也不需要有新理論，傳統經濟學內的貨幣理論就足夠解釋其帶來的經濟現象。

2019 年 8 月 23 日，當時英國央行行長卡尼引用普林斯頓大學的數字貨幣區理論，提出數字貨幣以後會取代美元成為世界儲備貨幣的新觀點。這一觀點震驚美國朝野以及學術界。從那之後美國開始嚴肅研究數字貨幣理論，特別是數字貨幣區理論。這一點，可以從美聯儲，歐洲央行等機構的科研報告看出。

2020 年 10 月國際貨幣基金組織採用普林斯頓大學的數字貨幣區理論，提出基於數字貨幣的新型宏觀經濟學。這等於是承認了數字貨幣帶來新的貨幣理論，改寫了宏觀經濟學。

在國內，筆者也一直在講解數字貨幣區理論的重要性，因為它帶來的影響實在太大。其間，筆者花費將近 6 個月時間研究了國際貨幣基金組織在 2020 年 10 月發佈的報告，將其主要理論翻譯成中文，並加以闡

述及延伸。

2020 年 11 月，傳統貨幣出現一個始料未及的危機，改變世界對比特幣的認知：比特幣正在挑戰美元。這在一年之前被認為是不可能發生也不應該發生的事件發生了。或許這就是為甚麼國際貨幣基金組織在當時突然建議各國需要重回布雷頓森林（Bretton Woods）討論世界貨幣體系的一個原因，2021 年 2 月美聯儲也公開承認此事。

2022 年 6 月比特幣跌破兩萬美元，這次挑戰美元以比特幣失敗（就是沒有成功挑戰美元）而暫停，世界貨幣體系危機得以暫時解除。

在這事件的背後其實是不同學者對同一數字貨幣理論的不同解讀，如同在前面討論美國對數字貨幣的觀點反反覆覆一樣。正因為如此，本書在第二部分討論數字貨幣理論。

本章材料由於是顛覆性，可能需要多次閱讀才能了解理論的深意。美聯儲以及歐洲央行也多次討論該理論，但是過去幾年對這理論內的一些細節卻一直在變。

8.1 介紹

數字貨幣區（Digital Currency Areas，DCA）理論是數字貨幣理論中的一個重要理論，其重要性可以從它改變了美國財政部對銀行的佈局看出。無論是從 2019 年英國央行行長在美國的演講，還是 2020 年開始的美國銀行改革，亦或是 2020 年 2 月臉書的「棄幣保鏈」策略都是基於該理論。2020 年 10 月國際貨幣基金組織報告《跨境數字貨幣對宏觀經濟的影響》（Digital Money Across Borders: Macro-Financial Implications）更是全面擁抱了這一理論，肯定數字貨幣對宏觀經濟學產生的巨大影響。這是宏觀經濟學上的一個新課題，理論基礎不同、思維方式也不同。在這份報告發佈之前還有學者認為數字貨幣對宏觀經濟不會產生任何影響，

數字貨幣理論不存在也不需要存在。

從篇幅上來講 DCA 理論簡短，英文介紹僅為兩頁，中文版僅 3000 字，只需幾分鐘就閱讀全部內容，但其影響卻是巨大的。文中使用了「徹底改變」、「重塑」、「激烈競爭」、「完全不同」等名詞來解釋這是一個顛覆性的理論：

- 「數字化從根本上改變了社會、經濟和信息互聯的本質，數字時代也**徹底改變了貨幣和支付系統**。」
- 「數字化也會通過增加貨幣競爭和貨幣國際化的途徑**重塑國際貨幣關係**。」
- 「在數字世界中，（新的或現有的）貨幣**競爭會更加激烈**。」
- 「數字貨幣競爭將與傳統貨幣競爭**完全不同**。」
- 「數字化可成為一個**強而有力的工具**，使一些貨幣作為交換媒介國際化。」
- 「使本國貨幣適應新的技術狀況，並在此過程中保護它們免受來自外部數字貨幣領域的**激烈競爭**。」

在「央行數字貨幣起源」一章中厘清了數字貨幣基礎理論、設計和佈局，新型貨幣戰爭改變的不僅僅是金融和經濟理論，還有科技。不同的鏈或不同的貨幣會產生不同的理論和實踐。因此在討論數字貨幣理論之前需要對電腦技術、通訊、貨幣、金融、法律有一定的基礎了解。

DCA 的戰略思想影響一些國家的佈局，例如美國前財政部在 2021 年 1 月宣佈的計劃就是根據這個理論而來。由於被長期討論，引用和拓展，歐洲央行和美聯儲認為 DCA 顛覆了傳統貨幣理論。他們之所以使用「顛覆」這個名詞，是因為該理論所描述的市場架構與現在的市場架構不一樣，思維也和傳統思維不一樣。

今天，DCA 理論仍在繼續發展，但在本書的其他章節中會討論一

些與理論相違背的數字貨幣系統設計以及戰略佈局。例如美聯儲 Lael Brainard 在 2021 年 3 月的演講核心和普林斯頓大學的防禦戰略思想一致，但是卻和 2021 年 6 月美聯儲副主席的觀點相左。事實證明，後來的發展並沒有向着 3 月演講的路線前進。

普林斯頓大學的防禦戰略：如果允許私人發行穩定幣，那麼 CBDC 會因大量的穩定幣出現而受到嚴重擠壓。因此需要在 CBDC 推出之前在市場上清掃私人貨幣，這個理論主導了美國在 2021 年年初的數字貨幣政策。

筆者卻認為合規穩定幣會是 CBDC 的先鋒，讓先鋒先行先試，探索正確的發展路線。所以合規數字穩定幣對於央行來說不是「敵人」，而是「盟友」，便於國家管理甚至是「收編」。2021 年 6 月美聯儲副主席 Randal Quarles 也提出類似觀點[①]。而且他還更進一步，認為如果有適用的數字穩定幣出現，可能就足夠了，不需要再發展 CBDC！由於這些穩定幣是美元盟友，而且這些穩定幣補足了美元在跨境支付上的缺陷[②]。他還認為發展 CBDC 太過昂貴，工程浩大，現在不是最重要的項目。

8.2 數字貨幣區理論挑戰傳統思維

DCA 帶來的改變是從打籃球到踢足球轉變，場地和規則全然不同，思維架構也不同。

[①] 參見：https://www.federalreserve.gov/newsevents/speech/quarles20210628a.htm

[②] 他提出 7 大理由美元不會失去世界儲備貨幣的地位，而且美元已經高度數字化，只是在跨境支付上有進步的空間。即使有外國數字貨幣出現和美元競爭，基於美元的數字穩定幣就是美元的先鋒上陣抵擋他們。

數字貨幣顛覆現有貨幣體系

原文引用：「由於數字貨幣不受國界限制，其網絡體系實際上要比許多國家的經濟體系都要龐大。如果今後以數字貨幣為核心來構建國際貨幣體系，那麼會通過增加貨幣競爭和貨幣國際化的途徑重塑國際貨幣關係。」

出來後一直討論和質疑

2019 年 7 月，普林斯頓大學提出 DCA 理論，由於顛覆許多傳統思維，一開始並沒有得到廣泛認同，包括國際貨幣基金組織的一些學者還公開提出不同的觀點，這些在《互鏈網：未來世界的連接方式》有討論。直到 2020 年 10 月國際貨幣基金組織全盤接受該理論並在研究報告《跨境數字貨幣對宏觀經濟的影響》中進行延伸討論，認為該理論將影響到數字貨幣宏觀經濟學。

理論持續討論

自 DCA 理論的出現後，英國央行、歐洲央行、美聯儲開啟了長達 21 個月的討論，並且演講 PPT 重複率高達 80%（表示幾乎同樣材料一直在討論）。

一個嚴肅的問題：為甚麼這些央行花費大量時間重複討論該理論，而且內容大同小異？這是因為他們一致認為該理論將顛覆現在的經濟理論，需要深度剖析討論。

以為自己明白了，其實還沒有明白

DCA 理論僅僅只有兩頁的簡述，很多人（包括筆者在內）都認為現在

第一次閱讀時就已經完全理解，但經過深入思考後發現理解並不透徹，還需要更深入地探討。

小故事

2021 年筆者演講這理論多次後，也發生類似情況。有學者聽了兩次後才發現並沒有真正了解這理論。

根據慣性思維，以往的知識和經驗，認為 DCA 理論應和傳統理論一樣，服務於銀行治理、貨幣發行、傳統貨幣競爭等，但 DCA 理論是顛覆性的，結論可能正好相反。所以，當我們用傳統思維再來討論數字貨幣時會得到不準確的結論。

數字貨幣競爭和傳統貨幣競爭不同

原文引用：「數字貨幣競爭將與傳統貨幣競爭完全不同，它將不再以宏觀經濟（通貨膨脹）表現為基礎。哈耶克（Hayek，1976）認為，宏觀經濟表現是決定該貨幣應用的最重要因素，DCA 理論將在許多方面展開競爭。某些網絡可能會提供不同類型的自動執行支付（「智能合約」）或提供與其他金融服務的相交互操作。數字貨幣之間的競爭實際上是每個網絡提供的大量信息服務之間的競爭，一個最重要的服務是私隱保護。DCA 的貨幣可以通過網絡管理使用者數據的方式來區分，例如一些網絡可能會利用或出售使用者的數據，而另一些網絡則會優先考慮絕對私隱。」

DCA 理論影響是全面的，學術機構例如哈佛大學，企業例如臉書，監管單位的佈局等。2020 年美國財政部根據 DCA 理論提出拆分銀行、

允許美國銀行發行數字穩定幣，以及支持區塊鏈支付網絡三大新思想。

數字貨幣區五大創新

從底層到上層，體系的全盤改變：

- 把互聯網的理論放在貨幣上。以往把互聯網理論只應用在電商方面，這次卻將互聯網理論應用在金融市場以及貨幣上；
- 重組貨幣功能優先權；
- 調整世界儲備貨幣競爭規則；
- 市場由於數字貨幣的競爭而分裂；
- 提出平台為王的概念，顛覆傳統銀行為王的概念。

美聯儲和歐洲央行認為 DCA 提出了一個體系式的理論。2020 年 2 月 5 日美聯儲的演講（"The Digitalization of Payments and Currency: Some Issues for Consideration" by Lael Brainard）就引用該理論來闡述美聯儲的新方向。

8.3 數字貨幣區理論是規範分析理論

DCA 理論不是經驗理論而是規範分析（Normative research）。

「規範分析」是一種預測性、推理式的研究方法，這種方法的一個特性就是：不同的推理路線得出不同的結論。由於是預測性的研究方式，DCA 理論需要長期被討論和驗證。普林斯頓大學因此一直被邀請演講，和其他學者需要一起辯論該理論的真實性。

這一點和「經驗研究」（Empirical research）不同。經驗研究是根據事實來分析，事實不會改變，但不同的解釋帶來不同的理論。

英國央行行長根據 DCA 理論發動對美元的攻擊

英國央行行長在 2019 年 8 月 23 日發表的演講可以說是數字貨幣發展史上非常重要一次演講，筆者把它稱之為「823 事件」。主要觀點有：

第一，跨境支付非常重要；

第二，跨境支付的貨幣非常重要。跨境支付的貨幣有網絡效應，用的人越多越願意使用[3]；

第三，世界會多極化，美國 GDP 逐漸減弱。

基於這三點英國央行行長認為新型世界儲備貨幣會出現，對此提出了三個應對方法：

- 一是不改變現狀繼續用美元。但這只是短時間的措施卻不是長久的規劃，是不合理的。

- 二是改用人民幣。由於以後中國 GDP 將是世界第一，人民幣要成為世界儲備貨幣還有一些困難。這是合理的[4]。

- 三是使用基於一籃子法幣「合成霸權」數字貨幣來取代美元成為世界儲備貨幣，這是「數字貨幣取代美元成為世界儲備貨幣」的觀點。

「數字貨幣取代美元成為世界儲備貨幣」這思想震驚美國朝野、金融界和學術界，是一次發生在金融界的珍珠港事件。在此之前，美國並不認為美元會被數字貨幣挑戰。讀者可能已經發現 DCA 理論出現在 823 事件前，英國央行行長只是在引用和討論該理論。

---

[3] 這點就是早期國際貨幣基金組織一些學者反對的觀點。他們認為國家經濟體系大小是最重要的因素，而不是網絡效應。

[4] 美國成為世界 GDP 第一後，還需要等待 20 多年美元才成為世界儲備貨幣。因此 GDP 排名第一只能是成為世界儲備貨幣的必要條件，而不是充分條件。

數字貨幣成為世界儲備貨幣

原文引用：「成為儲備貨幣的要求非常高，因為這意味着資本賬戶可完全和無條件地進行兌換。如果貿易可以提升國際地位，那麼擁有大型數字網絡的國家可以通過 DCA 的整合效應為其貨幣獲得國際認可找到新的途徑。因此，數字化可成為一個強有力的工具，讓貨幣作為交換媒介國際化。」

英國央行行長還提出數字貨幣的出現不會使世界貨幣市場更加一體化，而是更為分裂，就是世界金融市場會分區。這一趨勢是抵擋不住的，只能預備接受即將來臨的分裂市場。

數字貨幣分裂世界金融市場

原文引用：「這可能是數字化的終極悖論。從技術上講，數字化將打破壁壘，跨越國界。但由於還有許多不可分割的方面，它最終會導致國際金融體系更加分裂。」

8.4 數字貨幣區理論

普林斯頓大學理論：數字貨幣區（2019 年 7 月）

- 數字貨幣不是國家貨幣或者地區貨幣，而是跨國界的貨幣，跨領域的貨幣。

- 貨幣的功能有交易媒介、價值存儲和計量，而數字貨幣的主要功能是交易的媒介。

- 數字貨幣會在世界多個地方取代當地法幣，英文為 Digital

Dollarization。

- 數字貨幣最終會影響到世界儲備貨幣，同世界儲備貨幣競爭。

- 數字經濟以平台為中心，而不是以銀行為中心，市場結構改變。

- 數字貨幣因網絡連接而產生，但因競爭而使金融市場更加分裂。

數字貨幣競爭激烈

原文引用：「在數字世界中，（新的或現有的）貨幣競爭會更加激烈，這是因為有數字網絡支持的貨幣能迅速獲得國內外的廣泛接受，且轉換成本（貨幣競爭的傳統障礙）更低，移動設備上有可用於管理貨幣轉換的程序。客戶可以在金融科技公司開設賬戶中用十幾種貨幣進行兌換和支付。應用更加簡單、方便、快捷，即時計算價格，將貨幣餘額從一種貨幣兌換為另一種貨幣，並自動套利。」

這些概念挑戰傳統經濟思維：

- 傳統上，法幣就是國家或是地區的貨幣，但數字貨幣想要成為國際貨幣還需要一段時間。DCA 認為數字貨幣重要的原因是「國內外廣泛接受」。

- 傳統上，一個國家法幣可能被另外一個國家的法幣取代，但 DCA 認為新型貨幣也會出現取代現象，但取代一個國家法幣的不是另外一個法幣，而是數字貨幣。

- 傳統經濟理論認為一個國家的 GDP 是決定世界儲備貨幣的最重要因素，DCA 理論卻認為交易量越大的貨幣（包括數字貨幣）越有可能成為世界儲備貨幣。

- 比特幣被大量用於跨境支付是因為它提供了便利性，其省去了銀行的排隊、填表格等手續。但是根據 DCA 理論，比特幣的便利性促使其有可能可以挑戰所有的法幣。

外幣取代當地法幣

原文引用：「相應的，其他國家可能會因為跨境支付網絡受到來自外國貨幣衝擊，貨幣競爭更加激烈。」

「小型經濟體（尤其是那些國內通貨膨脹率高或不穩定的經濟體）會受到合規的數字貨幣、傳統法幣和數字貨幣取代本國貨幣的影響，而大型經濟體主要受到數字貨幣取代本國貨幣的影響。隨着數字化交付服務的增加，社交網絡與交換方式關係更加緊密，大型經濟體在較小經濟體中的影響力將愈來愈大。」

市場因為數字貨幣更加碎片化

數字貨幣因網絡連接而產生，而競爭關係會使金融市場更加分裂，世界各國也會因此對跨境數字貨幣交易採取強硬的監管政策。例如 2019 年 6 月 18 日發佈穩定幣白皮書之後，歐洲央行和英國央行立刻宣佈將會採取最強硬的政策來監管臉書穩定幣。

數字貨幣的出現應是助力跨境支付，現在因各種強監管政策導致市場更加碎片化。

8.5 數字貨幣區帶來的改革

DCA 理論會使一個國家進行怎樣的佈局？佈局後需要發展甚麼科技？市場會有甚麼變化？

交易為王，交易決定世界儲備貨幣的選擇。

交易量決定世界儲備貨幣，而不是 GDP 決定世界儲備貨幣。如果這一理論正確，後面帶來的改變是無窮的：

- 由於要處理大量交易以及能夠從事強監管的貨幣政策，需重新設計區塊鏈系統；
- 由於大量的穩定幣或是 CBDC 在國際市場出現競爭，改變金融體系。

數字貨幣區

原文引用：「貨幣國際化可以通過兩種方式實現：一是作為存儲工具成為全球價值儲備；二作為交換媒介用於國際支付，從目前發展來看兩個角色逐漸融合。但是一種貨幣想要在 21 世紀獲得國際地位策略是不同的。成為儲備資產的要求非常高，因為這意味着資本賬戶可完全和無條件地進行兌換。如果貿易可以提升國際地位，那麼擁有大型數字貨幣網絡的國家可以通過利 DCA 的整合效應為其貨幣獲得國際認可找到新的途徑。因此，數字化可成為一個強有力的工具，讓一些貨幣作為交換媒介國際化。」

如果交易決定世界儲備貨幣，那麼如何保障有足夠的數字貨幣來從事交易就成了重要的課題。這需要有多個大型的區塊鏈網絡系統、多個大型的交易所，多個金融機構共同參與。例如臉書穩定幣 1.0 項目的軟件設計從一開始就是預備其系統能夠處理世界上所有的賬戶以及數字貨幣，但在 2.0 版本（2020 年 4 月）突然改變策略，放棄了一家獨大和地方虛擬資產服務商（Virtual Asset Service Provider, VASP）合作。臉書穩定幣系統不必再從事所有交易，而是從事跨境或是跨行交易。儘管臉書系統規模變小，卻可以帶領大批企業進入數字貨幣領域。

另外，各國監管單位在合作同時也要搭建自己的防火牆。各國監管科技和管理規則有複雜的競合關係。

美國財政部允許銀行發行穩定幣，並且和科技公司簽約開發監管科技，加之數字貨幣本來就跨國界。所以美國在一夜之間把銀行服務範圍擴大到全世界，戰略思想變了。假設美國銀行內的存款統統換成穩定幣，那麼在世界上大量流通的美元穩定幣，而這些穩定幣可以支持美元（數字美元）成為世界儲備貨幣，而在後方支持的美元則留在美國銀行。

8.6 小結

	改革觀點	需要解決的問題	機構支持和行動
交易決定世界儲備貨幣	決定儲備貨幣不是 GDP，而是便利性	新型區塊鏈設計；大量穩定幣；大型區塊鏈網絡交易系統或是交易所；各國監管合作；防火牆	美國財政部開放銀行發行穩定幣；計劃建立大型區塊鏈網絡；監管網絡
平台為中心	不以銀行為中心，區塊鏈系統優於銀行系統	新型區塊鏈設計，多幣種；央行和銀行作業改革；清結算作業改革；託管業務；嵌入式監管	美國許可銀行加入區塊鏈網絡，建立全國支付的區塊鏈網絡；臉書棄幣保鏈
數字貨幣區	市場不是連接而是更加分裂；合規市場和地下市場；貨幣陣營	複雜貨幣競合模型，三元貨幣競合；嵌入式監管	監複雜監管網，複雜博弈流程（例如 FATF）；高速跨境支付系統

第9章

有爭議的理論：平台為王

DCA 理論認為數字貨幣平台將會是世界金融市場的中心，這是該理論有爭議的一個觀點。

為甚麼我們會得出這樣的結論？其實是根據比特幣以及以太坊等數字代幣的設計推導出來。數字代幣的設計是把「貨幣」存在網絡上，在錢包內的只是私鑰。如果私鑰遺失，「貨幣」就消失了。（其實也不是消失，只是因為沒有私鑰，「貨幣」無法打開使用，等於消失了）數字貨幣都在網絡上，網絡就變成了世界金融的中心。

雖然理論驚人，但卻符合現在數字代幣的設計，包括原臉書的數字穩定幣也是使用這樣的設計。那麼問題來了，以後的 CBDC、合規數字貨幣以及數字資產都會以該模型為理論基礎？這一點筆者有不同的看法，在下章繼續討論。

根據多家央行的研究報告，儘管系統性能和擴展性很重要，但將來的數字貨幣以及區塊鏈的設計更加注重監管性以及交易完備性。如果一個貨幣系統不能監管，或是交易經常出錯，那麼這樣的系統就不需要繼續考慮了。即使可以高速交易、可擴展，但有系統性的風險的系統不但不能支持經濟活動，反而會破壞世界金融市場。

因此，以後看到的數字貨幣以及區塊鏈系統必須經過改造才能在合規市場使用。但是改造後會得出新的數字貨幣理論，且和數字貨幣區內

「平台為王」的概念不同。

　　普林斯頓大學研究數字貨幣時發現，世界上所有的數字貨幣都是採用「貨幣」存在網絡上的模型。他們只看到樹木，而沒有看到在數字貨幣樹林內還有其他數字貨幣模型存在。

9.1「平台為王」從互聯網時代開始

　　「平台為王」不是數字貨幣出現後才有的產物，而是在傳統系統就有了這個概念，只是現在更為凸顯。傳統數字經濟三大黃金路線：搜尋引擎、電商、社交網絡，包括中國的百度、淘寶、京東和微信，國外的谷歌、亞馬遜、臉書等。這些都是互聯網門戶，也是互聯網平台。底層平台的硬件和作業系統包括蘋果手機、安卓作業系統、華為、小米等。

表 9-1： 手機平台的示意圖

搜索應用	社交網絡應用	電商應用
搜尋引擎	社交網絡	電商
安卓作業系統 + 手機硬件	蘋果 iOS 手機	

　　互聯網平台非常強大，同時也成了反壟斷的對象，歐盟、美國等多個國家和地區針對；壟斷問題對谷歌、亞馬遜等科技巨頭處以高額罰款。例如，作為著名電商公司亞馬遜壟斷了大部分電商平台和流量，其他的電商只能被迫依附於平台，讓其分走部分紅利。

　　對客戶來說平台絕對是王，因為所有的數據都在平台上，例如電子郵件、聊天記錄、圖片以及登錄信息等。儘管平台都有嚴格的制度要求不允許員工私自竊取客戶信息，但數據洩露事件仍屢屢發生。

　　底層平台比互聯網平台更為強大，可以決定其客戶的「生死」。蘋果因不滿意臉書的私隱保護政策多次下架其 APP，臉書多次抗議後才得以重

新上架。即便不下架臉書的 APP, 處於底層平台的蘋果還是可以輕而易舉地將其置於死地。2021 年 5 月，蘋果公司發佈 iOS 14.5 系統，要求應用程式開發者在追蹤使用者使用軌跡時首先要獲得使用者同意，同時用戶也可以選擇不公開私隱數據給應用商。

根據數據顯示，有 96% 使用者選擇私隱保護，不希望互聯網公司追蹤他們的數據。

這對於臉書來說無疑是致命的打擊，因為臉書的市場優勢和收入來源是建立在 1、收集使用者數據；2、評估用戶喜好投放廣告。從 2021 年 10 月 26 日臉書發佈的第三季財務報表來看，其收入明顯受到了影響，臉書公開承認蘋果手機上新功能「應用程式透明跟蹤」（App Transparency Tracking, ATT）是原因之一，同時還認為蘋果的做法是為了推廣自己的廣告業務。2 日後，臉書改名 Meta，不再以社交網絡以及商業模型為主營業方式。

不止 iOS 系統 , 以後其他手機作業系統（以及其他平台作業系統）也會更加注重使用者信息的私隱保護，例如谷歌安卓系統、華為的鴻蒙系統等。相信不出幾年，幾乎所有移動端以及伺服器都會保護客戶私隱。

所以可以看到，在傳統數字經濟下平台早已經是「王」，在正在進入新型數字經濟時代又以交易為王，為平台為王拓展了概念。

數字貨幣平台還可以提供傳統互聯網服務

在新型數字經濟環境下，數字貨幣平台提供便利的交易服務。通過數字貨幣可以看到交易信息，包括平台信息、交易方（身份證、位址、國籍等）、交易時間、交易地點、交易額、購買的產品等。

- 　對個人，交易信息完全透明，沒有私隱；
- 　對產業，產業佈局更加清晰化；
- 　對國家，提供完整經濟數據。

當然，數字貨幣平台仍具有傳統數字經濟的三大優勢：電商、搜尋引擎、社交網絡。例如，從一開始臉書的穩定幣項目就預備和 30 家國際大型企業合作，這樣數字貨幣平台就有了電商的優勢，加之臉書可以提供搜尋引擎的服務，有自己的社交網絡，有自己的社區優勢就更加明顯，這也是許多國家反對臉書實施該項計劃的主要原因。臉書本身已是社交網絡巨頭，如果再在數字貨幣領域遙遙領先，其財力以及影響力將超過世界絕大部分的國家（例如超過 98% 的國家，世界 GDP 排名前 10）。

9.2 數字貨幣平台為王思想

普林斯頓大學認為數字貨幣經濟不是以銀行為中心，而是以平台為中心。現在的金融機構是以銀行為中心，所以當英國央行、美聯儲、歐洲央行、加拿大央行等央行在討論數字貨幣時都是基於現在的銀行結構。

數字貨幣發展基於哪種理論才是正確的？ 國際貨幣基金組織、美聯儲都支持了普林斯頓大學數字貨幣區理論以平台為中心的觀點。如果以數字代幣設計來看，普林斯頓大學觀點正確。

普林斯頓大學數字貨幣區理論以平台為中心的思想示意圖：

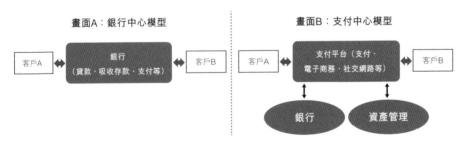

圖 9-1： 數字貨幣市場以平台為中心

數字代幣和合規數字貨幣代表兩個不同的貨幣體系：

- **基於網絡的貨幣體系**：只存在網絡上。貨幣只是數字記號，價

值來自支持地下經濟的活動；

- **基於傳統貨幣體系**：存在央行、銀行、託管機構。價值來自國家信用，可以支持任何經濟活動，包括合規經濟和地下經濟活動。

表 9-2

	數字代幣	合規數字穩定幣 /CBDC
實際資產	數字記號（沒有實際資產支持）	國家法幣支持
資產存儲地方	數字代幣存在網絡上	法幣存在央行、銀行、託管機構；數字貨幣可以在網絡上或是線上下（交子模型）
價值來源	地下經濟	國家信用
主要支持	地下經濟活動	任何經濟活動包括合規和地下經濟活動

臉書穩定幣項目是一個典型的「平台為王」的設計模型。2019 年 6 月臉書發佈穩定幣白皮書引發巨大反響，很多商業銀行都表現出了前所未有的擔憂，還舉行多次國際會議進行討論，例如在 SIBOS 國際會議上討論。多家商業銀行表示一旦臉書穩定幣的體量超過傳統銀行，在市場上就會出現擠壓現象，就是臉書平台取代當地銀行（例如貸款等業務）。

根據 2020 年 5 月歐洲央行發佈的研究報告，他們的預測是正確的。歐洲央行認為臉書穩定幣資產將達 3 萬億歐元。3 萬億歐元是甚麼概念？英國一年的 GDP 大約為 2.8 萬億美元，而整個非洲 GDP 也只有大約 2.2 萬億美元。如果臉書穩定幣資產是一個國家的 GDP，那麼其世界排名在第 5，只有美國、中國、日本、德國的 GDP 超過臉書穩定幣的資產。

9.3 美國財政部認為美國銀行必須是世界金融的中心

2021 年 1 月 4 日，美國財政部表示允許美國銀行參與區塊鏈作業，發行數字穩定幣。美國財政部為甚麼突然轉變態度？這是因為如果以後的金融中心不再是銀行，而是數字貨幣平台，通過銀行發行的數字貨幣運行在數字貨幣平台上，確保美國銀行還是金融中心。

圖 9-2

美國財政部可以通過向數字貨幣發行商發行銀行牌照使其成為新型銀行，受美國銀行法監管，讓這些新銀行成為世界金融中心。

圖 9-3

圖 9-2，圖 9-3 兩條路線代表了美國財政部接受數字貨幣區理論，認為世界金融會以數字貨幣平台為中心，而全世界的經濟金融的競爭將變為數字貨幣平台的競爭。

美聯儲支付網絡變成區塊鏈網絡

根據數字貨幣區理論「平台為王」的思想，美國財政部提出以後讓區塊鏈網絡取代美聯儲支付網絡。

圖 9-4

9.4 國際貨幣基金組織 支持平台為王的思想

圖 9-5 是來自國際貨幣基金組織 2020 年 10 月的報告。圖左部分是現代銀行和 SWIFT 架構,這是傳統金融市場的架構;圖右部分是多鏈的架構。世界金融市場由銀行 -SWIFT 組成的國際跨境支付網絡體系改為「鏈滿天下」的網絡體系,沒有唯一中心。整個跨境支付網絡改為多條鏈遍佈世界,支付也不經過 SWIFT 系統。這樣的一個架構就是由數字貨幣區的「平台為王」的理論設計出來的,整個金融系統變成了區塊鏈網絡。

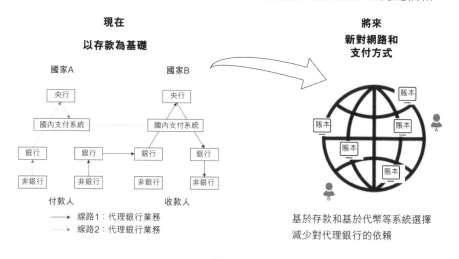

圖 9-5

如果仔細觀察就會發現,國際貨幣基金組織架構圖把**傳統金融作業從交易、清結算、託管、監管全部改為區塊鏈作業**,整個金融市場都改

變了。這就是為甚麼歐洲央行、美聯儲、國際貨幣基金組織會認為數字貨幣區是一個顛覆性的理論。

在這種複雜環境下數字貨幣面臨更多的問題，比如央行和銀行該如何作業？監管如何作業？託管銀行如何作業？嵌入式監管如何作業？監管網絡如何作業？這些問題包含了科技、經濟理論、貨幣政策、監管策略等。

平台比銀行重要的案例分析

許多國家基於「平台為王」的思想，開始極力反對臉書穩定幣項目。歐洲央行一份報告指出，臉書的用戶佔世界人口的 1/3 的，如果這 1/3 的世界人口都使用臉書穩定幣，其重要性將超過絕大部分國家的央行。如果臉書穩定幣在歐洲運行就會成為歐洲最大的現金貨幣基金。

歐洲央行可以管理商業銀行，但不一定管得住高科技公司。國際貨幣基金組織 2020 年 10 月報告認為一個國家想要治理他國發行的數字貨幣，不但要有管理制度還要有治理科技，有制度而沒有對應的科技支持等於沒有制度。當時（2020 年 10 月）麻省理工學院還沒有改寫比特幣代碼，世界還沒有科技可以治理比特幣。

哈佛大學認為數字貨幣平台對美國至關重要

哈佛大學 Rogoff 教授提出數字貨幣戰爭，其中數字貨幣平台是關鍵。如果數字貨幣平台是金融市場的中心，那麼誰擁有平台誰就掌握平台上的交易信息，就可以控制市場。

筆者在《數字法幣：非對稱監管下的新型全球貨幣》，一文中提到平

台模型「比目魚模型」。數字貨幣平台就像比目魚⑤，平台方可以看見交易雙方，但參與方只能看見自己，這也是數字貨幣平台最有價值的地方。

表 9-3： 比目魚模型中的 4 種模式

方式	特性
主權獨享式	單個國家完全享有監管權
完全共享式	發行國和參與國共享監管權
部分共享式	發行國可以看到全部交易信息，而參與國只能看到和該國相關交易信息
分層分片式	發行國和參與國都只能看到和該國相關的交易信息，因此公平性提高。

比目魚模型有四種模式，包括主權獨享、安全共享、部分共享、分層分片等，有不同權力和不同作業方式。數字貨幣平台的設計是一門大學問，也是重要科技研究課題。

平台決定數字貨幣區還是地緣政治決定？

普林斯頓大學理論認為平台決定貨幣區（一個平台就是一個貨幣區）。筆者認為數字貨幣區會由地緣政治劃分，就是貨幣區會以國家或是地區來劃分，而不是平台，所以數字貨幣區最後會變成地緣政治的數字貨幣區。比如美元和歐元都有自己的數字貨幣區，歐元區並不想讓數字美元進來，所以歐盟建立自己的區塊鏈系統發行自己的數字歐元。同理，美國也不會讓數字歐元進入美國。

德國銀行更加激進，如果歐洲央行做不出數字歐元，德國銀行準備自己做數字歐元，商業銀行發行基於銀行貨幣的數字穩定幣。瑞士 SDX

---

⑤　比目魚長大後，兩眼都是在一側，另外一側沒有眼睛。這好像互聯網平台一樣，客戶沒有平台的數據，而平台方有所有人的數據。

數字資產交易所就曾公開說要支持歐洲商業銀行發行數字歐元。

在 2020 年或許可能沒有科技可以治理數字貨幣，但是在 2022 年其相關科技已經取得巨大進步，局勢也會有所不同。

數字貨幣平台需要支持多幣種：棄幣保鏈

「傳統數字代幣不是支付網絡系統，而是一個封閉的單一數字資產系統。雖然任何人都可以加入比特幣網絡，但是該網絡除了可以處理比特幣外，幾乎沒有其他用途，而現代支付網絡可以同時處理多幣種交易，既可以增加，也可以減少。」這段話來自前臉書高管，他的批評打到數字代幣系統的要害。

換句話說，就是數字貨幣系統必須能夠處理多種數字貨幣，可以在部署後增加其他數字貨幣，也可以減少數字貨幣，可以處理現代金融內許多傳統業務例如託管等。

根據這一思想臉書提出：一個國家如果不願意 Libra 幣在該國發行，臉書將自動放棄 Libra 幣，並願意提供技術協助該國發展自己的數字貨幣。這就是棄幣保鏈的思想由來。

為甚麼臉書要採取這種策略？因為只要區塊鏈系統存在就可以有機會發行數字貨幣，但是沒有區塊鏈系統就一定沒有數字貨幣。哪個更有價值？只要青山在，不怕沒柴燒，但是沒了青山就沒有木柴。區塊鏈系統重要還是數字貨幣重要？區塊鏈系統是平台，平台為王。

第 10 章

古人的智慧：
挑戰「平台為王」理論

「平台為王」的思想是普林斯頓大學 DCA 理論中少數有爭議的觀點。世界金融可以走向數字貨幣，可以有區塊鏈網絡，但是最後為甚麼還需要以區塊鏈網絡為金融中心？如果世界以區塊鏈網絡為中心，是好還是壞？世界金融市場應該如何治理？

「平台為王」是指因為數字代幣系統上所有的代幣（實際資產）都是在網絡上，手裏拿到的只是網絡上代幣的私鑰。私鑰和存摺作用一樣，只是證明擁有對應的數字代幣在網絡上。這一模型筆者把它稱之為「喜馬拉雅山模型」。根據這個模型可以得出普林斯頓大學的觀點是正確的，以後世界金融中心是區塊鏈網絡平台。

本章提出不同觀點。筆者認為數字貨幣平台固然重要，卻不是未來世界金融的中心，應放棄喜馬拉雅山模型而採用改變數字貨幣設計的「交子模型」。交子是中國北宋使用的銀票，交子不是銀子，而是銀子的憑證。

交子是中國最早的紙幣，也是世界上最早的紙幣，歷史意義重大。後來紙幣被大量使用，包括明朝的「大明寶票」，清朝的「戶部銀票」（官票）以及「大清寶鈔」。銀子本身就是可信的媒介，因此無需兌換可直接交易，而交子卻需要託管機構以及嚴格的製作和驗證流程。交子模型是

宋代古人的智慧。

　　一個系統上的小小改動，帶來金融市場整體改變。一個數字貨幣系統內的一個小小的改動，改變了新型數字經濟市場的結構。

10.1 喜馬拉雅山數字貨幣模型

　　現在的數字貨幣模型，包括所有數字代幣以及 Diem 數字穩定幣模型都採用喜馬拉雅山模型，就是將數字資產存在網絡上。數字貨幣有 token 模型，也有基於賬本的模型，現在這兩個模型都可以採用喜馬拉雅山數字貨幣模型。

　　基於 token 的喜馬拉雅山模型的作業方式：

- 所有的資產（例如黃金，銀子，或是美元）都存在山上，不可以下山；
- 任何人都可以驗證山上有資產，但是所有的資產都不能離開；
- 如果有人要存現金也要放在山上，只是一旦放進就不能取出來；
- 存款後，就會得到銀行給的存證；
- 如果 A 想把資產轉移給 B，銀行只是取消原來 A 的存證，給 B 製作一個新存證。且 B 也不能拿到資產。如果 B 想要轉移給 C 也是同樣的程序；
- 銀行只認存證，不認人。如果 A 將存證給 B，這等於 A 將全部資產給了 B。假設 B 不幸遺失存證，B 就失去在喜馬拉雅山上的所有資產。

　　這個模型和比特幣模型類似，區別在於比特幣都是事先存在網絡上，而不是事後。

基於賬戶的數字貨幣模型

基數賬戶的喜馬拉雅山模型作業方式：

· 所有的資產（例如美元）都存在山上，不可以下山；

· 任何人都可以驗證山上有資產，但所有的資產都不能離開；

· 如果有人要存現金也放在山上，一旦放進不可以取出。存款後，存款人得到銀行的賬戶號碼；

· 如果 A 想把資產轉移給 B，需要 A 到銀行憑藉身份證把部分資產（例如一千美元）轉移給 B，此時 B 的賬戶就多了一千美元。但是 B 也拿不到現金，拿到的只是一個存證表示賬戶多了一千美元，所有的現金還留在喜馬拉雅山。

比特幣和以太幣都是存在網絡上，是純虛擬資產，在物理空間沒有資產。如果某一數字貨幣資產一直存在網絡上無法提現，隨着資產的升值，該網絡系統將就會聚集極大的資產。

物理資產不可能在網絡上

筆者在編寫《智能合約：重構社會契約》一書時，發現英國法律協會在 2019 年研究智能合約時提出的一個重要觀點：資產數字化後不是真實資產，只是代表資產的所有權。例如數字房地產不是真實房地產，只是房地產所有權的數字憑證。

如果是資產的憑證，就和傳統憑證就有以下共性：

· 憑證可以由第三方驗證數據是否正確；

· 憑證遺失，可以要求發行方補發；

· 憑證可以證明用戶合法擁有該資產，並且行使相關的權益，例如銷售，轉讓等權益。

數字憑證具有以下特徵：

- 數字憑證可以在網絡上交易，例如區塊鏈系統上交易；
- 數字憑證可以在網絡上流通；
- 數字憑證可以在網絡上驗證；
- 數字憑證和紙質憑證擁有同樣的功能，具有同等的權益。一個數字憑證擁有者也是實際資產的合法擁有者。

古代銀票為了防偽，採用了多重印押、密押技術，還有隱藏的記號。在提取款項時，除了要本人簽字畫押，錢莊還要留下印記。數字憑證也採用多次加密，數字簽名，實名認證，加密存儲，將擁有者身份信息輸入數字憑證，然後將憑證存在多個區塊鏈系統上，連接自治組織或是監管單位。

數字貨幣只是數字資產的一種。如果數字資產不是真實資產，數字貨幣也不是真實貨幣，更不是數字現金，而是真實資產的憑證。

這裏就出現三個不同的場景：

- 純虛擬（數字）資產沒有對應的物理資產，例如比特幣、以太坊，只存在網絡上，而不存在物理空間，沒有實體機構擔保。比特幣系統甚至連公司、客服、註冊地址都沒有。
- 物理資產數字化有實際資產，網絡上只是資產的數字憑證，例如數字房地產，央行數字貨幣等。

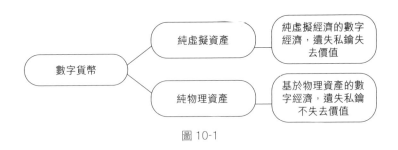

圖 10-1

依照上面的分類，央行數字貨幣（CBDC）是物理資產，還是虛擬的資產？筆者認為是物理資產，因為：

- 可以 1:1 兌換現金，和現金有同等義務和權益；
- 由國家（物理）央行發行和支持，而不是虛擬央行或是虛擬銀行發行的；
- 數字貨幣系統如果出現問題，客戶的損失可以得到補償。不像現在幣圈的數字代幣，系統出問題，客戶沒有求償的渠道。

結論是 CBDC 不是純虛擬資產，而是物理資產（法幣）數字化。那麼合規數字穩定幣應該是 100% 虛擬資產還是物理資產數字化？筆者同樣認為物理資產（法幣）數字化才是正道。合規數字穩定幣和 CBDC 都是數字化的法幣，只是發行單位不同。

10.2 交子模型帶來全然不同的數字經濟模型

兩種不同的數字貨幣帶來全然不同的數字經濟模型：

- 實際資產存在網絡的數字貨幣模型；
- 實際資產在線下，而網絡上只是數字憑證的數字貨幣模型。

這種變化改變了數字經濟的模型以及市場的結構，也改變了普林斯頓大學的數字貨幣區的理論。在交子模型下的數字貨幣，憑證的密鑰遺失只是代表需要一個流程重新申請資產憑證，而不會造成資產的流失。這從根本上解決數字貨幣一個關鍵問題：私鑰遺失不代表資產流失。基於憑證的數字貨幣不再是有價的「數字資產」，而是有價資產的「數字憑證」。

圖 10-2：中國宋朝發行的銀票：
益州交子銀票

　　如果使用傳統數字貨幣模型，區塊鏈網絡數字經濟是中心。由於數字貨幣都在網絡上，因此金融中心也需要在網絡上。但是交子模型出現後，數字資產不在網絡上，在網絡上只是資產的憑證，這樣數字平台同時還具有傳統互聯網平台的優勢。在傳統互聯網上，資產也不在網絡，平台只有提供電商，社交，以及搜尋的服務功能，而沒有發行、存儲、交易數字貨幣的功能。下圖代表兩次思想轉變，從傳統經濟模型，到基於數字代幣的經濟模型，到基於交子模型的經濟模型。

傳統經濟，銀行是金融中心 ⇨ 新型數字經濟，網絡平台是金融中心 ⇨ 基於交子模型的新型數字經濟，銀行還是金融中心

圖 10-3

　　監管方式也改變。監管方可以控制存在金融機構的資金，如果發現洗錢現象可以立刻停止交易或是換現，甚至可以取消相關的數字資產（或是貨幣）的合法性，停止其在區塊鏈網絡上繼續流通。

交子銀票的歷史借鑑

　　北宋初年，四川成都出現了現錢保管業務的「銀票舖戶」。客戶存款把銀子交付給舖戶，舖戶把存款人存放現金的數額記錄在楮紙券面上交還給客戶，當客戶需要提取現金時只需支付 3% 的保管費。這個楮紙券就是「銀票」，只是實際資產的憑證，而不是真實銀子，或是當時的貨幣。

銀票舖戶是各地開分行（或是分舖），許多商人聯合一起做生意。由於銀票舖戶守信用，讓客戶有信任感，可以到各地分舖兌換銀子，而製作的「銀票」圖案有許多防偽方式，例如不同顏色交錯，親筆押字，又有暗號，非常難偽造。

銀子不需要舖戶或是銀行，本身自帶金融價值屬性，為了標準化，也有嚴格的製作以及驗證流程。銀票不似銀子需要舖戶的經營以及嚴格的製作以及驗證流程，但需要銀票舖戶的信用經營。

由於信譽良好，市場的交易開始使用銀票，和銀子一樣流通。這好像今天的旅行支票（Traveler's check），由發行單位擔保例如美國運通（American Express）發行的旅行支票，由美國運通公司擔保。

銀票一個特性就是需要發行方維持強大的信用，如果發行方出現問題，銀票的機制就會出問題。這個現象發生在宋代，也是發生在 21 世紀，例如數字代幣，DeFi，以及 NFT 發行方以及交易平台就是欺詐的中心點。欺詐的舖戶濫發銀票（收到大量銀子）後，惡意停業後客戶的銀子就這樣被公然「盜竊」了。於是，宋真宗景德年間（1004-1007 年），由於大量銀票欺詐事件發生，益州知州張泳對銀票舖戶進行整頓，只讓指定的商家經營。在今天，就是需要申請經營牌照。

從 2021 年 1 月美國財政部出台的數字穩定幣管理規則來看，交子模型發行方需要有銀行牌照，而且每天需上報準備金，由於數字穩定幣發行量受銀行託管的準備金限制，而且整個流程都記錄在區塊鏈系統上。無論是 1000 年前宋真宗整頓銀票舖戶，還是 2021 年美國財政部整頓數字穩定發行方，其方式有異曲同工之處，只是當年沒有區塊鏈系統，無法全程追蹤。交子使用的安全機制（暗號，不同顏色交錯）被現代公私鑰加解密以及哈希算法取代，當年需要幾個星期才能達到的通息在互聯網信息快速到達，客戶、監管單位可以在幾秒內知道數字貨幣的信息（包括後台的準備金信息）。

第 11 章

先有盾才有矛：
數字貨幣的攻擊與防禦

 2019 年英國央行前行長卡尼根據博弈論的數字貨幣區理論來「攻擊」美元的霸權，儘管並沒有一個大型合規數字穩定可以進行挑戰，美國還是被震撼到了。由於當時討論最為火熱的數字穩定幣是臉書 Libra（後改名為 Diem），美國認為 Libra 會是保護美元的防禦工具。

 Libra 最初的設計就是基於一籃子法幣的數字穩定幣，而美元會是最大的組成法幣。但是對美國來說，這遠遠不夠。美元必須還是世界儲備貨幣，美元的工具只能保護美元，因此 Libra 只能是基於美元的，其他貨幣必須在 Libra 美元出來後才考慮的。於是，臉書將 Libra 準備金全部改為美元。

 但這個改變遭到了歐盟的極力反對。歐元原本在 Libra 的組成準備金內，被踢出去之後 Libra 就變成美元的工具，可攻（歐元）可守（美元），而歐元又是美元最大的競爭對手。於是歐盟成為反對 Libra 的先鋒，包括德國銀行協會多次出文反對 Libra 以及後來改名的 Diem 計劃。最終，Diem 計劃沒有被監管機構批准執行，海外媒體上紛紛報導歐洲央行就是幕後重大的推手。

 可以看到數字貨幣的攻、守是一個重要課題，核心就是外幣取代本

幣的現象。根據歷史數據，當一個外幣取代本國的法幣後，未來 10 年本國法幣仍處於弱勢地位，受外幣擠壓。由於外幣的貨幣政策和本國經濟環境不一樣，外幣的貨幣政策就會影響本國的經濟發展，而本國央行無法執行其貨幣政策。

在討論案例後，本章還討論普林斯頓大學提出的數字貨幣防禦戰略。

11.1 數字貨幣分裂金融世界

對於數字貨幣的發展，其基本思想就是以後的網絡系統上會有統一貨幣。但普林斯頓大學理論的結論正好相反，認為數字貨幣市場不會更加融合而是更加分裂。從目前來看，確實是朝着分裂的趨勢在發展。哈佛大學 Rogoff 教授把數字貨幣區分為合規區和地下區，國際貨幣基金組織提出數字貨幣陣營（bloc）概念。數字貨幣結構複雜化。

本章將討論數字貨幣區是如何形成，包括形成要素，區域的界定以及區與區之間的複雜關係。例如普林斯頓大學的數字貨幣區是根據數字貨幣平台來制定的，就是一個平台建立一個數字貨幣區。根據這樣的理論，在一個國家可能就會有多個數字貨幣區。例如美國現在的數字穩定幣有 USDC，Paxos 等，美國就有多個數字貨幣區，而這些區互相重疊。

本書沒有採用這個解釋，而是以地緣（就是以法幣）來分區。例如 USDC，Paxos 都是基於美元的數字穩定幣，我們就將他們都列為數字美元，而競爭對象是數字歐元以及比特幣這樣的數字代幣等。例如反對臉書穩定幣的歐洲央行準備發行數字歐元，而基於美元的 Diem 數字穩定幣就是數字歐元的最大競爭對手。

由於臉書穩定幣會和當地法幣（例如歐元）以及基於當地法幣（例如歐元）的數字穩定幣競爭。臉書穩定幣遭到他國的強烈反對。其間，臉書表示願意放棄在這些國家使用其穩定幣，並協助這些國家建立自己的數

字穩定幣。

數字貨幣競爭同樣很激烈，其程度到了一個國家或是國家聯盟會禁止基於其他法幣的數字穩定幣在本國使用。

普林斯頓大學認為數字貨幣競爭有國際競爭也有國內競爭，有進攻型競爭也有防守型競爭。國際化的競爭形式有進攻性的競爭、防禦性的競爭、公共資金、平台現象等，其中普林斯頓大學認為最重要的是防禦性的競爭。

普林斯頓大學還認為國內的私人貨幣以及法幣之間的競爭很重要，而且這理論還導致美聯儲在 2021 年發佈一系列的演講攻擊數字穩定幣。但是這個觀點一直都被多位學者懷疑，筆者認為在一個國家內，很難有這種強烈競爭關係[6]。

11.2 數字貨幣攻擊策略

數字貨幣攻擊方式分為兩大類：主要工具以及支持工具。這裏以 A 國貨幣攻擊 B 國貨幣為例子，主要工具以下表顯示：

表 11-1

	數字貨幣在 B 國使用	討論
攻擊性最強	基於 A 國法幣的 CBDC，使用 A 國提供的數字貨幣系統	如果 A 國強大，B 國老百姓會選擇使用 A 國的 CBDC

---

[6] 2022 年由於美國宣布要監管一些數字穩定幣，這些穩定幣在市場上就受到大量的壓力，大量的資金從這些數字穩定幣流出。由於在國內，這些穩定幣可以被監管，穩定幣的發行方被央行或是其他監管單位管理，因此不能說有競爭關係。也是這原因本書很少討論國內數字穩定幣和法幣的競爭關係。但是國外的數字貨幣卻可以和本國法幣競爭。

	數字貨幣在 B 國使用	討論
攻擊性強	基於 A 國法幣的數字穩定幣，使用 A 國提供的數字貨幣系統	如果 A 國強大，那麼數字穩定幣的準備金越強大，B 國老百姓越會選擇 A 國的數字穩定幣
攻擊性弱	基於 B 國法幣的數字穩定幣，使用 A 國提供的數字貨幣系統	B 國政府很難接受這種安排，因為 B 國經濟活動會被追蹤
攻擊性最弱	基於 B 國法幣的 CBDC，使用 A 國提供的數字貨幣系統	B 國政府很難接受這種安排，因為 B 國經濟活動會被追蹤

其他支持工具包括：

表 11-2

	數字貨幣在 B 國使用	討論
連接大量國際公司從事電商、貿易以及交易	B 國商家和老百姓會喜歡使用	臉書原計劃預備和 30 家公司一起合作，建立大生態
支付正利息	如果有正利息，而且 A 國貨幣強大	如果 B 國貨幣不支付利息，或是利息極低，而 A 國貨幣是強勢貨幣，這對 B 國百姓有吸引力
提供其他金融服務例如貸款、跨境支付等	B 國百姓歡迎便捷的生產、生活方式	B 國政府會不歡迎該功能
提供其他服務例如社交網絡	B 國百姓可能受 A 國社交網絡影響，傾向於使用 A 國的數字貨幣	臉書數字穩定幣被攻擊的重要原因就是臉書穩定幣和社交網絡掛鈎

以上假設只是基於兩國之間的數字貨幣競爭，如果此時有 C 國在 A 國和 B 國發行數字貨幣，那麼 C 國的數字貨幣會同時間攻擊 A 國和 B 國的數字貨幣或法幣。

下圖是根據普林斯頓大學的數字貨幣競爭圖重新製作而成。

數字貨幣領域：無論宏觀/結構情況如何，在內部支付都比在外部支付要容易得多

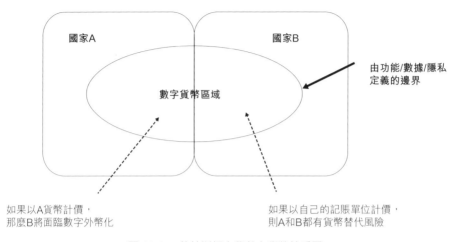

圖 11-1： 普林斯頓大學數字貨幣競爭圖

11.3 數字貨幣防禦策略

數字貨幣的第一道防線是監管政策和科技，嚴格控制轉換權和交互能力，以監管政策來定義新市場，通過監管權改變和引導新市場，而不是為了監管而監管。仍然假設 A 國的數字貨幣攻擊 B 國，B 國可以採取下面措施來防禦：

表 11-3

	數字貨幣在 B 國使用	討論
防禦性最強	禁止使用基於 A 國任何數字貨幣包括 CBDC 或是數字穩定幣，也有強大的監管科技可以執行上面的監管政策	B 國監管科技必須非常強大，有自主的科技，能夠獨立開發以及基礎設施，並且和 A 國數字貨幣單位合作，從事反洗錢工作

	數字貨幣在 B 國使用	討論
防禦性強	禁止使用基於 A 國任何數字貨幣包括 CBDC 或是數字穩定幣，但是由於監管科技不夠強大，以至於無法完整地執行。可以要求 A 國數字貨幣代表在 B 國註冊，提供保證金，擔保不在 B 國使用 A 國數字貨幣	B 國的監管科技不是很強大，部分科技需要進口，部分基礎設施有國外提供 如果 A 國強大
防禦性弱	開放在一些業務場景下可以使用基於 A 國任何數字貨幣，包括 CBDC 或是數字穩定幣，要求 A 國數字貨幣企業在 B 國註冊，並且接受 B 國監管單位的管理	B 國政府很難接受，因為 B 國經濟活動會被追蹤
防禦性最弱	開放 A 國任何數字貨幣使用在任何場景，也不要求 A 國數字貨幣企業在 B 國註冊，也不需要被 B 國監管單位管理	B 國經濟困難，本國法幣已經有危機

央行是第二個防禦策略。普林斯頓大學認為央行是個重要防禦機構，央行是維持一個強大、穩定的數字貨幣競爭的第二道防線。央行可以發行自己的 CBDC 或是合成 CBDC。

普林斯頓大學建議每個國家發展 CBDC 或是穩定幣來對抗其他國家的穩定幣。在 CBDC 沒有正式推出來之前，普林斯頓大學認為數字穩定幣也是重要防禦策略。這一點和哈佛大學的 Rogoff 教授在 2019 年 11 月提出的概念一致，就是讓穩定幣先行先試。

數字穩定幣是保護法幣第三道防線。2019 年臉書發佈 Libra 白皮書之後，歐洲商業銀行紛紛表示要發行基於「銀行貨幣」的數字穩定幣（數字歐元）來對抗臉書穩定幣。假設臉書穩定幣可以在歐洲流通，那麼數字歐元也可以在歐盟以外的地區使用。這等於是說臉書穩定幣和歐洲商業銀行發行的穩定幣等可以在他國流通，代表法幣進行面對面競爭。

筆者認為，數字穩定幣既是法幣的先鋒，也是護城河。在這次新型貨幣戰爭，數字穩定幣是保護法幣的一道重要防線。

國稅局是第四道防線。國稅局通過以下三種方式支持法幣：

- 只允許使用本國法幣，迫使老百姓賣掉其他國家的數字貨幣，或是使用數字代幣（例如比特幣）來購買法幣。比特幣等數字代幣持有者或者穩定幣持有者在報稅期間必須使用法幣來交稅。

- 和高科技公司簽約，建立數字貨幣監控網，追蹤數字貨幣交易的路線。2021 年 3 月，美國國稅局就與 Palantir 公司簽約。這家公司之前的業務是追蹤恐怖分子的，現在主要做追蹤比特幣交易。美國國稅局舉動傳達出一個重要信息，從 2021 年開始美國已經開始監管比特幣。

- 對數字代幣交易徵稅，Rogoff 教授提出地下經濟可以通過稅收來管理。美國監管機構發現在某些國家或地區比特幣的交易金額巨大，但由於是地下經濟不能很好監管，在數字代幣資金浮出地下市場在交易所交易時，通過收稅來管理。例如亞利桑那州在幾年前就允許當地羣眾交易比特幣，只是要求付稅。

11.4 數字貨幣區案例

本節通過幾個圖案講述數字貨幣區理論由簡單到複雜的全過程，下表是主要路線圖。

簡易分區 ⇒ 加地下市場 ⇒ 加數字代幣 ⇒ 加中立國 ⇒ 加合規市場 ⇒ 加集團聯盟

圖 11-2

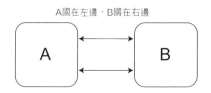

A國在左邊，B國在右邊

A ↔ B

圖 11-3：兩國友好，共用一個數字貨幣

兩國貨幣分裂：B 國發現 A 國有優勢

很快 B 國發現在使用 A 國的數字貨幣後，B 國的法幣受到 A 國數字貨幣的擠壓，所以 B 國停止了這樣的互通，A 國和 B 國之間就築起了一個圍牆，數字貨幣開始分區。

A 國表示將不在 B 國從事數字貨幣交易，但是願意提供區塊鏈網絡部署在 B 國，幫助 B 國開發自己數字貨幣，這就是臉書的棄幣保鏈思想。

A國在左邊，B國在右邊

圖 11-4：A 國和 B 國劃清界限，開始分區

加入地下市場考量

在合規市場 B 國禁止使用 A 國的數字貨幣，但在地下市場還大量使用 A 國的數字貨幣。這是因為在合規市場 B 國使用 A 國的數字貨幣會被科技監管到，是不被允許的，在 B 國的地下市場監管比較寬鬆，甚至還會有其他國家的數字貨幣的存在。同理，A 國地下市場也會使用 B 國的數字貨幣。有了地下市場，A 國和 B 國之間就有了交叉，這就變成了四合院模型。

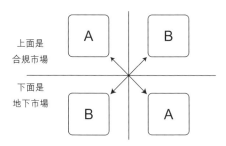
A國在左邊，B國在右邊

圖 11-5：由於地下市場考量，A 國和 B 國都開始發展監管科技

如果 B 國要禁止百姓在地下市場使用 A 國的數字貨幣，B 國的監管科技就必須足夠強大，能夠發現其居民正在使用 A 國的數字貨幣。國際貨幣基金組織認為一些國家還沒有能力開發這種監管科技。在這種環境下 B 國不能阻止百姓在地下市場使用 A 國的數字貨幣，這就發生「數字貨幣取代當地法幣的現象」。所以哈佛大學認為新型貨幣戰爭就是科技的競爭。

數字代幣在地下市場早已經打通

比特幣系統因使用 P2P 網絡協議可以在世界上任意流通，所以在 2020 年世界各國監管單位要求臉書必須放棄公鏈思想，因為現有監管科技還沒法阻止公鏈上的數字貨幣在地下市場的使用。

數字代幣難移除，DCA 模型複雜

2020 年 11 月美國發現地下市場的比特幣早已流竄到英國、俄羅斯、日本、中國、巴西等國家。在合規市場 A 國用 A 貨幣，B 國用 B 貨幣，但在地下市場 A 國使用 B 國的數字貨幣，也用比特幣等數字代幣。在 A 國地下市場也可以使用 B 國的數字貨幣，也用數字代幣。儘管數字貨幣分區，但經過交叉就變成了一種更加複雜的四合院模型。

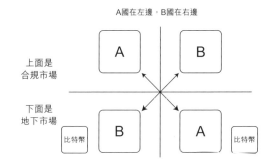

圖 11-6：這是四合院模型，數字代幣在地下市場使用

中立國使模型複雜

中立國的合規市場可以同時使用 A 國和 B 國數字貨幣，或者只選一個，或者兩個都不用，但是中立國通過地下市場使用數字貨幣和其他國家交易，這樣一些數字貨幣就會從地下市場向世界流通，且難以追蹤其流向。

圖 11-7： 複雜四合院模型加上中立國的複雜環境

合規市場和地下市場分治

在國際合規市場：A 國推出它的數字貨幣，B 國推出它的數字貨幣，兩個數字貨幣在合規市場競爭。

在國際地下市場：A 國和 B 國的數字貨幣早已互相流通，也有比特幣在地下市場流通。

合規市場是合規數字貨幣在流通，地下市場的流通還包括比特幣等數字代幣，是一種複雜的系統。

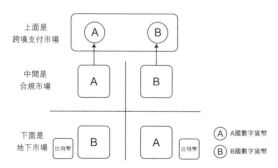

圖 11-8： 除了地下市場，英國央行提出使用數字貨幣在國際市場競爭

假設英國央行在 8 月 23 日已經成功推出數字英鎊，此時的美國就會發現根本沒有準備好應對機制。假設 A 國是英國，B 國是美國，英國的數字貨幣登上了世界舞台，可是美國沒有，這會引起世界大亂，這就造成只有數字英鎊（Digital Pound）而沒有數字美元（Digital Dollar）的局面。

現在數字貨幣競合場景：複雜四合院模型

2020 年比特幣被部分國家或地區合法後，問題更加複雜化。在合規市場除了有 A 國貨幣、B 國貨幣，還有比特幣等數字貨幣。數字貨幣可以在合規市場和地下市場同時流通，只會愈來愈隱蔽。所以，如果想要地下貨幣主動走向合規貨幣，就需要設計出更為先進的監管科技。貨幣之戰就變成了科技之戰，這就是數字貨幣競合場景，複雜的四合院模型。

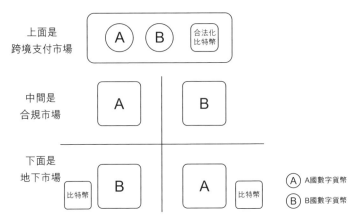

圖 11-9： 由於比特幣合法化，比特幣還可以在國際合規市場競爭

美聯儲等多國央行開始打擊比特幣，比特幣成為各國央行的共同競爭對手。

數字貨幣陣營（Currency Bloc）競合： 大宅門模型

2020 年，國際貨幣基金組織提出數字貨幣陣營，是指如果幾個國家聯合在一起就組成一個貨幣陣營或者數字貨幣陣營。下圖是 A 國一個數

字貨幣區，區內有 A1、A2 兩個國家的數字貨幣，其他參與國較弱可以忽略不計。A1 國加入數字貨幣集團就意味着本國的貨幣會被擠壓一點，同時也會得到集團的保護，各個商家因此能夠得到便利。這樣形成的貨幣集團就開始陣營和陣營之間的作戰，每個陣營裏有各自的老大和參與國。

這是大宅門模型，一個大戶裏面有很多小戶，這是數字貨幣區的一些小的區分案例。

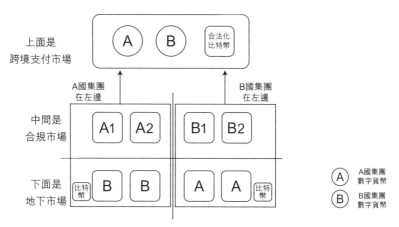

圖 11-10：世界會分裂成為幾個大數字貨幣陣營，集團競爭，不是各自競爭

數字貨幣
的戰略

03

第 12 章
數字貨幣的戰略思維

數字貨幣發展需要戰略佈局，而不只是戰術實施。2019 年 11 月哈佛大學出的數字貨幣戰爭報告已經有非常清晰的戰略佈局，只是在過程中做了一些調整。例如我們可以看到 2020 年到 2021 年初，美國的觀點非常積極。這些改變部分來自對數字貨幣更加了解，部分來自 2020 年 11 月比特幣對美元的挑戰，而最後一次調整則是對數字穩定幣的不同解釋。

2020 年 10 月國際貨幣基金組織發佈的研究報告《數字貨幣跨境支付：宏觀金融的影響》指出：基於法幣的數字貨幣會挑戰法幣（例如美元）。但是沒有提出比特幣可以挑戰美元，當時認為這是「不可能的任務」（mission impossible）。2020 年 10 月還沒有任何跡象表明比特幣將要挑戰美元，也沒有機構發出預警。因為根據傳統經濟學理論，比特幣市值遠低於美元，挑戰還需要很多年發展。

2020 年 11 月左右數字代幣的流動性數據出現。當分析師使用這些數據來衡量國際貨幣局勢時，驟然發現比特幣已經成功挑戰世界 98% 的法幣，如果繼續發展甚至可以挑戰美元。這結論震撼了美國金融界，包括許多重要金融機構包括 Fidelity 等出報告要美國老百姓儲備比特幣以防萬一（就是，萬一美元被比特幣打敗）。多位分析師也提出各樣可能場景，萬一比特幣成功挑戰美元，世界會有甚麼巨大變化？比特幣的支持者認為這是一次比特幣成為世界貨幣的空前勝利，在美國一些地方大開派對慶祝。然而後面的發展更令人震驚。

終於在 2021 年 2 月，美聯儲承認比特幣的確正在挑戰美元。後來，也就是 2021 年 11 月加密貨幣市值曾一度超過英國的 GDP，這意味着在 2019 年 6 月美聯儲發表對比特幣的觀點被徹底推翻了。

需要注意的是，這次比特幣對美元的挑戰源於一個國際監管政策的實施。這是一次國際貨幣史上的嚴重戰略失誤，也代表新型貨幣戰爭需要有更全局的觀察和考量。

但是從 2021 年 11 月比特幣在經歷一次大調整後持續暴跌，這對世界許多央行來說無疑是個好消息。過去，比特幣也有過多次大跌，但很快就再度攀升，而且每次的打擊力度都勝過之前。這次比特幣會不會和以前一樣，沉浮一段時間後東山再起？如果是這樣，下次應該如何對應？

世界已經改變，我們如何應對？

本章主要介紹甚麼是戰略，以及英國數字貨幣的戰略。由於英國戰略在《互鏈網：起來世界的連接方式》一書中有大量討論，這裏我們只作簡單的介紹。

戰略的第二章討論美國數字貨幣的佈局。美國佈局比英國更加完整，許多地方值得學習。

戰略的第三章討論中國智慧，大禹治水戰略。

新型科技的出現不應只在地下市場，而是加以引導，規範應用於合規市場中助力國家經濟，同時治理地下經濟。

12.1 戰略和戰術不同

新型貨幣戰爭話題涵蓋了數字貨幣、貨幣戰爭的佈局與現狀、科技戰略、市場戰略以及監管戰略。戰略和戰術具有顯著區別：

- 戰略是全局的、宏觀的、長期的策劃，戰略也可以調整；
- 戰術聚焦於戰役層面，適用於短期的佈局。

戰術的成功並不代表戰略的成功。比如中國兵法提到「百戰百勝，其國必亡」，這句話的意思是說一個國家不能窮兵黷武，即使在戰場上百戰百勝，最後由於國力大量損耗也終將走向滅亡。這就是戰略思想，而不是戰術思維。

這裏列舉三個具體案例。明末清初時，明朝採取防禦戰略在關外駐守重兵，清軍在多次直面攻擊失敗後轉變戰術。一次袁崇煥在外作戰取得勝利，但一部分清軍卻繞過袁軍圍攻了當時的國都北京，差一點首都失守，後來清軍入中原也沒有攻擊山海關。這表示局部戰術成功不代表全局的成功，而成功的戰略並不一定需要每場戰役都勝利或是每個戰術都成功。

第二次世界大戰時聯軍做出優先攻擊德軍物資而不是軍事基地的戰略，並準備付出數千架飛機的代價轟炸了德軍的石油基地、煉油廠和導管。這種戰略選擇的正確性在德軍最後一次反攻「突出部之役」（Battle of Bulge）中顯現出來。雖然德國部署新型鐵皮的坦克車比聯軍的坦克強大得多，但是石油的匱乏會讓新型坦克因缺少燃料成為一堆「廢銅廢鐵」，最終導致德軍的戰敗。聯軍在戰略上的正確選擇促成了戰役最終的勝利。

東漢初期，匈奴憑藉遊牧民族的驍勇善戰成為漢朝最強悍的外敵，漢高祖劉邦屢屢吃虧。於是從那時候開始漢朝採用了兩大戰略：和親和養馬，和親是韜光養晦，養馬是枕戈待旦。在兵種訓練上不僅進行傳統步兵訓練，更要注重大騎兵的培養。漢文帝、漢景帝、漢武帝三位皇帝都執行同樣的戰略。在漢文帝時採取和親政策的同時培養了 10 萬騎兵，到漢景帝時騎兵已 30 萬仍然韜光養晦。一直到竇太后過世後，有了大量的馬匹，漢武帝才讓騎兵主動出擊，反守為攻。此後，漢朝和匈奴經歷了無數次大小戰役，每次戰役的戰術都不同，但漢朝以騎兵主動出擊的戰略始終沒有改變。

12.2 數字貨幣戰術成功，但是戰略卻失敗了

　　新型貨幣「戰爭」的提出在 2019 年 6 月，但真正開始是在 2019 年 11 月。為了防止數字代幣對市場過大的衝擊過大，2019 年 6 月國際金融行動特別工作組（Financial Action Task Force, FATF）開始實施旅行規則（Travel Rule），這種規則是美國銀行保密法案（Bank Secrecy Act）的延伸，要求交易雙方必須表明各自的身份。FATF 要求在 2020 年 6 月 30 日前全部數字資產交易所都必須遵守旅行規則，不遵守旅行規則的則會被列為黑名單，其產生的交易行為將變為「洗錢」。

　　在 2020 年 6 月 30 日之前世界大部分交易所都註冊並遵守了旅行規則。這些交易所的經營在法律層面有着合法地位，由此延伸在其交易的數字代幣也可能是合法的。按照這種邏輯旅行規則對於幣圈實質上是利大於弊的，這也是從 2020 年 6 月 30 日後數字代幣開始大漲的原因。旅行規則的初始目的就是抑制數字代幣的交易和流通，結果卻大大助長了數字代幣的發展。

圖 12-1： 2020 年數字代幣大漲的邏輯

　　伴隨數字貨幣大幅度的上漲，從 2020 年 11 月開始許多美國的著名金融機構認為比特幣可能會取代美元的地位，在這以前沒有人認為這種事件會發生。

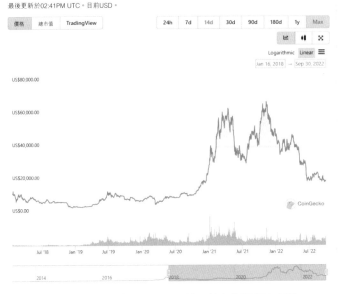

圖 12-2：2020 年 6 月 30 日後，數字代幣開始大漲

　　從這一事件可以看出，在執行監管政策上 FATF 是成功的，幾乎所有願意合規經營的交易所都註冊並遵守旅行規則 [1]。事與願違的是造成數字代幣的暴漲，無疑這次打壓數字代幣的計劃是失敗的，原因就是沒有進行全面的佈局，而只是單方向的考慮監管。

　　問題是為甚麼一個準備打壓數字代幣的政策得到的卻是和預期完全相反的結果？監管是數字貨幣戰爭的先行工具，它的主要目的是維護法幣的主權，但 FATF 旅行規則的監管卻最終讓數字代幣擠壓了法幣。

　　這種監管帶來嚴重後果是導致數字貨幣戰爭形勢更加複雜。在 2020 年 11 月以前，數字貨幣戰爭只是數字穩定幣和法幣以及數字穩定幣和 CBDC 的競爭，但是由於 FATF 旅行規則的實施導致數字代幣也加入了競爭。

---

[1]　FATF 的原意是要限制數字代幣的發展，後來卻變成助力數字代幣的發展。

一個重要戰略思想：一個國家不要同時參與兩場戰爭，因為這種行為往往容易顧此失彼，贏得一場戰役，卻可能在另外一場戰役上失敗。圍魏救趙就是一個歷史上的一個案例，魏國無法在同時間打兩個戰爭。在數字貨幣上，這次卻是三元競爭（數字穩定幣、法幣或是 CBDC、數字代幣）的競爭。許多國家沒有選擇，必須同時在兩個「戰場」上競爭。這種競爭複雜程度超過 2019 年 7 月普林斯頓大學 DCA 論文中描述的場景，超過哈佛大學 2019 年 11 月仿真白宮國家安全會議貨幣戰爭的場景，也超過國際貨幣基金組織在 2020 年 10 月所描述的競爭場景。

圖 12-3：三元貨幣競爭

在 2020 年 11 月之前，國內外媒體都沒有預料到三元競爭場景的出現。大家的觀點是：比特幣的漲幅和合規市場沒有關係，因為比特幣的市值和法幣的市值差距太大，以市值來評估比特幣還成不了氣候。但是從 2020 年 11 月後局勢改變了，比特幣的流動性超過英鎊的流動性[2]，此時許多國家的央行和金融機構才開始關注比特幣對合規市場的影響。當意識到問題的嚴重性時，比特幣的流動性已經超過了世界上 98% 的法幣，且只有美元、歐元、人民幣、日元、盧比還未超過。2021 年 2 月比特幣流動性超過了日元，此時國外分析師紛紛發表文章討論，這是美國佈局根本沒有考慮到的競爭場景。「西線無戰事」[3]（All Quiet on the

---

[2]　事實上，超過英鎊（世界排名第 5）和俄羅斯盧布（世界排名第 6）的流動性總和。

[3]　德國在一次大戰時和法國戰爭，為了鼓勵老百姓從軍，對外說西線無戰事（因為法國在德國西邊）。而事實上，西線戰事連連，德國和法國從事長期戰爭，雙方損失都很大。

Western Front）故事再次上演。

2020 年各國都在關注數字穩定和 CBDC 的競爭，國際會議多次討論如何阻止臉書穩定幣發行，以及發行後如何壓制臉書穩定幣發展，但「西線無戰事」的比特幣卻在此時快速超過 98% 法幣的流動性。在美國一些保守的金融機構公開建議所有投資人都預備一些比特幣後，美聯儲才公開承認這一問題，在會議上談到新出現的挑戰。以前是「東線無戰事」（東線是臉書數字穩定幣挑戰法幣的場景，因為其一直沒有出現從未開戰），但理應無戰事的西線卻早被攻城略地。

12.3 英國的佈局

2015 年英國央行開啟數字英鎊計劃，正式拉開數字貨幣戰爭的序幕。如果用一句話形容英國的戰略佈局，就是「學習再學習，研究再研究，實驗再實驗」。英國央行在 2015 年到 2016 年提出的項目都是在學習區塊鏈技術，研究數字英鎊對英國的影響，開展實驗驗證區塊鏈技術是不是可以在合規市場上使用。英國的佈局包括四大方向：

- 開啟 CBDC 執行模型研究（電腦模型的研究學習計劃）；
- 開啟 CBDC 對國家宏觀經濟的影響（宏觀經濟學的研究學習計劃）；
- 開啟基於區塊鏈的 RTGS 實驗項目（系統實驗計劃）；
- 開啟監管沙盒計劃（學習計劃）和其他沙盒計劃，包括行業沙盒（Industry Sandbox）④ 以及保護傘沙盒（Umbrella Sandbox）⑤（科

---

④　就是使用行業常用的測試工具以及數據來測試軟件。

⑤　就是政府監管單位和行業沙盒合作，在保護傘沙盒環境下，測試企業提供的軟件服務。企業的軟件如果能夠通過行業沙盒的測試，就等於通過監管機構的評估。

技學習計劃）；

- 發展數字貨幣經濟學理論。

由於英國央行是世界先行者，先行者遇到的困難都是最難的，因此一再失誤是可以預期的：

- 英國央行提出的 CBDC 模型有嚴重缺陷，2018 年後該模型不再被提及，也沒有提出新模型來替代；
- RTGS 實驗以完全失敗而告終；
- 監管沙盒計劃「雷聲大，雨點小」，後來暗中改變計劃，甚至將「監管」兩字拿掉，不再是個監管制度；
- 英國提出的數字貨幣理論得到空前重視，因沒有可適用的數字貨幣系統，關注逐漸減少。

英國央行雖然在多項計劃上沒有成功，但一直沒有放棄數字英鎊計劃的戰略佈局。英國央行認為區塊鏈技術必須符合英國央行的作業原則，區塊鏈系統必須隨着金融系統的準則改變，而不是金融系統因區塊鏈的設計改變。

總的來說，英國央行是數字貨幣發展的先行者，雖然遇到許多困難，但也帶領世界走向合規數字貨幣市場。

第 13 章

美國數字貨幣的戰略

英國央行所有的戰略計劃都是公開的，包括研究報告以及實驗報告。而美國數字貨幣的戰略是站在英國數字貨幣的戰略上再出發的，因此比英國戰略更有組織性、系統性、也更優化，更市場化。

美國的佈局開始於 2019 年 8 月，三個月後有雛形計劃，後來又經過幾次的調整。但其整體佈局較為完整，也具備傳統美國特性，期間遇到了幾次不穩定因素，包括：

- 比特幣在 2020 年 7 月迎來大漲，並於 2020 年 11 月加入數字貨幣競爭；
- 國會不認同臉書計劃，以至於臉書將其科技轉到一個商業銀行（Silvergate Bank）繼續發展；
- 超級賬本系統在美國市場潰敗；
- 美聯儲內部意見不統一而竟然選擇在媒體上公開辯論；
- 不合規穩定幣以及 DeFi 在 2022 年大暴雷，損失慘重；
- 2019 年以來受新冠病毒疫情影響，經濟蕭條；
- 美聯儲的加速大量印鈔。美國的佈局還是遇到不少困難。

儘管困難重重美國還是走出了自己的發展路線。美聯儲和麻省理工學院在 2022 年 2 月推出的美元 CBDC 原型報告就是最好的證明。

13.1. 美國的數字貨幣佈局

美國一開始並不重視數字貨幣的發展。2019 年之前美聯儲雖然專門開會討論數字代幣以及 CBDC 計劃，但最後都「無疾而終」。不過在 823 事件後，美國對數字貨幣的態度發生了 180 度的改變，哈佛大學教授 Kenneth Rogoff 甚至表述為「即將來臨，生死攸關的數字貨幣戰爭」。注意！這裏使用的是「貨幣戰爭」，而之前的表述通常為「貨幣競爭」。

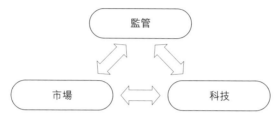

圖 13-1：美國數字貨幣戰略的三大支柱

科技競爭是數字貨幣戰爭的第一戰場

Kenneth Rogoff 指出：「正如科技已經顛覆政治、商業和媒體，現在科技也即將顛覆美國通過利用貨幣政策來追求更廣泛的國家利益的佈局。科技會改變金融以及貨幣的概念。」這一觀點備受質疑，因為當時普遍認為「科技再進步，金融還是金融，貨幣還是貨幣，永遠不會被科技改變」。

Kenneth Rogoff 教授認為現在需要做的就是準備好下一步應對，並以臉書穩定幣為例解釋了為甚麼現在討論科技會不會改變金融或是貨幣已經沒有必要。因為改變之大、改變之深已經影響到國家經濟發展以及國家利益。

Kenneth Rogoff 還提出，數字貨幣將會分區，數字貨幣戰爭將分為兩大陣營：合規市場和地下市場，地下市場可以通過監管機制和稅收來進

行管理。

2019 年 11 月哈佛大學甘迺迪政府學院召開了「模擬白宮會議」談及事項：

- 第一，新型貨幣戰爭是科技競爭。
- 第二，Libra（後改為 Diem）的提出遭到了多方反對，但 Rogoff 認為如果沒有 Libra 會有更多麻煩，而且 Libra 提供重要科技。這等於是說新型貨幣戰爭是金融科技的戰爭或是科技之戰。

2020 年美國的全新科技已陸續出現，包括新型區塊鏈技術、新型網絡、新型銀行等，同年 10 月開始禁止區塊鏈技術的輸出。

Rogoff 表示數字貨幣戰爭的第二戰場是市場。現在，經美國財政部批准的銀行已經可以參與區塊鏈作業、可以發行穩定幣。美國還計劃將全球的支付系統通過區塊鏈網絡來運行，允許在市場上進行數字資產交易。

監管科技是數字貨幣的先鋒，也是偵察機

讓監管先行是數字貨幣戰爭取勝的關鍵，這是 Rogoff 教授的重要觀點。新型監管科技包括 FATF 的旅行規則系統、TRISA（美國科技公司開發的系統）以及 STRISA（中國團隊開發的系統）。

在 Rogoff 教授發表短文之後，美國於 2019 年 12 月就數字貨幣發展推出了 22 個法案。2020 年初美國各監管單位紛紛和科技公司簽約，開發數字貨幣的監管科技。美國科技公司抓住這次機會，在 2020 年後持續發佈了數字貨幣監管報告。

這些報告改變了我們對數字代幣的認知。以前比特幣被認為是地下經濟「貨幣」只存在於地下市場，流動性肯定不大。錯了。比特幣的流動

性不但主導地下經濟，還超過了合規市場 98% 的法幣，這說明比特幣已經不是吳下阿蒙或無名之輩。

如果沒有美國監管科技公司的報告，很難讓人相信這樣的數據和認知。2020 年美國財政部 OCC 代理署長表示，美國十大銀行在沒有法律許可的情況下都參與了比特幣交易。

13.2 美國佈局的優劣

美國佈局的優勢

美國的佈局比英國完整、全面（以科技、市場、監管三方面同時佈局），動作快，科技水平高，結果也驚人，特別是在監管上。

美國戰略優勢有以下方面：

- 採取世界觀，而不是國家觀：美國的佈局是全球性的，而英國的佈局就是針對國家的。

- 兼顧合規市場和地下市場：麻省理工學院從 2020 年就開始了比特幣代碼的開發，這一年美國監管單位發現比特幣已經是地下市場的主要「貨幣」。在這種情形之下，美國的佈局是美聯儲和國稅局展開聯合整治，美聯儲治理合規市場，國稅局治理地下市場。對於地下市場國稅局採取的間接治理，即和美國高科技公司簽約，使用反恐科技追蹤數字貨幣的交易。數字貨幣系統上的兩條路線：

  - 合規市場：開發 CBDC 模型和數字穩定幣；
  - 地下市場：積極參與比特幣核心代碼的開發。

- 美國以立法作為戰略第一步，先「建立法律」再開展其他行動，依律而行。

- 美國佈局有理論基礎，即數字貨幣區理論（DCA）。DCA 理論實際就是數字貨幣版本的博弈論（Game theory）。根據這一理論，美國財政部批准了美國銀行發行數字穩定幣，並且參與區塊鏈系統的作業，整個佈局更加系統化、組織化、科技化、博弈化。英國以「發展經濟」和「學習」為主的佈局充滿了不確定性。

- 美國佈局以臉書穩定幣的架構為參考，而英國卻是以比特幣、RSCoin、Fnality[6] 架構為參考。由於臉書的穩定幣系統始於2018 年，在開發時以及從比特幣和 RSCoin 項目上出現的問題可以學習更正，臉書第一版白皮書已經比這些系統先進，而後來的臉書白皮書第二版比第一版更加先進也符合國家政策和戰略。臉書的穩定幣系統是 toC（消費者為客戶）系統，而 2108 年英國轉給市場經營的 CBDC 模型（例如 Fnality）則是 toB（企業為客戶）系統[7]。歐洲央行認為 CBDC 系統需要以消費者為主，而不是以企業為主，無論是基於 toB 系統的 CBDC 或是穩定幣都以企業得利[8]。這裏有一個重要概念，區塊鏈系統的細微變動會引發數字貨幣的巨大改變，而數字貨幣的細小變革又會給金融市場帶來結構性的轉變，類似於「蝴蝶效應」。從比特幣到 RSCoin, Fnality，再到臉書穩定幣架構，讓區塊鏈設計都有了很大進展，使數字貨幣發生了巨大變革，最終推動數字經濟市場產生結構性的改革。

---

[6] Fnality 系統在《互鏈網：未來世界的連接方式》有系統性的介紹。

[7] 2018 年，世界重要金融機構認為 CBDC 應該先發展批發 CBDC，而不發展零售 CBDC。因此 Fnality（和英國央行緊密合作）推出批發數字穩定幣。

[8] 摩根大通銀行第一數字穩定幣是批發數字穩定幣，而和英國央行有關係的數字貨幣企業也是批發型，不開放給個人用戶的，而英國央行、加拿大央行、新加坡央行在 2018 年提出批發數字貨幣設計。歐洲央行是不是以這些背景在討論？

圖 13-2：系統上小改變，對應的數字貨幣大改動，市場發生結構性的改革

- 美國有多所世界著名高校，數字貨幣是熱門學科，人才濟濟，競爭激烈。英國也有著名高校，擁有世界第一個高校區塊鏈研究中心 —— 倫敦大學學院（University College London, UCL）區塊鏈研究中心。然而臉書穩定幣白皮書計劃卻有 UCL 人員參與，美國引進了英國頂級研究員參與數字貨幣研究。

- 美國資本市場注重高科技的研發，給予大量資金支持。例如在 2021 年一些互鏈網項目在完全沒有收入的環境下，天使輪融資可高達幾千萬美元，這在其他國家很難想像的。

美國佈局的缺點

美國沒有預測到比特幣對美元的挑戰。在 2020 年 11 月以前美國對於數字貨幣戰爭的概念只限於二元競爭（數字穩定幣，法幣 /CBDC）。當三元競爭場景出現後，美國還不確定美元是否已經被挑戰，也沒有提出應對的措施，而是沉寂兩個多月才反擊。由於這次主要是以市場機制來打擊地下經濟的「貨幣」，所以並沒有公開其佈局。

美國佈局是「頭痛醫頭，腳痛醫腳」。例如美國只關心數字貨幣監管，卻忽略了監管科技對數字貨幣競爭的影響。FATF 的旅行規則就是典型的例子，只考慮治理交易所，卻合法化了在交易所上的數字代幣。美國似乎沒有意識到這些錯綜複雜的聯繫，國際貨幣基金組織在 2020 年 10 月

發佈的報告中也沒有一句關係三元貨幣競爭的討論，而此時距離三元貨幣競爭的爆發的時間只有一個月。一般來說，美國金融界重大影響的事件發生的前幾個月會有學者在媒體上發出預警和分析。2019 年 8 月英國央行給美國的「突擊」沒有預測到，2020 年 11 月三元貨幣競爭的「突擊」美國也沒有預測到。

美國低估了數字貨幣對經濟的影響。在 2019 年 8 月以前美國並不在意 CBDC 的發展，對於英國央行發布數字英鎊計劃的真正原因既不清楚，也不想搞清楚。一直到 2022 年 2 月美聯儲才提出 CBDC 的模型（英國在 2016 年就已經提出），整整晚了 6 年！固然美聯儲的模型好得多，但是一個科技強國比其他國家晚 6 年也算是後知後覺。美聯儲提出的應該算是「系統原型」，還不是模型。後來，美聯儲的合作單位麻省理工學院提過幾個 CBDC 模型中，有一個還是前英國央行學者開發的。美國這次慢了世界一大步。

13.3 世界動態改變中，
思路需要一直調整

2020 年國外失控的新冠肺炎疫情引起了經濟大蕭條，各國央行為刺激經濟開始大量印鈔，最終導致鈔票流向了數字代幣市場。

如果比特幣是「貨幣」，那麼在 2020 年 11 月成為世界第六大流動「貨幣」，其流動性超過了俄羅斯盧布加英國英鎊流動性的總和。對此，摩根士丹利等美國金融機構在 2020 年年底紛紛預測比特幣有可能會取代美元。

2021 年 2 月，美聯儲承認比特幣正在挑戰美元，同時他們也表示美元的儲備地位不會被撼動，這是數字貨幣發展史上第一次對世界儲備貨幣發起的挑戰。

由於數字代幣加入，新型貨幣戰爭形勢更加複雜。法幣、穩定幣、數字代幣形成競爭包括：

- 法幣和法幣的競爭；
- 發幣和穩定幣的競爭；
- 法幣和數字代幣的競爭；
- 穩定幣和穩定幣的競爭；
- 穩定幣和數字代幣的競爭；
- 數字代幣和數字代幣的競爭。

美國財政部允許銀行發行穩定幣和加入區塊鏈網絡，這是一次政策和思想的巨大轉變。

2021 年超級賬本部門改組

2021 年 2 月 IBM 公司宣佈超級賬本部門正在重組，不再是其公司旗下產品，全球首個企業區塊鏈超級賬本正式退出市場。此時的臉書的穩定幣系統正在穩步推進中，美國金融界也正在大力投資數字貨幣領域。這說明美國區塊鏈發展並沒有受挫。金融界大步邁進的不是一個純 IT 思維的區塊鏈系統，而是新型數字金融產業。顯然，超級賬本的商業定位不夠準確，沒有直接支持數字金融的機制，例如不能發行和交易數字貨幣或是數字資產。超級賬本在國外市場的失敗給我們深深地上了一課。

13.4 美國禁止輸出區塊鏈技術

2020 年 10 月 15 號，區塊鏈技術被美國總統辦公室列為國家安全科技，並指出：

第一：要加快區塊鏈的發明、創新與部署。

第二：要減少繁瑣的法規、政策，為區塊鏈的發展開設綠色通道。

第三：要制定區塊鏈國際標準。早在 2019 年 10 月中國就已提出要建立區塊鏈的國際標準。

第四：由美國國防部來保護新科技，和保護軍事基地、航母、潛艇一樣重要。

要加強國際合作，保護知識產權。

第五：這是美國的國家戰略，重視創新，鼓勵創新，以實際行動支持創新。

美國和英國也採取大禹治水的戰略

儘管 2019 年 FATF 對數字代幣實施的監管戰術正確，但因為沒有替代的合規數字金融產品出現（替代的產品除了合規數字穩定幣外，還需要合規數字資產），加之美聯儲的大量印鈔票，導致數字代幣出現暴漲。

各國央行對合規數字穩定幣一直採取保守的態度，而對合規數字資產則更為保守。由於沒有可替代的數字金融產品大量數字代幣流入合規市場，擾亂經濟秩序，又因市值體量太大，一時難以治理。例如一些國家，幣圈的交易額早已經超過當地股票市場的交易額。對於這些交易所，當地政府是關還是不關？如果要治理這些不合規的數字資產，如何治理？當比特幣市值是摩根大通銀行的 2 倍時，政府應該如何處置？（備註：摩根大通銀行有悠久的歷史在 1799 年成立，而比特幣 2008 年才出現，只有 12 年的歷史。）

美聯儲版的大禹治水

如果有讀者認為美聯儲不知道或是不在乎競爭關係，那麼從 2021 年

7 月 15 日美聯儲主席的公開演講就可以明確答案。

美聯儲主席：CBDC或削弱對加密貨幣的需求，穩定幣需要適當的監管框架

Jul 15, 2021 :802:50 AM

PANews 7月15日消息，據路透社報導，美聯儲主席鮑威爾表示，美聯儲發行數字貨幣是一種更可行的選擇，可能會削弱對加密貨幣和穩定幣等私人替代品的需求，預計將於9月初發佈數字貨幣報告來研究數字支付，這是美聯儲加快決定是否應該發行央行數字貨幣（CBDC）的關鍵一步。另外，鮑威爾對加密資產將成為美國的主要支付工具這類觀點持懷疑態度，但其表示穩定幣可能會獲得更多關注，不過在此之前，穩定幣還需要一個適當的監管框架。

圖 13-3： 2021 年 7 月 15 日美聯儲主席認為 CBDC 的一個目的就是打擊比特幣（資料來源： PA News）

　　美聯儲主席鮑威爾認為「美聯儲發行數字貨幣是一種更可行的選擇，將削弱對加密貨幣和穩定幣等私人貨幣替代品的需求」。他的觀點是典型的「大禹治水」戰略，就是在市場以合規的數字產品同不合規的產品競爭、對抗。只是鮑威爾在提到這些觀點時，市場已經被不合規的數字代幣衝擊得支離破碎。

　　比特幣流動性遠超世界大部分法幣（從 2021 年以來一直維持在 97% 到 99% 之間）；幣圈交易額遠多於地方的股票交易所；地下經濟早已經是比特幣世界；合規國際外匯降低（大量外匯經過比特幣）；幣圈不只是地下世界的幣圈，還成為華爾街金融巨頭投資的工具（2021 年第 4 季爭先恐後的投資比特幣），美國十大銀行在沒有批准的情況下從事比特幣業務；美國最大銀行摩根大通發行數字穩定幣。諸如此類事件屢見不鮮，美聯儲的動作慢了不止一步。

　　美聯儲提出的使用 CBDC 來替代數字代幣，但 CBDC 競爭的是私人發行的數字穩定幣，還是比特幣等數字代幣？兩者金融屬性不同。

　　英國央行採取的也是「大禹治水」戰略，在英國本土上提出數字英鎊

同第三方支付系統競爭，在國際上和其他貨幣包括數字貨幣競爭。合規市場應儘快推出合規數字金融產品，在市場上和不合規的產品競爭。由於不合規產品在合規市場有不適應性，應在不合規產品沒有形成規模之前推出合規的對應產品。

第 14 章

彼可取而代也：
大禹治水戰略思維

本章從美國的數字貨幣佈局出發，提出「大禹治水」戰略思想。

「大禹治水」是一個家喻戶曉的故事，但其中帶給我們的思考卻可用於數字貨幣的發展。這一戰略思想是筆者在 2020 年一次會議中提出來的，當時數字貨幣正面臨非常緊張的局勢。國際貨幣基金組織和其他的國外分析報告上都提出同樣的概念，就是現在貨幣體系已經不適用於當前的發展，需要重新構建國際貨幣體系。這對大量比特幣的愛好者來說是一個振奮人心的「好消息」。

IBM 的超級賬本系統一直被認為是企業區塊鏈的領先者，根據數據顯示，目前國內有 97% 的區塊鏈系統都是基於超級賬本系統。美國公開放棄的系統，中國卻當成寶。2019 年 5 月摩根大通銀行在媒體上公開宣佈超級賬本根本不是區塊鏈系統，2021 年 2 月超級賬本系統經 IBM 公司重組後退出了市場。這樣的系統竟然在中國 97% 區塊鏈企業內使用。

2020 年 6 月筆者曾發文提到各國需要放棄「拿來主義」，從底層架構開始研發自己的區塊鏈系統，單純使用國外開源的區塊鏈系統以後必定會出事。四個月後美國公佈禁令，將不再對區塊鏈技術進行出口。

現在，區塊鏈和數字貨幣的創新得到大力鼓勵，但「大禹治水」思維貫穿其發展過程。

在過去任何一天，美元的資源都遠遠大過比特幣的資源，也大過任何數字穩定幣的資源。我們可以從參與銀行數目、使用人次、市值、政策支持上，比特幣都差美元太遠了，在 2020 年 10 月以前可以用「忽略不計」來形容兩者的差距。結果是擁有大量資源的美聯儲主席在 2021 年提出「大禹治水」的方案來對抗比特幣。是美聯儲在過去太輕敵，還是比特幣這洪水太厲害？

另外一個解釋：數字貨幣是不是下一代的貨幣？不然為甚麼資源這麼大的美元都要使用大禹治水的方案來保護自己？

14.1 大戰略

根據三元貨幣競爭模式，筆者提出下面發展戰略：

- **理論基礎**：更新的數字貨幣區理論，三元競爭。
- **三大競技場**：科技、市場、監管。科技為主、監管先行、市場競爭。
- **大禹治水戰略**：制定國際標準，多方合作，提供替代品，疏堵並用。
- **路線圖**：三部曲，科技、市場、監管戰略制定各不相同。
- **科技戰略**：鼓勵創新、破釜沉舟、愚公移山、科學驗證、後台系統、綠色通道。
- **市場戰略**：擁抱改革、先行先試、應用沙盒、國際標準、建立生態。
- **監管戰略**：市場大改革、構建新市場結構、網絡化監管。不要為了監管而監管，監管是為了創造新市場，引流資金走上正確的路線。

在數字貨幣理論上，筆者根據新型科技，更新了普林斯頓大學的 DCA 理論。

在數字貨幣競技場上，筆者仍然沿用美國提出的三大競技場。但是由於美國禁止出口關鍵科技，這次世界各國只能自己開發關鍵技術。現在美國監管科技領先，世界現在大部分的數字貨幣數據都是美國提供的。

在數字貨幣、區塊鏈科技的創新上國內大多採取拿來主義，認為「國外開發，國內乘涼」是最有利、最方便、最經濟的模式。盈利的確是最大化的，但同時也產生了「依賴性最大化」。一旦科技不能出口就會立刻被「卡脖子」，一個重要產業可能就此癱瘓。這種情形已經發生在芯片以及操作系統上，如果繼續奉行拿來主義就會永遠跟隨國外科技的發展的腳步，無法超越。在一些領域，科技自信是建立在國外開源社區上的，這種自信不是真正的自信，而是跟隨者的自信。

如何解決這一問題？只有放棄拿來主義，破釜沉舟、背水一戰，不然永遠都只是跟隨者。

14.2 疏導數字代幣市場

數字金融是複雜的，既有合規市場，也有地下市場。兩個市場的治理方法不同，需疏堵並用。2021 年 6 月 30 日後，國外合規市場接受合格數字貨幣以及部分地下市場「貨幣」。

表 14-1

	2020 年 6 月 30 日前	2021 年 6 月 30 日後
合規市場	數字代幣不合規，通過合規數字穩定幣堵在合規流程中	開放合規交易所，接納部分不合規數字代幣的交易，同時合規數字穩定幣還堵在合規流程中
地下市場	比特幣通行無阻	比特幣通行無阻

疏堵並用原則：在地下市場堵塞不合規的產品或交易所，在合規市場允許合規產品取代不合規產品的交易。

疏導是指在合規市場提供替代性產品，例如合規穩定幣取代不合規穩定幣，這樣大家可以合法投資。既然穩定幣有一定的必要性，需開放給商業銀行來合規經營，然後由監管單位進行管理。

表 14-2

	地下經濟產品	合規經濟替代產品
數字貨幣	比特幣、以太幣、USDT 等	臉書穩定幣、CBDC 等
數字資產	大量虛擬資產，但也有部分實體資產例如數字保險等（DeFi）	瑞士數字房地產等，但是明顯的少量
可編程經濟	DeFi	有標準例如 ISDA 標準，可是還沒有替代產品

由於有祖父條款（Grandfather law）[9] 的存在，美國監管單位允許一些數字代幣在地下市場活躍（例如比特幣和以太幣），如果合規市場沒有替代產品，大量的資金都會流向地下市場。然而，合規市場的替代產品卻長期得不到批准，明顯缺乏戰略思維的考量。

在地下市場，以監管和稅收來管理

現在地下市場已經相當成熟，因其隱蔽性很難治理，美國提出以監管科技和稅收來管理地下市場。

一個比較可行的辦法是：管理好地下市場使用最多的數字代幣，就能解決一半的問題。目前，大部分地下市場都使用比特幣和 USDT，只

---

[9] 就是現在已經存在的系統可以繼續經營，就地合法。

要管理好這兩個數字代幣，地下市場就會受到很大的限制。

國際合作是必要的，因為數字代幣或者任何的數字貨幣都不是一個國家貨幣或者地區貨幣，而是全球性的貨幣，這意味着戰略必須是國際的。

14.3 數字貨幣戰爭的三部曲

數字貨幣的金融改革分為三步走：數字支付、投資貸款、百行百業智能自動執行。

在支付階段：科技發展以數字支付為主，同時注重國內和國際支付市場，建立實時監管系統，進行反洗錢、資金監管等工作。

在投資貸款階段：數字貨幣成為投資、貸款媒介。市場變大，後台系統和監管會更加複雜。

智能合約階段：數字貨幣、數字資產貫穿百行百業。市場更大，監管系統龐雜，智能合約成為主要科技。

表 14-3

	科技	市場	監管
第 1 階段：支付	數字貨幣交易、結算	支付市場	支付實時監管，反洗錢，KYC
第 2 階段：投資	後台系統，數字託管	各式各樣金融市場	監管網絡
第 3 階段：百業	智能合約	百行百業、數字資產	監管網絡，智能合約監管

科技戰略：系統性、科學性發展區塊鏈科技

科技戰略非常重要，因為科技是數字貨幣戰爭的主競技場。

市場和監管都應以科技為主，區塊鏈應是一個科學技術、工程，而

不是炒幣工具。

如果區塊鏈是科學技術，創新應當被鼓勵，實事求是的精神應被發揚。

客觀驗證平台的重要性

區塊鏈需要有科學、客觀地評估平台，無論這是科技戰爭還是商業競爭，都應以科學的眼光來看待。科技必須通過研究來發明創新，科技方面的戰略要堅持科學的驗證。

堅持應用導向，不能純 IT 思維

區塊鏈技術最早是使用在比特幣系統內，記錄交易信息，保證數據不被篡改。所以，從一開始區塊鏈系統就是應用導向，所以不能簡單地看作是一門純理論學科，而是應用學科，這就使得區塊鏈的設計不能和應用設計分開。因此區塊鏈的一個重要設計原則就是必須提出應用及需求。

區塊鏈以及數字貨幣的創新，成為國家重要科技的方向。

筆者認為超級賬本最終退出市場是因為沒有結合重要應用（例如數字貨幣），純 IT 思維的區塊鏈系統是沒有未來的。甚麼是純 IT 的思維？就是不考慮關鍵應用。因為數字貨幣的出現區塊鏈技術才得以引發關注，不發展數字貨幣的區塊鏈系統很快就會退出世界舞台。區塊鏈系統和傳統操作系統、數據庫、網絡系統不一樣，需要考慮應用。

區塊鏈技術最大的應用是數字貨幣、數字金融、監管科技等領域。合規的數字貨幣交易需要遵守法規以及金融交易原則，但數字代幣例如比特幣不但不遵守，還在設計上逃避監管，追蹤困難。如果遇到這種問題，傳統做法是將系統移除，但比特幣等數字代幣系統因使用了 P2P 協

議而無法移除！這說明比特幣一開始的設計就是準備和世界各國政府長期對抗[10]，這也是筆者在 2016 年分析英國央行 RSCoin 系統設計有問題的原因。

正確的研究方向

對於區塊鏈的研究一些學者希望可以從網絡媒體上尋找材料，但當時大多報導都只是談到數字代幣，這讓很多人誤以為所有區塊鏈系統必須使用 P2P 協議，是和監管對抗的系統。事實上，這些不是區塊鏈系統的本質需求，只是「地下經濟」的特殊需求，比特幣系統就是直接的例子。

如果這些通過「地下經濟」需求導出來的系統繼續發展就出現了更多的衍生系統，讓地下經濟市場更加規模化、系統化。例如以太坊、USDT 以及基於以太坊的 DeFi 的系統。根據美國監管科技 2021 年報告，DeFi 已經取代數字代幣成為金融欺詐的最主要來源。

筆者認為區塊鏈和數字貨幣必須符合「合規經濟」的設計和導向，這樣設計出來的系統和數字代幣差別非常明顯，臉書穩定幣系統就是一個合規系統的代表。

兩條路線，越走越遠

---

[10] 這是為甚麼筆者團隊從 2015 年開始，就把 P2P 協議放在區塊鏈定義的外面。一旦把 P2P 協議放進區塊鏈定義內，區塊鏈系統就可以成為和政府對抗的工具。這概念在 2018 年再度提出，後來英國央行在 2020 年也公開支持這觀點。

集成科學、融合學科、系統工程

區塊鏈技術是集成技術，是系統工程，不是基礎科學，不只是應用。

早期一些學者認為區塊鏈技術就是加密安全技術，但這只是區塊鏈技術的部分重要應用而不是全部。區塊鏈技術還包含分佈式系統、數據庫、網絡，金融交易、數字貨幣經濟學、法律科技等內容，是一門複雜的融合學科（Transdisciplinary studies）。

國外定義跨學科（Inter-disciplinary studies）和融合學科並不相同。融合學科是在一個課題上使用、融合多個學科理論，形成一個新學科和新研究方向。跨學科研究開發時使用多門學科理論，但項目自己沒有建立新學科。區塊鏈就是一個融合學科的例子，由多個學科集合而成的一門新學科，出現新架構，新理論，包括數字貨幣經濟學、新型法律科技、新型監管科技、新型軟件工程、新型私隱計算等。

區塊鏈技術是系統工程不是純理論研究，需要不斷地操作和試驗，紙上談兵是不夠的。過去，有許多區塊鏈新算法或是新協議出現只是解決單維度上的問題（例如共識速度），所以這些新協議在實際中的作用不大。更多內容將在下一章繼續討論。

後台系統

英國央行多次以數字貨幣後台系統的結算效率來解釋數字貨幣提升國家經濟，這是因為數字貨幣的使用可以提高結算速度，原本被鎖定的大量資金同時得以釋放進入實體，刺激經濟的增長。現在的金融市場還在遵循歷史悠久的規則，在交易時鎖定資金信息不能及時傳送，而區塊鏈系統則可以做到，這是「共識經濟」模型，可惜的是在數字貨幣的研究上很少觸及這個領域。

許多學者都接受「交易＝結算」的概念，有的還認為交易就是結算，

不需要後台系統。在國際上發展該項目的技術團隊很少，但臉書的數字穩定幣就是比較成熟的項目。筆者在《數字貨幣或是數字憑證（中）：傳統數字貨幣模型與國家貨幣體系的衝突》一文中提出了交易和結算分開的模型。交易和結算分開更有利於監管，整個國家金融體系就可以真正重塑轉型成為數字金融。傳統數字貨幣「交易＝結算」看上去是重大突破 [11]，但實際執行困難重重，這會是今後重點研發的領域。

市場戰略： 擁抱改革、先行先試

擁抱改革是美國前財政部在 2020 年發出的強烈信息，並且提出一系列的改革方案，包括銀行拆分、建立國家區塊鏈支付網絡系統、允許銀行發行數字穩定幣、為數字穩定發行商發放新型銀行牌照等，並於 2020 年 12 月在國際銀行家（International Banker）網站上發表了一篇名為「拆分和分權式作業真在改變銀行和金融服務」（How Unboundling and Decentralization are Reshaping Banking and Financial Services）的文章，解釋說明了改革帶來的好處。盈利更多，科技進步，改善整個金融系統，擁抱改革才是正路，不改革才會有問題。銀行改革後可以賺取盈利已經在美國股票市場得到證實，經過拆分的金融機構盈利比沒有拆分的銀行更容易獲利。

無論金融界的做法是積極還是保守，但數字金融終究還是會來臨。由於數字貨幣的交易速度比銀行貨幣交易速度快得多，數字貨幣就自帶類似槓桿 [12] 的性質。如果一個數字貨幣是銀行貨幣的 N 倍，等於有 N 倍的銀行貨幣在流動，這是由速度引發出來的槓桿定律，和傳統貸款槓桿

---

[11]　這是美國前財政部在 2020-2021 年的觀點，認為「交易＝結算」改變整個國家金融體系。

[12]　2020 年根據黃奇帆分析，中國某公司竟然有百倍槓桿。這樣槓桿率高過數字貨幣的速度。

原理不同。

英國央行曾提出使用監管沙盒來管理數字貨幣、區塊鏈系統，但現在多數國家都放棄沙盒概念，改用創新中心（Innovation Hub），美國金融科技創新公司 Boston FinTech Sandbox 就是由多家機構合作建立的金融科技創新中心。

14.4 監管戰略

根據普林斯頓大學數字貨幣區理論，監管是一個重要戰略，目的是引導、開發、制定、管理新市場，而不只是為了反洗錢。按照這樣觀點，監管政策不只是防守，而是積極策劃新市場和市場規則，其中一個重要因素就是以科技來執行監管。

數字貨幣戰爭應有全盤的考慮，數字貨幣市場的佈局需慎重。2020年 FATF 旅行規則的實施造成比特幣大漲，如果 FATF 有全盤的考慮就應該讓旅行規則延遲執行，並加速合規穩定幣的發行。由於沒有替代數字貨幣疏導，只是一味堵住數字代幣，就像即將決堤的洪水，一旦有了小突破口會瞬間噴涌而出，造成整個堤防決堤。數字貨幣泛濫，最終影響到合規市場和世界儲備貨幣的地位。

地下市場監管

對於地下市場美國以間接監管為主，從交易所開始做跨境支付的監管。根據摩根大通銀行、美國監管科技的監管數據，交易所之間的交易有大約 75% 是跨境支付，這些跨境支付在之前沒有受到任何監管，是外匯管理上的大漏洞。

進行稅收。美國亞利桑那州州長表示比特幣稅收為亞利桑那州帶來

豐厚的收益，從合法的比特幣交易中賺取稅收，同時還可以監管洗錢。

比特幣交易在中國不合法，因此只能由銀行管控資金來源以及網絡監管部門嚴格監控，包括比特幣、以太幣、USDT 等。

合規市場監管

穩定幣和 CBDC 是合規市場的重要工具，這需要多個機制來共同建立監管模型，可以參考美國提出的建立國家級金融交易網，並且讓參與企業盈利。2021 年 1 月美國財政部提出的「蝴蝶模型」管理穩定幣就是國家級監管網帶動監管科技發展，而穩定幣是一個國家貨幣政策的延伸，是可以使用的工具。如果合規穩定幣可以取代不合規穩定幣，金融市場將更加活躍，這是美國的佈局。

數字貨幣監管網絡也是重要的戰略。由於監管網有嵌入實時監管機制，這樣監管網絡或監管系統就成了經濟命脈的中心，沒有這樣的監管網就意味着沒有「數字金融國防部」，同時還意味着需要有一種監管科技來引導市場。例如國外開發的 TRISA，而國內開的 STRISA 監管網絡。

金融穩定委員會（FSB）提出所有的金融機構都應該有一個 LEI（Legal Entity Identifier）識別編碼系統，讓數字貨幣都能夠被識別，而且在全世界監管網上都可以看到這個識別。

數字貨幣
的科技

04

第15章

不同區塊鏈的設計
導出不同數字經濟

傳統數字貨幣是指數字代幣（例如比特幣），有人把比特幣系統等於區塊鏈系統，把數字貨幣等於數字代幣，這是不同的概念。數字貨幣大多由區塊鏈系統建立，也可以不使用區塊鏈系統。

本章使用多家央行和重要金融機構的觀點來分析區塊鏈系統，特別是美聯儲、英國央行、加拿大央行、國際清算銀行。他們的區塊鏈系統需求與傳統比特幣系統、超級賬本需求不同，是未來合規市場的區塊鏈系統。

15.1 傳統區塊鏈研究方式

區塊鏈技術和數字貨幣最早出現是在地下市場。如果說比特幣對社會經濟造成了一定衝擊，那麼由可編程的以太系統開發的數字代幣更是有過之而無不及，因此有學者認為數字經濟泡沫的「萬惡之源」是以太坊，不是比特幣。從 2020 年 6 月開始，數字代幣對合規市場正式發起挑戰，這次不僅影響科技，還影響到國家經濟，包括宏觀經濟學理論、金融市場、治理和監管、法學以及法律。

本書的觀點是科技是中立的，在地下經濟可用，在合規市場也可用。合規市場應儘快推出合規數字貨幣，在市場上同不合規數字貨幣競爭，這是大禹治水戰略思維。

區塊鏈、數字貨幣在近幾年才得到大量關注。一開始的介紹大都在討論比特幣、以太坊以及「通證」經濟學，這些不是合規市場的做法，以至於很多初學者走了歪路。下面就是一些學者走的路線：

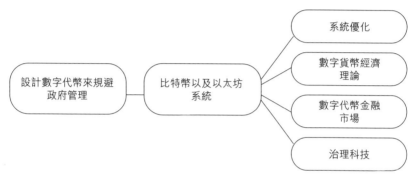

圖 15-1：「通證」路線圖

根據「通證」路線，可以得出：

- 導出的系統隱蔽更強，不能和合規市場兼容；
- 導出來的經濟理論和合規市場經濟理論相悖；
- 導出來的金融市場是地下市場模型；
- 難移除的封閉系統，不能直接治理 [1]，只能間接治理。

---

① 除非找大批程式員，更改他們的核心代碼。

15.2 合規區塊鏈研究方式

合規區塊鏈系統的改革須從底層架構開始。

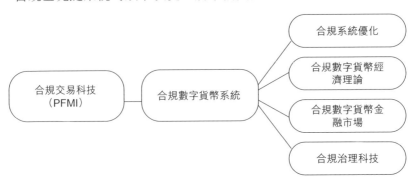

圖 15-2：合規數字貨幣系統架構

2008 年世界金融危機後，國際社會極需構建一個高效、透明、規範、完整的金融市場基礎設施，現代金融系統的設計原則（Principles of Financial Market Infrastructure，PFMI）提出解決方案，包括中國在內的 150 多個國家都簽署了這項協議，加拿大央行則是第一個使用 PFMI 來評估數字貨幣系統的央行。根據這個理論設計出來的數字貨幣系統以及區塊鏈系統：

- 降低金融風險；
- 優化系統，增加功能，提升性能；
- 符合合規市場經濟理論，助力國家數字經濟有序發展；
- 是合規數字金融市場；
- 可以直接治理或是監管。

數字貨幣發展的方法論

下一代數字貨幣必須從合規交易出發，開發合規數字貨幣，設計合

規數字系統，優化合規市場（不然就是優化地下市場），構建數字貨幣經濟理論體系（不然就是數字代幣經濟理論），建立合規數字經濟市場（不然就是地下經濟市場）和系統性治理數字貨幣。

過去，一些區塊鏈系統是按照傳統公鏈設計的[②]，在公鏈的思維下幣圈提出了「不可能三角」，即在研發時只考慮交易速度。合規市場的核心在於數字貨幣的交易完備性和監管性。一旦兩項沒有得到解決區塊鏈就可能帶來金融性風險。2018年筆者提出應該發展可監管的區塊鏈系統，發展符合現代交易規則的區塊鏈系統，否則很難進入合規金融市場。2021年美聯儲也提出整個區塊鏈設計要同時考慮監管性和交易完備性。

15.3 數字貨幣理論

科技影響經濟理論，經濟理論重塑科技，這是一種雙向而非單向的活動。區塊鏈系統頂層設計的數字貨幣理論，要有以下思考：

- 貨幣政策：比如如何發行數字貨幣，是否有利息和匯率等。
- 市場結構：金融市場結構改變，央行和商業銀行內部系統也會發生根本性的改變，出現數字貨幣陣營。數字貨幣有合規市場、地下市場，金融市場的穩定性需要同時兼顧兩個不同的市場。
- 平台科技：數字貨幣區以「平台為王」，打破以往的區塊鏈系統設計。傳統數字代幣系統只是單幣種（例如比特幣網絡只處理比特幣，而不處理以太幣）以及封閉系統（加入比特幣系統的只能使用比特幣軟件），而金融交易平台需要處理多幣種（例如美元、歐元，以及其他數字貨幣），而且是開發的系統（參與單位

[②] 最近幾年出現新型公鏈，和傳統公鏈不同。

可以使用他們自己的系統）。

- 監管政策：包括反洗錢、KYC、私隱保護等監管政策都會受到影響。
- 交易流程：交易方式改變數字貨幣系統、經濟理論和市場。

貨幣政策、市場結構、平台科技、監管政策、交易流程相互作用、相輔相成。例如不同監管政策會導出不同的市場結構，不同的貨幣政策也會導出不同的市場結構，而在同一個市場結構內有監管政策，還有數字貨幣平台。

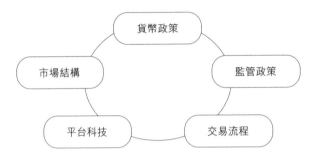

圖 15-3：貨幣政策、市場結構、平台科技、監管政策、交易流程互相影響

在進行區塊鏈研究和建立數字貨幣競爭模型前，必須要對數字貨幣區理論有所了解，否則得出的結論將與事實不符。當然，數字貨幣區理論在將來未必是最好的，但卻是現在有用的理論，提供了數字貨幣發展方向。

15.4 解析比特幣系統

比特幣系統是世界上最奇怪的一個金融「機構」，在甚麼都沒有的環境下仍可以讓所有人相信系統上的交易。為甚麼？

貨幣政策：比特幣系統就是比特幣的央行，發行權全部控制在比特

幣系統內，以固定發行的方式，以挖礦的形式釋放比特幣。

市場結構：比特幣交易主要在地下市場，是不可信任的環境中進行的。

平台科技：比特幣系統只處理比特幣，不處理其他的數字代幣、法幣，也不和合規市場對接[3]。

監管政策：比特幣設計不符合 PFMI 原則，規避監管。

交易流程：交易＝結算，快速結算。

表 15-1

	系統設計	數字經濟的影響
貨幣政策	1. 沒有任何央行或是銀行支持，比特幣系統就是比特幣的央行 2. 沒有準備金 3. 固定比特幣發行方式以及數量 4. 驗證比特幣真實	建立一個地下市場的「貨幣」體系。暴漲暴跌不符合傳統「貨幣」特性，獨立於世界所有的合規金融系統之外
市場結構	1. 在不信任、沒有保障機制的環境下進行，服務地下市場 2. 全球貨幣，沒有地理限制，沒有時間限制 3. 沒有代理，沒有比特幣商業銀行，只有交易所	1. 系統就是央行 2. 沒有代理 3. 跨境支付交易速度快
平台科技	1. 平台為王，不與任何國際金融系統交互 2. 不處理其他貨幣，包括法幣或是數字貨幣 3. 在不信任環境中交易	交易即結算
監管政策	1. 使用 P2P 協議規避監管 2. 封閉系統嵌入 KYC 以及反洗錢機制 3. 不和現代金融系統交互 4. 隱藏身份，交易公開	直接監管難，收集數據間接監管
交易流程	交易即結算，快速完成	

---

[3] 現在和比特幣系統對接都是間接的。

三個假設導出比特幣系統的設計：

- **不信任環境**：比特幣系統運行在不信任的環境下，任何參與節點可以隨意破壞，仍然可以安全交易。中本聰設計挖礦機制，誠實作業。

- **交易＝結算**：不信任環境下機制越簡單越好，交易、結算同時完成。

- **系統就是數字代幣的央行**：比特幣沒有實際資產（例如黃金、美元、銅、石油、藝術品、房地產）支持，唯一可以支持的就是比特幣系統。因此比特幣網絡系統就是「比特幣央行」，負責發行、交易、結算。

表 15-2

假設	比特幣系統	比特幣經濟體系
不信任環境	比特幣資產區塊鏈系統，挖礦機制，抵抗任何人或是單位的干預，包括政府監管機構；有難移除性；網絡作業支持跨境支付；認幣不認人	所有資產都在比特幣網絡（由於系統就是央行）上，用戶擁有私鑰，可以讓轉移讓給另外一人（或是機構）。私鑰是交易憑證。
交易＝結算		
系統就是央行		

　　基於以上的假設形成了一個以比特幣為中心的經濟體系。由於匿名性，高速支付（包括高速跨境支付），又沒有比特幣信用風險，也沒有比特幣流動性風險，很快就成為地下經濟的「貨幣」，成為地下經濟的「數字黃金」。比特幣區塊鏈系統就是在沒有信任的環境下，維持所有節點上的數據一致性，挖礦機制就是打賞誠實作業的節點。所有比特幣資產都留在網絡上，比特幣系統就是「比特幣的央行」。所有持幣者拿到的只是比特幣的私鑰。不難發現，這樣的模型本身就是設計來規避監管。

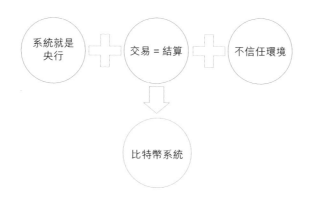

圖 15-4： 解析比特幣系統

15.5 解析以太坊系統

以太坊是在比特幣系統上延伸，可以完全複製其功能。但是以太坊系統還加上了智能合約，因此以太坊經濟包括「可編程經濟」。

表 15-3

假設	以太坊系統	以太幣經濟體系
不信任環境	比特幣資產區塊鏈系統，挖礦機制，抵抗任何人或是單位的干預，包括政府監管機構，有難移除性；網絡作業支持跨境支付；認幣不認人；智能合約提供第三方開發服務軟件	所有資產都在比特幣網絡（由於系統就是央行）上，用戶擁有私鑰，可以轉讓給另外一人（或是機構）。私鑰等於是交易憑證；第三方提供多樣以太幣服務
交易＝結算		
系統就是數字代幣的央行		
開放生態（智能合約）		

以太坊是第二代區塊鏈系統，經濟模型也和比特幣非常類似，規避監管。

圖 15-5： 解析以太坊系統

15.6 解析數字代幣系統

在分析比特幣以及以太坊系統之前，需先了解整個數字代幣模型。如下圖：

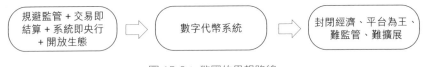

圖 15-6： 幣圈的思想路線

這裏的假設是基於以太坊的，由於以太坊的設計從比特幣延伸而來，兩個系統導出的經濟體系非常相近，都是難擴展、難監管，平台為王。「不可能三角」問題也是基於該架構提出來的，因此研究不可能三角就是在解決幣圈的問題。

不可能三角問題

簡單來說，不可能三角問題就是一個區塊鏈系統很難同時間解決分權式（Decentralization）、擴展性（Scalability）以及安全性（Security）的問題。分權式指的是使用 P2P 協議的數字代幣系統。幣圈不使用「分權式」，而是使用「去中心化」。在解決方案上，舉例都是數字代幣的系統。

幣圈最大的需求其實是隱秘性、安全性以及難監管。分權式就是來規避監管，以區塊鏈來維持一致性，因此性能大大降低。

如果幣圈的系統按照數字代幣在 2021 年的發展速度，世界金融市場大部分的資源很快就會被幣圈控制。

15.7 解析超級賬本

超級賬本由於沒有原生態的數字貨幣，所以不是金融系統，因此也就不考慮數字貨幣交易、結算、監管、旅行規則以及反洗錢等，更不需要考慮準備金。

表 15-4

	系統設計	數字經濟的影響
貨幣政策	沒有原生態的數字貨幣，也不會有貨幣政策	沒有數字貨幣，不產生數字經濟體系
市場結構	1. 預備在合規市場使用，市場已經有信任機制 2. 沒有原生態數字貨幣，沒有任何金融市場的屬性 3. 開放程式員開發智能合約代碼。	1. 沒有金融市場架構的更新； 2. 開放的軟件社區
平台科技	平台只是 IT 工具，沒有金融屬性	開源的軟件平台
監管政策	沒有金融屬性，也不需要監管	沒有直接支持數字經濟，不需要考慮監管
交易流程	沒有原生態數字貨幣	不需要考慮到數字經濟和市場的影響

表 15-5

假設條件	超級賬本系統	超級賬本經濟體系
信任環境	1. 超級賬本區塊鏈系統，在信任環境下運行；	沒有原生態的數字貨幣，依靠傳統電腦軟件開發模型盈利
開放生態（智能合約）	2. 開放第三方開發延伸軟件服務	

超級賬本的設計是在信任環境下運行，因此早期超級賬本還有中心化的服務器負責將交易排序。在許多數字代幣的熱衷者看來，這是「大逆不道」的設計。如果系統中有一個中心節點，那麼這個節點將是整個設計最弱的一環，攻擊者只要攻擊這節點就可以癱瘓整個區塊鏈系統。

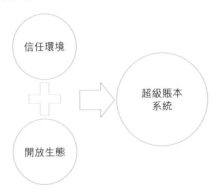

圖 15-7： 解析超級賬本的系統

表 15-6

	系統設計	數字經濟的影響
貨幣政策	1. 有託管銀行支持 2. 有準備金 3. 有發行數字穩定幣的規則	建立一個地下經濟的「貨幣」體系。由於暴漲暴跌，不符合傳統「貨幣」的需求，獨立於世界所有的合規金融系統之外
市場結構	1. 預備在合規市場部署、使用、經營，有市場監督以及保障機制 2. 為了額外安全，假設在不信任、沒有保障機制的環境下運行 3. 基於美元的全球貨幣，願意遵守每個國家的法規 4. 有代理	1. 系統就是央行； 2. 沒有代理； 3. 跨境支付交易速度快於銀行跨境支付的速度；在沒有信任的環境下運行
平台科技	1. 平台受託管銀行準備金的限制，不能獨立，可以和任何國際金融系統交互 2. 不處理其他貨幣，包括法幣或是數字貨幣 3. 在不信任環境下 4. 交易和結算分離	全球平台，但是分區管理，因為要遵守每個國家的規則

	系統設計	數字經濟的影響
監管政策	1. 開放系統給其他數字貨幣 2. 交易系統嵌入 KYC 以及反洗錢機制 3. 和現代金融系統交互 4. 在合規市場使用，交易雙方身份和交易信息有私隱保護，但是監管單位可以查私隱	直接監管，和各國監管單位合作
交易流程	改變現在交易流程，在後台金融機構的結算	改變數字經濟的生態，流程和市場

15.8 Diem 數字穩定幣系統

Diem 在數字貨幣結構和生態上的做法：

- 有託管銀行支持，例如銀行內存優質流動資產（High Quality Liquid Asset, HQLA）或是 100% 現金；

- Diem 系統不是 Diem 的央行，發行的數字貨幣被託管銀行內的準備金的限制；

- 有 KYC 以及反洗錢（AML）機制，拒絕地下經濟；

- 交易和結算分開，延長反洗錢計算時間，系統更容易擴展；

- 商家在 Diem 系統上交易有優先權。

表 15-7

假設	Diem 系統	Diem 經濟體系
不信任環境	資產區塊鏈系統：網絡作業，支持跨境支付；從事 KYC 以及 AML；智能合約提供第三方開發服務軟件，全賬本架構	所有資產都在 Diem 網絡上，用戶擁有的只是私鑰，可以轉讓給另外一人（或是機構）。私鑰等於是交易憑證；第三方提供多樣 Diem 服務
交易和結算分開		
銀行支持的數字穩定幣		
開放生態（智能合約）		

圖 15-8：Diem 合規的思想路線

數字貨幣交易流程應該和結算流程分開

2020 年 11 月臉書團隊發佈「FastPay: High-Performance Byzantine Fault-Tolerant Settlement」報告中的重要觀點，認為數字貨幣交易流程應該和結算流程分開。事實上，Diem 的區塊鏈交易和鏈上結算也是一步到位，不同的是臉書區塊鏈系統內的「結算」只是「預結算」，後面添加的結算（在銀行）才是真正的資金轉移。

圖 15-9： 在區塊鏈系統預結算後，在銀行系統結算

交易與結算分開，這帶來的金融市場影響會是巨大的。由於結算還是在銀行，和傳統數字代幣世界分道揚鑣。數字貨幣的中心不再是區塊鏈系統，而是銀行，整個數字貨幣底層思想和架構都改變了。

FastPay 並沒有使用區塊鏈系統，而是使用簡化的拜佔庭將軍協議（不是完整版的拜佔庭將軍協議），簡化結算流程可加快結算速度。FastPay 系統和穩定幣區塊鏈系統分開，在金融機構內部結算。

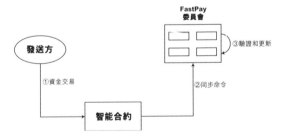

圖 15-10：將資金從主網絡轉移到 FastPay

第 16 章

前車之鑑：從 PFMI 看
區塊鏈應該如何設計

　　金融市場基礎設施建立原則（Principles of Financial Market Infrastructure, PFMI）是一個重要金融系統設計原則。如果在 2008 年全球的金融系統都符合 PFMI，那麼當一個國家出現金融風險就不會蔓延到其他國家，那一年也就不會爆發全球金融危機（而只是美國金融危機）。然而，PFMI 最重要不是它一個國際標準，而是這是一本多年金融系統累積下來的經驗和功課匯總。如果一個金融系統違反了 PFMI 的原則，這系統就自動存在很大金融風險，過去違反這些原則的金融系統都出問題。

　　有學者可能認為數字貨幣或是區塊鏈系統會是下一代的金融系統，因此不需要考慮 PFMI 原則，只需要考慮新的架構以及流程。他們可能是對的。

　　但根據 PFMI 規則，比特幣、以太幣、算法穩定幣以及 DeFi 具有極大的風險，而這幾年數字代幣的接二連三出現暴雷就是對 PFMI 最好的正名。2022 年發生的事故就非常明顯，這些系統連續爆雷，在過往媒體上都出現對這些相關領域例如 DeFi 產生是不是有存在的必要的討論。可以看到這次爆雷損失非常慘重，由於 2020 年 11 月合規市場也進入數字代幣市場，進入後，在規模上和幣圈不是一個等級。合規市場只看到比

特幣的大漲，卻沒有看到比特幣以及相關領域帶來的風險，而這些問題我們在多年前就多次公開討論以及預測將來來臨的巨大風險。

我們認為數字代幣系統除非有非常明確的理由可以公然違反 PFM 的原則，不然就是為將來出現金融暴雷事故做準備。

2017 年加拿大央行帶頭使用 PFMI 來評估區塊鏈系統，以後歐洲央行、日本央行、美聯儲都跟進。筆者長期認為區塊鏈系統的出現不是為了改變 PFMI 的原則，而是區塊鏈系統應該根據 PFMI 的原則而改變。

16.1 金融市場基礎設施建立規則：PFMI

PFMI 是以原則出現，而不是編程語言，也不是系統架構。下面就是 PFMI 的原則列表：

- 總體架構：（1）法律基礎、（2）治理、（3）風險綜合管理框架。
- 信用風險和流動性風險管理：是否有（4）信用風險、（5）抵押品風險、（6）保證金風險、（7）流動性風險。
- 結算：（8）結算的最終性、（9）貨幣結算、（10）實物交付怎麼解決。
- 中央證券存管和交換系統：關於為甚麼做（11）中央證券存管系統、（12）價值交換結算系統。
- 違約管理：13）違約系統，參與者違約的規則和程序。（14）隔離和可移植性。
- 業務和運行風險：（15）一般業務風險、（16）託管和投資風險、（17）運行風險。
- 准入管理：（18）准入和參與要求等、（19）分層參與安排、（20）金融市場基礎設施的連接。
- 效率：（21）效率和有效性、（22）通訊程序和標準。

‧ 透明度:(23)規則、關鍵程序與市場數據的披露、(24)市場數據披露。

中國人民銀行也多次發文討論實施 PFMI,例如 2013 年發佈的《關於實施 < 金融市場基礎設施原則 > 有關事項的通知》。

原則 1:法律基礎。在所有相關司法管轄區內活動的每個實質方面而言,PFMI 應該具有清晰的、透明的並且可執行的法律基礎。

原則 2:治理。PFMI 應具備清晰、透明的治理安排,促進 PFMI 安全、高效,支持更大範圍內金融體系穩定、其他相關公共利益以及相關利害人的目標。

原則 3:全面風險管理框架。PFMI 應該具備穩健的風險管理框架,全面管理法律風險、信用風險、流動性風險、運行風險和其他風險。

原則 4:信用風險。PFMI 應該有效地衡量、監測和管理其對參與者的信用暴露以及在支付、清算和結算過程中產生的信用暴露。PFMI 應以高置信度持有充足的金融資源完全覆蓋其對每個參與者的信用暴露。此外,涉及更為複雜的風險狀況或在多個司法管轄區內具有系統重要性的 CCP,應該持有額外的、充足的金融資源來應對各種可能的壓力情景,此類情景包括但不限於在極端但可能的市場條件下,兩個參與者及其附屬機構違約對 CCP 產生的最大信用暴露。所有其他 CCP 應該持有額外的、充足的金融資源來應對各種可能的壓力情景,此類情景包括但不限於在極端但可能的市場條件下,單個參與者及其附屬機構違約對 CCP 產生的最大信用暴露。

原則 5:抵押品。通過抵押品來管理自身或參與者信用暴露的 PFMI,應該接受低信用風險、低流動性風險和低市場風險的抵押品。PFMI 還應該設定並實施適當保守的墊頭和集中度限制。

原則 6:保證金。CCP 應該具備有效的、基於風險的並定期接受評

審的保證金制度，覆蓋其在所有產品中對參與者的信用暴露。

原則 7：流動性風險。PFMI 應該有效度量、監測和管理其流動性風險。PFMI 應該持有足夠的所有相關幣種的流動性資源，在各種可能的壓力情景下，以高置信度實現當日、日間（適當時）、多日支付債務的結算。這些壓力情景應該包括但不限於：在極端但可能的市場環境下，參與者及其 附屬機構違約給 FMI 帶來的最大流動性債務總額。

原則 8：結算。PFMI 應提供明確和確定的最終結算，至少在到期日結束前。在必要或可取的情況下，FMI 應在日內或實時提供最終結算。

原則 9：貨幣結算。PFMI 應該在切實可行的情況下使用中央銀行貨幣進行貨幣結算。如果不使用中央銀行貨幣，FMI 應最小化並嚴格控制因使用商業銀行貨幣所產生的信用風險和流動性風險。

原則 10：實物交割。PFMI 應明確規定其有關實物形式的工具或商品的交割義務，並應識別、監測和管理與這些 實物交割相關的風險。

原則 11：中央證券存管（Central Securities Depository, CSD）。CSD 應該具有適當的規則和程序，以幫助確保證券發行的完整性，最小化並管理與證券保管、轉讓相關的風險。CSD 應該以固定化形式或無紙化形式維護證券，並採用簿記方式轉賬。

原則 12：價值交換結算系統。如果 PFMI 結算的交易涉及兩項相互關聯的債務（如證券交易或外匯交易）結算，它應該通過將一項債務的最終結算作為另一項債務最終結算的條件來消除本金風險。

原則 13：參與者違約規則與程序。PFMI 應具有有效的、定義清晰的規則和程序管理參與者違約。設計的這些規則和程序應該確保 FMI 能夠採取及時的措施控制損失和流動性壓力並繼續履行義務。

原則 14：分離與轉移。CCP 應該具有規則與程序，確保參與者客戶的頭寸和與之相關的、提供給 CCP 的抵押品可分離與轉移。

原則 15：一般業務風險。PFMI 應識別、監測和管理一般業務風險，

持有充足的權益性質的流動性淨資產覆蓋潛在的一般業務損失，從而在這些損失發生時其能持續運營和提供服務。此外，流動性淨資產應始終充足，以確保 FMI 的關鍵運行和服務得以恢復或有序停止。

原則 16：託管風險與投資風險。PFMI 應保護自有資產和參與者資產的安全，並將這些資產的損失風險和延遲獲取風險降至最低。PFMI 的投資應限於信用風險、市場風險和流動性風險最低的工具。

原則 17：運行風險。PFMI 應識別運行風險的內部和外部源頭，並通過使用適當的系統、制度、程序和控制措施來減輕它們的影響。設計的系統應當具有高度的安全性和運行可靠性，並具有充足的可擴展能力。業務連續性管理應旨在及時恢復運行和履行 FMI 的義務，包括在出現大範圍或重大中斷事故時。

原則 18：准入和參與要求。PFMI 應該具有客觀的、基於風險的、公開披露的參與標準，支持公平和公開的准入。

原則 19：分級參與安排。PFMI 應識別、監測和管理由分級參與安排產生的實質性風險。

原則 20：金融市場基礎設施的連接。與一個或多個 FMI 建立連接的 FMI 應識別、監測和管理與連接相關的風險。

原則 21：效率與效力。PFMI 在滿足參與者及所服務市場的要求方面，FMI 應有效率和效力。

原則 22：通訊程序與標準。PFMI 應使用或至少兼容國際通行的相關通訊程序和標準，以進行高效的支付、清算、結算和記錄。

原則 23：規則、關鍵程序和市場數據的披露。PFMI 應該具有清晰、全面的規則和程序，提供充分的信息，使參與者能夠準確了解參與 PFMI 承擔的風險、費用和其他實質性成本。所有相關的規則和關鍵程序應公開披露。

16.2 PFMI 的應用

PFMI 是一套完整規則系統，但僅有 PFMI 不足以設計出合規的區塊鏈系統。PFMI 規則是通用的，可適用在任何金融系統上，不同金融系統還需有不同的解釋。例如對於傳統金融系統需要根據傳統系統的 PFMI 的解釋；而對於區塊鏈系統則需要根據區塊鏈系統的 PFMI 的解釋。PFMI 原則不變，只是因為評估的系統架構不同，解釋也不同。

自從加拿大央行使用 PFMI 原則來評估基於區塊鏈的金融系統後，許多機構就在研究 PFMI 和區塊鏈之間的關係。加拿大央行第一個評估系統是以太坊系統，這是 PFMI 對第一代區塊鏈系統在金融應用上的解釋。根據這次的解釋更新第二代區塊鏈系統的架構，第二代的區塊鏈系統架構和以太坊的架構差距就會很大。但是根據 PFMI 來評估第二代區塊鏈系統又會產生第二代系統的解釋（見圖 16-1）。這樣開發團隊可以根據第二代系統的 PFMI 來解釋開發第三代區塊鏈系統，同樣第三代區塊鏈系統會和第二代區塊鏈差距大。

每一代的 PFMI 解釋都不一樣，但是 PFMI 的規則卻並沒有改變過。舉例來說，以太坊（第一代區塊鏈系統）幾乎違反每一個 PFMI 的規則。Diem 穩定幣區塊鏈系統就考慮到一些 PFMI 規則，但是沒有符合所有的規則，例如 Diem 第 2 版白皮書的發佈（2020 年 4 月）就規避掉了之前的問題，但是 PFMI 規則上還有進步的空間：第 5 原則（抵押品風險）、第 6 原則（保證金風險）、第 8 原則（結算的最終性）、第 13 原則（違約系統）、第 16 原則（託管和投資風險）、第 18 原則（准入和參與要求等）、第 23 原則（規則、關鍵程序與市場數據的披露）、第 24 原則（市場數據披露）。

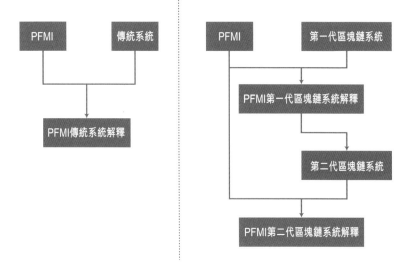

圖 16-1：PFMI 規則的應用

　　有的 PFMI 規則跟區塊鏈系統或者跟數字貨幣沒有直接關係的[④]，例如 PFMI 就沒有討論到如何處理 token。數字貨幣如果使用 token，只要拿到 token 就代表有現金且沒有信用風險。在本書第 3 章討論到英國央行就是因為數字貨幣沒有信用風險所以才開啟數字英鎊計劃。有了數字貨幣信用風險就不見了，但是機構的金融風險仍然存在。英國央行後來提出要做 RTGS 實時全額結算系統，它的「實時」是指在 2 小時內的結算。以現在電腦的數據處理能力，兩個小時對於數字貨幣以及現在機羣的能力來說，實在太過長久，好像光年一樣。

　　英國央行決定事實上已經將交易和結算流程分開，現在愈來愈多的設計偏向於把交易和結算分開。如果不分開就有反洗錢的風險，這是所有監管單位都不會接受的。

---

④　PFMI 建立的時候（2008 年），數字貨幣才剛剛開始，在那個時候，合規金融市場不需要考慮數字貨幣的問題。

16.3 PFMI 評估比特幣系統

下表是使用 PFMI 規則來評估比特幣得出結論。當前的數字代幣系統充滿了金融風險:比特幣白皮書只討論了科技問題,沒有討論治理和法律的風險(違約管理,業務、運行風險管理,透明度);比特幣交易即結算,沒有獨立的結算系統;比特幣沒有中央證券存管系統,因為區塊鏈系統就是中央證券存管系統;任何機構或是個人都可以參與,沒有准入管理;比特幣的性能低效。

表 16-1

PFMI 規則	數字代幣評估結果
總體架構	沒有法律基礎,沒治理規則。
信用風險和流動性風險管理	機構有信用風險,但數字貨幣沒有。
結算	在比特幣系統上不需要獨立的結算,交易即等於結算。
中央證券存管和交換系統	沒有中央證券存管系統,因為鏈就是中央證券存管系統。
違約管理	沒有隔離性,被盜或監守自盜,風險大。
業務和運行風險管理	沒有託管和投資風險管理,存在運營風險。
准入管理	沒有准入系統,任何人都可以使用,風險大。
效率	效率低、性能差,沒有通訊程序和標準,沒有和其他金融系統對接。
透明度	透明度低,沒有規則,關鍵程序與市場數據的披露差,市場數據作假。

16.4 PFMI 太舊還是比特幣大錯?

PFMI 原則和數字代幣的原始思想差距非常大,所以是 PFMI 太過老舊保守應該像美國銀行法一樣被淘汰,還是重構數字貨幣來避免風險?

比特幣系統幾乎違反 PFMI 每一條原則,但卻是 500 年來最大的一

次創新？這是值得思考的問題。

- 信用風險以及流動性風險：PFMI 原則需要考慮信用風險和流動性風險，但是數字代幣卻沒有這樣的風險。注意，這裏說的信用風險和流動性風險都是指的數字代幣封閉環境內的風險。一旦談論的不是數字代幣，而是整個經濟市場，（包括合規和地下市場），風險就仍然存在。例如在 2021 年如果有人拿了市值高達六萬美元比特幣去抵押貸款，到了 2022 年其市值還不到兩萬美元，比特幣持有者損失超過 66%。風險豈不是極大無比？

- 交易和結算分開：PFMI 將交易和結算分開，這和數字代幣機制衝突。原則 8 提出最終的結算可以是實時的，但是「實時」是具體多長時間，英國央行竟然認為兩小時內都算是實時。

- 託管銀行或是機制：PFMI 原則 11 條提到 CSD，但 CSD 和交易所是兩個不同機構。一些數字代幣交易所控制客戶的私鑰，跑路的風險非常大。歷史上就出現多次因交易所跑路而造成的大量損失。但是如果把託管銀行也在區塊鏈系統上，即使是兩個不同的機構卻可以同步數據。因此 PFMI 和數字貨幣不一定是衝突，而是需要嘗試不同場景來符合 PFMI 的原則。

- 擴展性：PFMI 中擴展性（Scalability）通常和可靠性（Reliability）一起提出，這帶來兩個強烈信息：1）如果沒有可靠的系統，就無法擴展；2）如果系統擴展後系統不可靠了（例如喪失交易完備性），就代表現這擴展性機制不能使用。而且評估一個交易系統的擴展性和可靠性時，必須對添加的運行風險進行評估 [5]。

---

[5] A TR should carefully assess the additional operational risks related to its links to ensure the scalability and reliability of IT and related resources.

數字貨幣一個關鍵設計是交易與結算是否分開，這是進步？還是退步？美國民間的數字美元項目和美國財政部都認為「交易＝結算」是進步，是新型數字經濟最重要的機制。2020 年美國財政部還使用「改變遊戲規則」（game changer）來形容該改變的重要性。但是監管單位則認為這會助力洗錢，分歧就此產生。

附錄：美聯儲對數字美元的需求

　　第一需求是區塊鏈系統的合規性。央行數字貨幣需要有強大的法律框架，能夠對交易進行強監管，同時保護私隱數據；金融交易是可以回滾的，區塊鏈上的交易也可以回滾；區塊鏈系統設計要有反洗錢機制。

　　第二需求是交易完備性。交易完備性是指對於不同系統產生的交易結果應是一致的。比如同一筆交易，通過 A 系統和 B 系統得出的結果應是一樣的，不然就會產生混亂。詳細來說，交易完備性包括：（1）安全有效率的資產轉移；（2）準確記錄、防偽；（3）保護私隱：（4）系統安全。

　　第三個需求是穩固性（Robustness），即：（1）實時結算，全年全天候 24 小時不間斷結算；（2）系統可以演變，適應性強；（3）全盤生態穩固。

　　第四需求是彈性。（1）如果網絡出問題，系統仍然可以有效執行任務；（2）要對人員、信息、系統、流程、設施有全面考慮；（3）端到端彈性。不是每個子系統獨立的彈性，從客戶端到銀行端都必須有彈性。

第 17 章

原臉書穩定幣計劃

　　2019 年 11 月哈佛大學 Rogoff 就臉書的數字穩定幣計劃發表了看法。他認為臉書的穩定幣沒有想像中的那麼糟糕，可以代表美元在數字貨幣市場上競爭。2020 年美國財政部搖旗吶喊支持數字穩定幣，而最引人關注的數字穩定幣項目莫過於臉書的項目。因此，為了爭取更多的支持，議員們唱起了雙簧，既批評又支持。在整個過程，臉書系統設計也大大改動，變成美元在數字貨幣市場上的重要支柱。改變不只是在科技上，更重要的是貨幣政策上的改變。一些小小的改變，例如從基於一籃子法幣到基於美元的數字貨幣，以及註冊地點以及組織上的改變，卻是重大的戰略改變。

　　可是人算不如天算，2021 年 1 月美國政府進行換屆，拜登開始執政，新政府反對數字穩定幣的發展，臉書數字穩定幣項目陷入困境。就這樣，臉書數字穩定幣技術以 2 億美元賣給了銀行。

　　亡羊補牢！美國總統在 2022 年 3 月 9 日更新策略，全面接受數字貨幣。

17.1 臉書計劃的演變

　　世界對數字貨幣的重視是從 2019 年 6 月 18 日臉書發佈 Libra 數字穩定幣白皮書開始的，一個沒有經過學術認證，沒有公開討論的「穩定幣」概念橫空出世，8 月美國又經歷了 823「美元珍珠港事件」。短短兩個月內數字貨幣在美國引發了兩次大震動，終於在 2019 年 11 月開始反擊。如果臉書 Libra 數字穩定幣支持美元，美國就支持臉書的數字穩定幣計劃，這是 Rogoff 教授在 2019 年 11 月的一個重要觀點。

　　2020 年臉書在媒體上多次表示其穩定幣計劃得到相關單位密集討論也得到支持，於是大量招攬人才，封閉開發。為了方便監管機構的審核，在 2020 年 12 月 2 日臉書把 Libra 項目改名為 Diem 項目，並且把 Diem 團隊和臉書公司剝離開來，當時還宣佈項目將在 2021 年 1 月正式啟動，當時特朗普還在位。

　　2021 年卻出現不穩定氣流。新政府團隊對數字穩定幣有不同看法，美聯儲 Lael Brainard[6] 還高聲公開反對任何私人發行數字穩定幣，雖然沒有指明 Diem 項目，但大家都心知肚明。

　　根據美國媒體的分析，臉書最後自動放棄該項目是遭到國際清算銀行、歐洲央行等重量級機構大力反對[7]。他們反對的理由是臉書已經是世界上最大的社交網絡公司，如果再變成世界上最大的貨幣基金。「社交網絡＋貨幣基金」臉書的影響力就太大了，在金融界的影響力會因為數字穩定幣超過世界許多央行。歐洲央行曾預測臉書數字穩定幣出現會嚴重擠壓歐洲其他貨幣基金。如果臉書可以放貸，大部分的歐洲商業銀行也會

---

[6]　美國媒體上當時認為 Brainard 會是下一任美聯儲主席，因此對她的觀點特別重視。可是後來這事沒有發生。

[7]　參見：https://investmentbusinessu.com/2022/02/10/diem-stablecoin-project-canceled-what-can-meta-do/

被擠壓到，加之社交媒體上的宣傳優勢，歐洲市場根本擋不住。歐洲金融市場就會被臉書控制。

來自幣圈的建議

當臉書數字穩定幣項目被迫停止時，幣圈建議臉書使用以太坊協議。如果臉書在 2019 年使用了以太坊協議並在其系統上進行更新，歐洲央行根本無法限制臉書穩定幣的發展。臉書如果這樣做，今天會有完全不同的發展。

讀者同意這種觀點嗎？

後來美聯儲主席 Powell 公開說支持數字穩定幣，這才平息了美聯儲內部的爭論。但是由於臉書項目計劃過於延遲，項目開始變質了，在 2022 年 2 月正式取消了該項目。臉書也在 2021 年開始轉向元宇宙科技，改名為 Meta。

Diem 項目的放棄給多國商業銀行一次換氣機會，包括歐洲央行，歐洲商業銀行等，甚至連美國自己的商業銀行都對臉書的計劃又愛又恨。2019 年 6 月 18 日夜晚可是讓很多人輾轉難眠。

Diem 計劃事實上進步非常多，臉書放棄數字穩定幣，並不能否認臉書在這方面帶來長足的進展。對於數字貨幣的研究臉書的穩定幣白皮書依然有重要的參考價值。首先，整個數字穩定幣的經濟體系改變。

表 17-1

	改變	影響
經濟體系	從幣圈思維改為合規思維	數字穩定幣走向合規市場，進入合規金融領域
準備金	從基於一籃子法幣到基於美元	繼續支持美元，而不是支持 1944 年英國央行提出的班科計劃

	改變	影響
監管機制	從沒有考慮自帶監管到服從旅行規則，區塊鏈系統和智能合約系統改變	數字穩定幣走向自律，和監管單位合作
國際監管	從不考慮到分權式做法，當地組織管理，區塊鏈系統主要負責機構之間的交易	國際合作，一同建立數字貨幣區，地方機構可以自己監管自己內部的交易
數字貨幣	從單一幣種到多幣種	在美國單一幣種（數字美元），在其他國家支持當地法幣成為 CBDC 或是數字穩定幣

第一代的思想：聯盟鏈設計，預備公鏈，基於一籃子法幣的數字穩定幣，沒有監管機制 ⟹ 第二代的思想：放棄公鏈，基於美元的數字穩定幣，棄幣保鏈，自帶監管機制，遵守旅行規則，準備金制度

當然，只有數字貨幣區理論是不夠的，交易流程也是數字貨幣中關鍵的技術，是需要考慮的理論基礎。

圖 17-1 展示了國際清算銀行對 Diem 計劃的整體描述。該系統是一種由批發鏈和零售幣混合的模型，而且它對於監管也是混合性的，也就是由當地監管加上嵌入式監管。只有當地金融機構不能解決時才能上鏈解決。

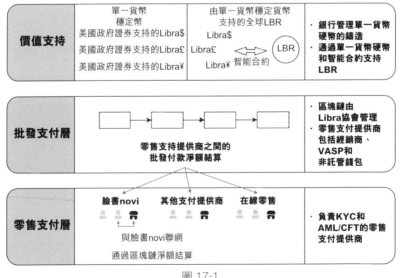

圖 17-1

在這種系統中區塊鏈的整體架構設計簡化（由於不需要處理個人賬本），不過同時要考慮到：（1）支持數字資產；（2）支持金融市場結構；（3）支持監管法規；（4）電腦系統設計；（5）支持相關交易流程；（6）支持金融系統設計規則。這是新型區塊鏈設計的典型案例。

根據 PFMI 原則分析 Diem 系統得出以下結論：

表 17-2

PFMI 規則	Diem 的預備
總體架構：法律基礎，治理，風險綜合框架	具備，融合傳統監管和嵌入式監管機制
信用風險和流動性風險管理	由於使用傳統金融機構，傳統風控方法可以使用；在鏈上還有其他風控的方法。
結算	交易和結算分開
中央證券存管和交換系統	參與的金融機構有存管系統，可以假設線上系統支持
違約管理	傳統金融機構可以使用傳統方法，鏈上還可以使用智能合約管理
業務和運行風險	混合監管機制來降低風險
准入管理	有
效率	高效
透明度	公開程序和披露數據

一個清晰的畫面出現了。Diem 為了合規花費大量功夫，主要體現在：基礎設施，治理科技，金融風險評估的框架，而且採用和傳統金融機構合作一起完成風險評估的工作；為了避免傳統數字貨幣系統做法，將交易和結算分開；系統使用高效的聯盟鏈快速完成交易；透明度高。此次評估與比特幣評估差距非常大。

17.2 Diem 系統和超級賬本的比較

這裏將通過六個維度來對超級賬本和 Diem 系統進行比較。

一、貨幣政策：超級賬本系統不直接支持數字貨幣，Diem 直接支持數字貨幣，且支持多幣種和多數字資產，差距大。超級賬本不討論貨幣政策，Diem 的貨幣政策是不發利息，後台有一對一的美元作為準備金。

二、市場結構：超級賬本系統不討論數字金融市場結構，Diem 討論了雙層商業架構（區塊鏈系統和相關的金融服務商）、批發鏈與零售幣（鏈只處理機構之間的交易）以及棄幣保鏈的思想（放棄 Diem 在該國家部署，助力國家開發自己的數字貨幣）。Diem 允許當地金融機構加入社區，並使用他們的系統和遵守當地制度，支持當地政府開發自己的 CBDC，避免金融市場結構改變。這些需要更新 Diem 系統原有的內部結構、算法、協議。

三、平台科技：超級賬本系統科技包括通道、共識和交易綁定、拜佔庭將軍的協議。Diem 採取的是幣鏈分離（數字貨幣機制不與區塊鏈作業綁定），共識和交易分離（一個交易可能需要多個共識），多幣種、開放的平台（和現有的金融系統交互）。

四、監管政策：超級賬本系統不直接支持數字貨幣，不對數字貨幣進行交易監管。Diem 有嵌入式監管、融合旅行條款、傳統監管、KYC 和 AM 等。

五、交易流程：超級賬本系統不討論交易流程。對於超級賬本系統來說，金融交易流程是中性的，任何交易流程都可以使用。Diem 將交易和結算分離，共識和交易分離，所以系統會更加穩定。

六、金融基礎設施：超級賬本系統提出「區塊鏈即是服務」（Blockchain-as-a-Service, BaaS），但在 2021 年美國兩大 IT 軟件企業 IBM、微軟都退出了 BaaS 市場。BaaS 是雲計算的一種科技，可以使用

網絡技術，但關注主要在雲平台（而不是網絡）。Diem 是區塊鏈網絡，可以使用雲平台，但主要關注通訊（而不是雲平台）。例如美國財政部在 2020 年表示將來計劃建立一個區塊鏈網絡取代現在支付網絡，而不是說要建立一個新區塊鏈雲平台或是建立一個 BaaS 系統來取代支付網絡。

根據以上六個維度來分析，超級賬本系統已經是前一代區塊鏈系統，而 Diem 才是符合現在發展的區塊鏈系統。當然 Diem 不會是最終一代，還會有第三代、第四代等。

表 17-3

	超級賬本系統	Diem 系統
貨幣政策	不支持	支持，多幣種，多種數字資產
金融結構	不討論	雙層商業架構，批發鏈結合零售幣，棄幣保鏈
平台科技	通道，共識和交易綁定，使用orderer 來建立交易完備性、拜佔庭將軍協議是可選項，而不是默認選項	幣鏈分離，共識和交易分離，拜佔庭將軍協議，交易和賬號分開
監管政策	不討論	嵌入式監管，融合旅行規則和傳統監管，KYC，AML，比目魚模型，蝴蝶模型
交易流程	中性	交易和結算分離，交易和共識分離，系統穩定得多
金融系統基礎	BaaS	區塊鏈網絡，國家貨幣競爭工具

17.3 臉書數字穩定幣還活着

臉書數字穩定幣計劃在 2022 年正式退出，但真的完全退出市場了嗎？筆者並不這樣認為。

臉書給整個區塊鏈界、數字貨幣界帶來的新思想、新設計是永恆的，

不會完全捨棄的。例如在 2021 年筆者團隊曾花費三個月只為研究一篇臉書的論文，雖然最後並沒有走它的技術路線（而是走了一個新路），卻提供了一個好思路。這個思路筆者也多次提及，就是交易和結算分開的機制，交易即結算，打破了從比特幣以來一直都遵行的設計路線。

區塊鏈系統的一個細微變化會推動交易流程改革，而交易流程又促使數字貨幣經濟體系的改變，加之數字貨幣的流動性遠遠超過銀行貨幣，就會對社會經濟帶來重大影響。因此筆者認為 Diem 的思想不會消亡，以後會有許多創新根據它的設計不斷出現。2022 年，美國總統行政令的發佈會讓數字貨幣有大量的後續發展，而 Diem 系統設計思想會是他們必經之路。

第 18 章

無心插柳柳成蔭：
智能合約改革

　　智能合約的使用一直有爭議。有學者認為這是一個重大金融科技的突破，以後將應用於世界發展的方方面面，包括數字經濟體系也是基於智能合約的，例如 DAO（分佈式自治組織）。另外一些學者則認為智能合約存在高風險，應規避或放棄。

　　一開始，智能合約連定義都是有爭議的。2016 年智能合約被批評，一不是有法律效力的合約，二是不智能，「智能合約」就是一個牽強附會的名詞。以太坊的智能合約和薩博智能合約定義不同，但以太坊的智能合約一經提出就面臨「名不正、言不順」尷尬困境。

　　世界 IT 大家 IBM 發現這個問題，並提出使用新名詞（鏈上代碼 chaincode）來取代傳統名詞（智能合約），結果不言自明。世界還是繼續使用「智能合約」，因有「合約」的參與，法學界也開始涉足。2016 年法學界正式參與智能合約的研究工作。

　　智能合約的一個發展高點是在 2018 年被英國法律協會（一個制定英國法律的獨立機構）提出預備將智能合約和區塊鏈納入英國法律。他們認為這一決策會推進英國法學進步以及讓英國法律能夠跟上數字時代。這等於承認以後智能合約會有法律效力。

英國法律協會在研究智能合約一年後，證實智能合約科技可以納入英國法律，只是機制上還需要完善，後來英國法律協會多次再度肯定「智能合約」的法律效力。同時間，筆者也在中國提出智能合約如果能夠正確的實施，可以給法學領域帶來大改革。

以工業為主的德國學者則對智能合約研發更加積極，認為智能合約是改變世界金融市場的根本，是數字金融的必經之路。世界數字貨幣以及數字金融競爭，是智能合約真正的競技場。

美國商品期貨交易委員會也在此時提出智能合約的兩個最重要的功能是：交易和監管，而且是兩個機制是同時運行。

綜合以上觀點，可以看到智能合約的定義、機制、應用、影響和薩博的智能合約以及以太坊的原始智能合約都大不相同，可以擴展到期貨、監管、法律於法學、數字貨幣競爭、數字貿易等不同領域。

於是，在這樣環境之下開啟了「鏈滿天下」（就是到處有區塊鏈系統部署可以使用）以及「約滿天下」（就是到處有智能合約在各地的區塊鏈系統上）的時代。當然，這樣的智能合約需要經過工業化的改進和處理。任由黑客在區塊鏈系統上編寫代碼執行數字貨幣交易終將成為歷史，這是早期美國野蠻西部的牛仔文化。在開荒的時候可以，一旦進入金融產業就必須完全脫胎換骨。

未來，智能合約必定要產業化、標準化、質量化、科學化、系統化、法律化的大規模開發、驗證、基礎設施的部署、以及動態驗證。這也是筆者提出的皋陶模型的精神。

本章主要討論智能合約科技，而下一章討論智能合約帶來的經濟體系「可編程經濟」。

18.1 智能合約的起源與發展

圖:18-1: 販賣機案例啟發薩博「智能合約」概念

「智能合約」概念最早是由薩博（Szabo）提出，同時他也是比特幣的開發者。1994年，薩博提出代碼可以是合約，並通過販賣機舉例。「當我們把錢放進販賣機時，就會返還餅乾或者糖果，此時雙方既沒有簽字，也沒有合約。但事實上這就是一個完成的合約，後面的代碼就是智能合約。」

25年後（2019年），英國法律協會建議將智能合約納入英國法律體系內，成為有法律效力的合約，但交易雙方必須看到這一合約（即使參與者看不懂這合約）。如果客戶看不到，則該合約在英國法律中是無效的。基於這一觀點，販賣機中的合約顯然就不是「智能合約」。

思考問題

英國法律協會的觀點是睿智的。他們的一些觀點我們可以不認同，對一些人來説他們的觀點也可能是瘋狂的，但不得不承認他們指出的方向是正確的。

從羅馬時期開始，法律都是以文字呈現，但智能合約卻是以代碼形式出現的。如果智能合約可以被法學界接受，這代表「代碼」可以取代部分紙質合約，而且由於智能合約可以自動執行，這也意味着一些執法工作將由代碼來執行。這樣的改革令人震驚。

英國法律協會看到了這樣一次歷史性的機會，提出將智能合約和區塊鏈納入英國的法律體系。以文字為法律載體是幾千年來的傳統，如果因智能合約的出現而被「更新」，這就是「千年大計」。

在幾千里之外的筆者也得到同樣的結論，並發佈了「區塊鏈中國夢」系列文章。

薩博的智能合約定義中「智能」只能代表：（1）使用正確的代碼；（2）使用正確的數據；（3）在正確的時間；（4）正確地執行合約條款。

薩博提出的智能合約概念和區塊鏈沒有任何關係，而且不可能有關係因為當時還沒有區塊鏈系統。智能合約和人工智能也沒有關係。隨着智能合約的發展，智能合約被放在區塊鏈系統上執行，而人工智能慢慢融入其中。

2013 年，一個年輕人在一個區塊鏈系統上開發軟件，稱該代碼為「智能合約」。這個「智能合約」和薩博的智能合約概念沒有關係，使用該名詞僅因為知名度高，響亮[8]。這個年輕人就是 Vitalik Buterin, 而他開發的系統就是以太坊. 但是以太坊的智能合約系統就成為世界第一個「智能合

---

⑧　2018 年 Vitalik Buterin 公開後悔使用「智能合約」這名詞，但是世界已經接受這名詞。

約」系統。

2016 年，一個機構（The DAO）還使用以太坊智能合約來建立金融機構從事金融服務。但是馬上遇到黑客攻擊，以至於項目很快被迫取消。

筆者在《智能合約：重構社會契約》一書中提到，智能合約的發展源於三個「錯誤」：概念錯誤（薩博原來的概念），名稱錯誤（以太坊智能合約的名稱），商業錯誤（The DAO 事件），但卻愈來愈重要。智能合約不再只是一個概念，也不再只是運行在區塊鏈系統上（而沒有法律效力）的代碼，而是金融交易系統的一個工具，且又擁有法律效力。2019 年 6 月，德國銀行協會指出，未來世界的金融競爭就是智能合約的競爭；而英國則更關注法律層面的智能合約，認為智能合約會對法學帶來深遠影響。

對於智能合約，一方面是充滿希望的，許多國家對其發展寄予厚望；但另一方面卻又是滿地荊棘、舉步維艱。不論是智能合約法律化、智能合約平台的設計、智能合約的驗證和測試，還是智能合約的執行、智能合約的產業化等都困難重重。

未來金融智能合約和幣圈的智能合約必定會有根本性的改變，包括語言、架構、執行方式、代碼、驗證等都會形成自己的模式，而且提供智能合約數據的預言機也會更加成熟。儘管國外幣圈的智能合約技術愈來愈成熟，但是和金融系統的要求還有差距。

國際掉期與衍生工具協會（International Swaps and Derivatives Association, ISDA）在 2017 年聯合倫敦律師事務所 Linklaters 發佈了一份研究報告，指出智能合約的現實應用是受限的，因為非操作性條款及主觀性較強的陳述很難用機器可讀的代碼表達。即使是應用於客觀的操作性合約也一定要對術語和活動進行正式且標準的描述。這一研究報告對智能合約標準化的影響恐怕還需要很多年才能被人們所認識到，但其中一個重要信息是大部分智能合約工作和代碼沒有關係，而是與法律流程以及新型基礎設施有關。

智能合約標準化，也代表智能合約的國際化，因為基於智能合約的標準化各經濟體的金融交易流程也會逐步趨同。這在一定程度上也表明哪一個國家先制定出標準，就會在智能合約領域領先。德國和英國都試圖在這一領域領先世界。

本章之所以以「智能合約改革」為題，是因為智能合約的原理發生了很大的變化，智能合約、區塊鏈已經有了新定義。以太坊出現時，就有了新的智能合約，之後又有了預言機，現在，區塊鏈系統是賬本系統＋智能合約＋預言機。而這三個合作系統，各自也都發生了很大的變化。

- 賬本系統控制鏈上的數據，保證數據不能被篡改。
- 智能合約系統控制流程。智能合約標準化的工作重要，因為它將促進這一領域的產業化，一旦標準化，智能合約不再是黑科技，而是一種產業化產品。
- 預言機系統和外部對接收集外部信息，控制外部系統和數據。預言機系統可以使用任何科技例如物聯網，賬本系統，智能合約系統、人工智能等。

這樣的區塊鏈系統（賬本系統＋智能合約＋預言機）構成了一個複雜系統，其運作機制也發生了變化，以前是靜態的綁定，現在可以動態變

化[9]。預言機負責收集數據、驗證數據和傳送數據，所以預言機可能是最複雜也是應用最多的機制。

18.2 甚麼是智能合約？

如果智能合約只是電腦技術，那麼其發展已經有了 30-50 年的歷史。儘管在最初沒有使用智能合約這一名稱，但該項技術就已經存在。在筆者還是學生時，數據庫、操作系統裏就有了類似的機制，再後來的服務計算（Service-Oriented Computing）也同樣存在，但智能合約不只是電腦技術。

代碼部署以及執行在區塊鏈系統上

簡單來說，以太坊的智能合約就是部署代碼在區塊鏈系統上，並且執行在區塊鏈系統上。智能合約代碼標明啟動的條件，例如最終期限，或是相關事件的完成（或是相關事件無法執行）。當這些條件滿足的時候相關的智能合約代碼就會自動執行。與傳統代碼不同，智能合約代碼運行在區塊鏈系統上，通常在區塊鏈系統每次建塊時（也是共識機制正在運行時）執行，因此和區塊鏈作業機制緊密交互[10]。下表顯示他們的不同：

---

[9] 2020 年提出的 LSO（Ledgers 賬本系統, Smart Contracts 智能合約系統, Oracles 預言機系統）模型就是一個動態綁定的模型。

[10] 現在也有一些智能合約系統和區塊鏈沒有那麼緊密結合。即使沒有非常緊密結合，智能合約系統的執行還是受到區塊鏈系統的限制。現在大家使用 Web 3 這新名詞

表 18-1

	傳統代碼	智能合約
運行系統	操作系統	區塊鏈系統
作業方式	只被操作系統控制	和區塊鏈作業緊密結合
應用	各式各樣	主要是數字金融（包括數字貨幣，數字貿易等）
質量	高質量保障正確執行以及客戶體驗感	需要更高的質量保障金融交易不會出事
互聯網	支持	支持
移動端	支持	支持

　　為甚麼智能合約是一個重要機制？為甚麼許多學者都認為智能合約代表第二代區塊鏈系統？這是因為當時的比特幣系統沒有智能合約，因此其應用只限於原始比特幣系統提供的服務[11]，而且服務範圍非常小。但是有了智能合約，任何開發者都可以開發一個代碼部署在以太坊上，這樣以太坊的用戶就多了一個新服務。如此一來以太坊系統猶如手機 App 市場一樣由第三方開發，而谷歌的安卓和蘋果的 iOS 只是提供操作系統。同理，以太坊的智能合約提供區塊鏈平台開放給第三方提供各式各樣的服務。兩者的區別在於手機的 App 是需要時才下載，而以太坊智能合約是事先上傳。另外以太坊系統也是開放的，有社區開發。

圖 18-2：以太坊的智能合約系統

　　以太坊的智能合約系統是世界第一個智能合約系統，因此以太坊的智能合約在市場上佔有最大的份額，超過其他區塊鏈系統，包括比特幣系統。

---

[11]　後來比特幣也有智能合約系統。

18.3. 基於李嘉圖合約的
智能合約發展路線

1995 年 Ian Grigg 提出了李嘉圖合約（Ricardian Contract）[12]。Ian Grigg 認為智能合約發展首先要有一個衡量的標準。圖 18-3 展示了一個標準化的智能合約模板。

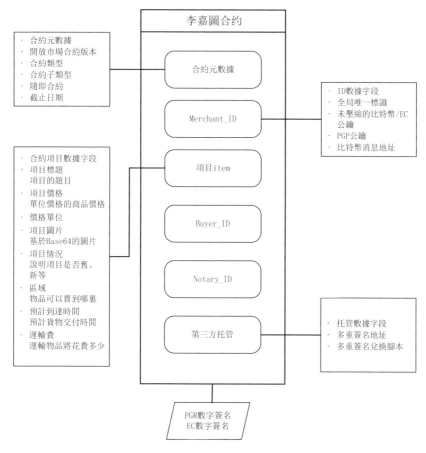

圖 18-3: 李嘉圖合約模板

---

[12]　Ian Grigg 使用的名稱是李嘉圖合約。但是李嘉圖合約實際上就是智能合約，尤其是合規智能合約就是按照李嘉圖合約發展的。

2018 年斯坦福大學在編寫智能合約代碼時，採取了真實的英文合約直接譯成代碼的方式。但問題是想要合約變成代碼其過程是難實現的，而且斯坦福大學甚至表示要實現全自動化，就難上加難了。

圖 18-4： 最原始的智能合約開發方法

圖 18-5： 2018 年斯坦福大學早期的做法

問題太難該如何處理？將大問題分解為幾個小問題，這就是李嘉圖合約的做法。李嘉圖合約把每個合約對應到背後的代碼模板，有了模板以後把模板內的每個子系統分別開發，然後集成完成。

圖 18-6： 李嘉圖合約開放方式

不難看出，李嘉圖合約的做法系統得多，而且也容易得多，更像是一個方法論，提出智能合約的開發流程。任何人都可以根據李嘉圖合約的開放流程開發智能合約模板以及合約代碼。

李嘉圖合約與薩博的智能合約提出時間相差一年，而區塊鏈概念是 14 年後才提出的，因此李嘉圖合約也無法應用於區塊鏈系統。但是以太坊智能合約出來後，李嘉圖合約成為其最適合的開發方式，遠遠超過薩博的智能合約開發。

在李嘉圖合約基礎上，美國與英國的研究者合作開展了雅閣項目（Accord Project）就是基於李嘉圖合約發展路線（如圖 18-7 所示）。

斯坦福大學的法律合約工作 CodeX 以及可計算的合約（computable contract），這些也是根據李嘉圖合約來開發的。其中，可計算的合約還增加了機器學習和一些合約模板。

總體上來說，當前有法律效力的智能合約，都是基於李嘉圖合約的發展路線。

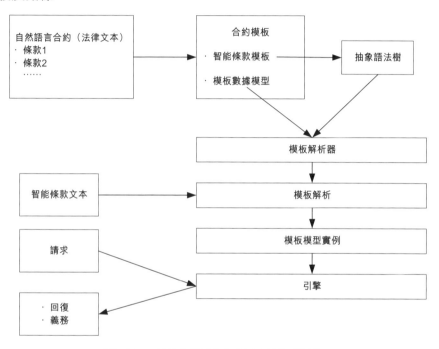

圖 18-7：基於李嘉圖合約發展路線的雅閣項目

18.4. 交易和監管是智能合約的主要功能

2018 年美國大宗商品交易委員會 CFTC 發佈了《智能合約入門》，指出智能合約有兩大功能：一是交易，二是監管，且這兩大功能必須同時進行。

智能合約的基於這兩大功能在執行時，部分智能合約完成交易，另一部分智能合約對這些交易進行監管。因此，智能合約的監管是嵌入式

監管。

嵌入式系統是以應用為中心系統，用戶打開電源即可直接享用其功能，無需二次開發或僅需少量配置操作。這裏嵌入式作業代表智能合約在執行時，另外一個監管智能合約在同時執行。由於交易是智能合約的主要功能，監管是在主功能下一同完成的功能。

一個例子可以解釋嵌入式系統，例如一個房子可以購買消防儀器，放在房子裏面。但是建房時，建築商可以事先購買消防儀器，並且直接將這儀器放置在房子內一個固定地方。而後面方式就是嵌入式。由於買房子的時候，消防儀器是自帶的，不能選擇不要的。

但需要注意的是，當前的比特幣、以太坊、超級賬本的智能合約都不包含嵌入式監管模式。美聯儲、英國央行後來都表示智能合約的交易要具有完備性，也需要能夠監管，這和 CFTC 的報告思路是一致的。

2018 年主流的智能合約系統都在試圖逃避監管，而 CFTC 卻表示監管單位應該擁抱智能合約。CFTC 認為，逃避監管的系統（好像數字化的小偷）可以使用智能合約執行監管的系統（好像數字化的警察），這是因為科技是中性的可以使用同樣科技，而且是嵌入式（這樣所有交易都可以被監管到），自動報告式的智能合約（所有交易記錄都立刻上報監管中心）。

CFTC 還表示，智能合約要服務化和標準化，可以隨時隨地的執行，但不可以隨意上交交易智能合約代碼。任何合規交易所，例如上交所、深交所都要有交易規則、標準化定義，監管標準等，所以智能合約要執行交易必須有標準化交易和標準化監管。CFTC 認為在不同交易所進行同類型的區塊鏈金融交易，其交易流程和監管方法應該是一致的。只有當交易和監管標準化，才能夠實現智能合約的產業化。

CFTC 還認為，金融交易即使實現自動化操作，仍存在風險。由於現在的自動交易決策都是人工進行的，機器只是執行機械化的作業，因此

風險都是可控的。但是在智能合約系統上就不一定成立了，因為決策可能是智能合約決定的。智能合約可能在未知的情形下突然執行，因具有法律效力，資產在合法的情況下就被自動轉移了，買了不想買的資產，或者賣出了不想賣的資產。同時 CFTC 還指出，金融交易要實現自動執行，現在的流程和基礎設施就需要重新構建，這就意味着智能合約需要改革。

18.5 金融智能合約標準化

國際掉期與衍生工具協會（ISDA）發佈的智能合約標準是沒有代碼的智能合約標準，代表有很大部分智能合約的工作與代碼沒有任何關係。

金融智能合約首先要解決的是金融自動化法律流程問題，而金融自動化法律流程和傳統（人工）金融流程不一樣。在傳統人工金融流程中，人可以做一些靈活的調整，但金融智能合約是自動執行的，而自動執行時出現的錯誤由誰負責就變成了一個複雜的問題。ISDA 表示首先需要確保數據來源是完全正確的，因此預言機＋智能合約才是一個完整的應用。

ISDA 累積了多年金融市場衍生品交易的經驗，提出一個金融市場交易主協議（ISDA Master Agreement），該主協議列舉了大部分金融市場可能會發生的場景，包括：事件、付款與交付、爭議、合約訂立、出清軋差。根據這 5 大類場景，ISDA 制定標準化的智能合約（見圖 18-8）。

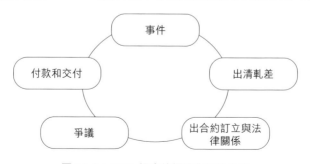

圖 18-8：ISDA 提出的標準化智能合約

預言機收集發生的事件信息，在驗證信息正確後輸送給相關的賬本系統和智能合約系統來處理。例如在股票市場中，上市公司可能有重大突發事件發生，這些事件信息都需要傳送到相關的證券商以及投資人手中，讓他們能夠及時反應。

事件處理模型是新型智能合約發展中的一個里程碑，是傳統智能合約和區塊鏈系統沒有探索的課題，而且這需要一種新基礎設施。這種設施包括事件收集、驗證、發送等機制。

違約場景以及標準化處理流程

通常在制定傳統合約的時候，律師都會花大量時間設想可能發生的違約場景，例如一方未能付款和交付，參與者信用審核違約，對方虛假陳述，交易中途違約，對方破產等場景。對於這些可能發生的場景，律師都會在合約內註明解決方案。同樣的，智能合約的制定也需要設想各式各樣的違約場景以及解決方案。ISDA 根據標準化的主協議來描述智能合約可能會遇到的各種場景。

表 18-2

種類	適用情況
未能付款或交付	當事方未根據協議按期付款或交貨
違反或拒絕協議	任何一方未能遵守協議中的任何協議或義務
信用審核違約	一方依據合約所承擔的義務得到外部信貸支持或擔保，若支持單位或是擔保機構出現情況，而不能再支持這一方，該方可以終止合約
虛假陳述	合約中稅收協議除外的某些違反協議的行為
指定交易中違約事件	雙方之間進行的交易可形成一個特定交易清單，該清單包括各種金融衍生品和證券融資交易。各方可以通過修改指定交易清單來擴大或縮小違約事件的種類。
交叉違約	與借貸有關協議中的違約行為
破產	可以根據與特定當事方有關的任何破產法或破產法下的類似程序或事件來觸發

例如一件違約、終止事件發生後，首先提出指定提前終止日期，也停止付款和交付義務，當提前終止日期發生時，計算終止金額，計算應付明細表，最後支付終止金額，如下圖：

圖 18-9 金融智能合約事件處理模型的標準化流程

這是一個事件流程的描述，可以看出流程和代碼沒有關係，完全是法律和金融市場上的標準流程。該流程是有序列、不能顛倒，不可以隨便動態調整。當然，不論是使用智能合約或是不使用智能合約科技，這些流程都不好調整。

這裏的描述可以使用各種語言，包括自然語言（例如中文或是英文）形式化的語言（例如數學符號），或是編程語言（例如 Java）。

ISDA 在智能合約上做出重大突破，表明很大部分智能合約的工作和代碼沒有關係，而和法律和金融流程有關，又因為智能合約出現，金融流程改變，而不能使用傳統金融市場的流程。

新型預言機和事件處理系統

新型區塊鏈系統有賬本系統、智能合約系統、預言機系統，其中預言機可以在金融公司、法院、股票市場、天氣預報、海關、物流等上收集各種數據。之後，收集到的信息會經過網絡到一個事件處理服務點（可以是分佈式系統），進行信息驗證，然後再分門別類，最後將處理過的信息送到需要關注的智能合約和區塊鏈上，這就變成一個複雜的網絡系統。由於這樣的網絡需要收集，驗證，和傳遞信息，則參與機構需要註冊相關事件信息。這種網絡系統與傳統的比特幣、以太坊和超級賬本都大不

相同，是一種網絡化的金融交易，可以互鏈網上完成。下圖是這樣的一個示意圖：

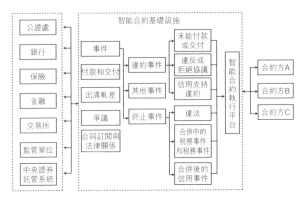

圖 18-10： 事件處理系統的架構

18.6 智能合約與核心賬本

通常，在以太坊系統中智能合約和核心賬本是綁定的，但在 2020 年英國央行表示部分智能合約可以在核心賬本之外並行處理，從而獲得更快的處理速度。這裏涉及一個重要的概念，就是核心賬本可以有智能合約進行交易，而其他智能合約可以在系統外進行結算。

這帶來一個「區塊鏈 - 智能合約」的新架構思想，智能合約不必和區塊鏈系統綁定在一起，分開後可以獲得更方便的業務處理。

現代金融交易把交易和清結算分開，這和傳統數字貨幣的思路是不一樣。如果在數字貨幣上也把交易和結算分開，整個系統架構和流程就變得不同。

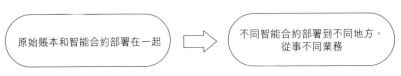

圖 18-11： 英國央行提出智能合約不需要和賬本系統綁定

英國央行表示，智能合約應放在與客戶交互處，就能在交互時驗證客戶信息，先經過智能合約再到核心賬本。對於現存的三個智能合約模型，英國央行難以抉擇。筆者認為，應該將三個智能合約模型融合，由此形成了部份智能合約在核心賬本中，部份和核心賬本並行，部份在核心賬本之外的複雜局面。由此，智能合約系統和核心賬本系統就進行了拆分，兩者拆分時智能合約系統又自行拆分，變成了一種動態組合，形成了如圖 18-13 所示的新型智能合約架構。

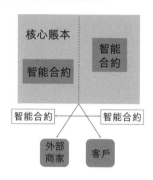

圖 18-12：新型智能合約架構

新型智能合約架構對智能合約和區塊鏈的發展都大有助力。假設證監會、銀保監會等機構要對所負責的企業或者單位進行監管，就可以自己創建智能合約庫，每個交易系統都要在庫內進行。如此，任何交易所系統都能實現規範性監管和規範性交易，其智能合約就是標準化的。

18.7. 新型智能合約和預言機

預言機愈來愈複雜。預言機可以有區塊鏈、智能合約，一旦成功對接其本身就具有了法律效力。預言機也可以有多樣不同的架構，可以與多方合約交互、與多個賬本交互，動態完成註冊從而形成一種新型的互聯網模式。由於預言機、智能合約、區塊鏈都運行在網絡上，而不是雲

上，這就形成了一種基於預言機＋智能合約＋區塊鏈的新型網絡系統（見圖 18-14）。

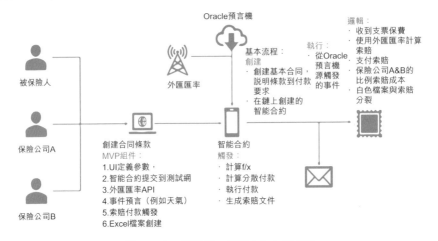

圖 18-13： 區塊鏈＋智能合約＋預言機

新型的網絡系統是一種混合的智能合約，需要有預言機多方驗證。其核心是合約能夠安全的結合鏈上和鏈下，鏈上是智能合約，鏈下是代碼（見圖 18-15）。

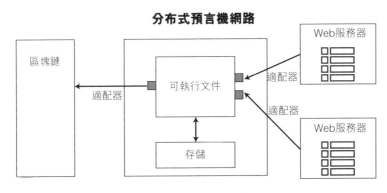

圖 18-14： 鏈上鏈下相結合

總的來說，智能合約未來有兩種發展路線：一是繼續沿着「鏈上代碼」發展，不考慮法律效力；二是考慮法律效力。筆者認為第二條路線的影響更加深遠，但實現難度也更大，需要更多創新。

第 19 章

獅子長了翅膀：
可編程經濟

　　智能合約帶來最大的衝擊不只是在科技上，而是在法律以及金融上。在金融上，「智能合約」這一名詞變成「可編程經濟」。當大量區塊鏈系統建立起來形成互鏈網，又有大量的智能合約以及持續開發的新型智能合約軟件，整個經濟市場就改變了。金融交易、註冊，以及驗證因為智能合約的自動執行，經濟增速大大提升，加之大量的資金釋放，數字經濟活動得以爆發。

　　但是從可編程的數字經濟來評估，現在智能合約的科技還處於早期的階段，風險大，即使使用現在所有的智能合約科技，離數字金融的遠景仍有一段距離。

　　當區塊鏈系統有了智能合約，就像獅子有了翅膀。但是獅子有翅膀，只是現在翅膀太小還不會飛。只要獅子勤加學習，總有一天這獅子的力量會大增。包括摩根大通銀行和我們都預測以太坊以後的發展前程會超過比特幣。而且這獅子不會只會只有一對翅膀，還會長成新翅膀（新智能合約應用出現），舊翅膀還在，新舊並存。並且還會繼續長出新翅膀，不斷延伸擴大。如虎添翼！

19.1 Gartner 公司定義可編程經濟

「可編程經濟」是 Gartner 公司在 2014 年創造的名詞，認為這個新型體系會顛覆世界經濟，取代現在金融體系。可編程經濟定義為「一種內在的『智能』經濟系統，支持或管理商品和服務的生產和消費，實現不同的價值交換場景（貨幣和非貨幣）。」可編程經濟將為各種技術提供動力，包括 API、 App（應用程式）、數字貨幣、區塊鏈、智能合約、密碼學、人工智能、可編程腳本（programmable scripts）和物聯網。

Gartner 提出這一新構想主要是源自新型金融科技出現，特別是區塊鏈和智能合約科技出現。當這兩項科技和其他科技（例如：人工智能、物聯網等）結合，一種新型經濟體系出現：大量的區塊鏈系統，大量的智能合約以及大量的開發者持續開發新的智能合約軟件不斷湧入，整個經濟體系就可以快速迭代，不斷有金融創新。這樣的數字經濟發展的速度將超過傳統經濟體系，也會超過傳統數字經濟。傳統數字經濟就是互聯網、搜索引擎、社交網絡、電商為基礎的數字經濟。新型數字經濟具有所有傳統數據經濟的能力，但需要加上數字貨幣、數字文化。

可編程經濟和傳統經濟不同，不再只是人的參與，而是由代碼控制大部分經濟活動。事實上，在可編程經濟環境下，如果決策可以自動化，機器會比人更有優勢，關鍵是哪些決策可以自動化。

Gartner 認為在可編程經濟體系內，技術組合、人員需求、組織結構、產品或服務都與傳統經濟不同，業務與供應商、合作夥伴和客戶互動的方式也不同。

從上面的描述，可以看到下面思想的演變：

圖 19-1

Gartner Groups 是世界上著名信息技術研究和分析公司，他們的科技預測報告在業界幾乎每人都會參考，不論是否接受他們的觀點。2014 年 Gartner Groups 明顯地受到來自智能合約科技的影響，但並沒有盲目跟風，而是分析可編程經濟的可行性，並且認為可編程經濟需要多樣科技。

傳統金融市場也大量使用電腦科技，包括操作系統、數據庫、人工智能、仿真、瀏覽器等科技，但不論是算法、流程、數據、軟件都是事先預備的，經過傳統軟件工程需求、設計、開發、測試完成。

智能合約出現後改變了這種模式。基礎軟件還除了操作系統、數據庫等，還添加區塊鏈系統，而軟件可以在系統部署運行後添加。例如以太坊十年前的開發，每年無數智能合約代碼一直經由第三方開發者添加，大部分智能合約從事數字貨幣經濟活動。此外，數據處理方式也和以前不同，以前金融機構的數據大多不共享，但是在公鏈數據是共享的而且是公開的。任何人都看得到，包括競爭對手。

從智能合約導出的可編程經濟

由於任何人都可以開發智能合約代碼，而每個代碼都從事金融業務流程，一個經濟體系在大量使用智能合約後就變為可編程經濟體系。智能合約進行金融交易，因此可編程經濟也被解釋為「可編程交易」。後來其他金融活動也使用智能合約，包括註冊、徵信等，只不過都是金融交易中的一些簡單步驟，沒有資金來往。

現代金融系統同樣使用大量自動化流程，例如銀行系統。但是這些代碼都是在可信環境下執行的，也不開源。這造成今天許多銀行都有非

常類似的代碼，但是每家銀行很難和其他銀行共享代碼。

可編程經濟的代碼大多會是開源的且運行在不需要信任的環境下，但因底層的區塊鏈系統又運行在互鏈網系統上，因此和傳統金融系統的架構，開發方式，操作系統，數據庫系統都會不同，而這些不同必定帶來金融市場架構和流程上的改變。

智能合約科技和傳統的軟件技術不一樣。智能合約是自動執行金融交易，傳統代碼雖然不運行在區塊鏈系統上應用卻是可以多樣化的。如果傳統軟件代碼出現問題，系統就會產生錯誤信息或是停機，可能會有損失。但智能合約系統如果出現問題就意味金融交易出問題了，就會有金融上的損失。如果智能合約系統經常出錯就會產生系統性金融風險，而系統性風險對國家經濟帶來的損失是巨大無比的，恐將影響到國民經濟。例如實時全額結算系統（Real-Time Gross Settlements，RTGS）就是一個國家重要系統，每天大部分的經濟活動都需要經過 RTGS 系統處理，如果出問題，經濟活動就會停止。英國央行早已提出預備在 RTGS 系統上使用區塊鏈和智能合約技術，如果 RTGS 上的智能合約出現問題，此時問題就非常嚴重了。

19.2 德國擴展「可編程的」定義

智能合約不僅可編程經濟，可編程交易，也「可編程貨幣」。貨幣本身是可以編程的，就是使用貨幣交易和管理貨幣分開。所以，可編程經濟不再局限於交易，也可以是貨幣管理。貨幣管理包含許多交易沒有的流程和活動，例如一個數字資產除了可以交易化，還可以有投資者通告、投資人限制、鎖倉期等管理規則。即使這些數字資產沒有交易，規則仍然需要定期執行。

德國學者說「貨幣」是可編程的，而傳統智能合約說「金融交易」是

可編程的。交易流程和貨幣是兩種不同的概念，交易時需要使用貨幣。傳統智能合約讓開發者自由發揮，將各式各樣的流程變成代碼，而可編程貨幣將這些管理貨幣的代碼治理貨幣的流動性、規範性等。

智能合約不再只是金融交易流程的代碼化，也可以是治理流程的代碼化。這兩種完全不同的代碼可以同時間執行各自的任務，交易智能合約從事金融交易，貨幣管理的智能合約保障貨幣合規使用。

這樣，智能合約平台在架構上就有了全新的改變，不再只是一個智能合約在執行，而是由多個智能合約同時執行。

其實不只是資金貨幣需要管理，資產、身份證等也可以有其對應的智能合約來管理，越是細密的智能合約，越容易開發，驗證以及使用。

圖 19-2

買賣雙方智能合約競合完成交易

買方、賣方、結算方、監管方可以有不同的智能合約，這裏延伸上節的新概念，一筆交易有多方（買方以及賣方），資產還有資產保護方（例如託管銀行），這些可以由不同的智能合約來處理。這樣的智能合約平台在結構上有了改變，不再和傳統智能合約系統一樣由項目方或第三方提供。

這裏的智能合約代碼由多方提供，例如賣方、買方、監管方。每一

方都可以是羣體，如多個監管方、多個買方和多個賣方，形成一個智能合約庫。每一個羣體都只需相信己方提供的智能合約的代碼。傳統智能合約系統由於需要使用人無條件相信項目方或是第三方提供的代碼，而智能合約又是自動執行，一旦過程中發生利益衝突或篡改代碼，資金很難被追回。

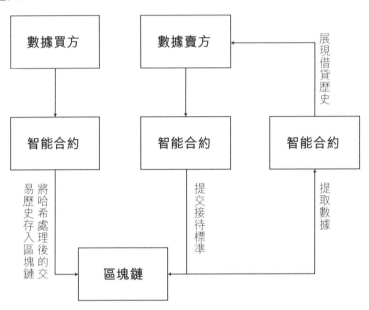

圖:19-3： 多組智能合約合作完成交易，每一組代表不同利益方

19.3 可編程經濟和地緣政治

可編程經濟從提出之日起就備受關注，其重要性不言而喻。2019 年臉書提出 Libra [13] 項目時德國銀行業協會就表示，臉書的 Libra 系統固然可怕，但更可怕的是其帶來的可編程經濟。從科技角度來說，德國擔心的不是區塊鏈系統，而是智能合約系統。

---

[13]　後來，臉書改名為 Meta, 而 Libra 也改名為 Diem，項目改由美國銀門銀行發行。

雖然有關可編程經濟的討論更多的還是相關科技，但事實上可編程經濟對經濟、貨幣和金融的影響更大。德國是對可編程經濟最認可的國家，認為其影響的核心競技場是新型數字金融。從 2019 年起德國央行和銀行業等多個機構、協會都在傳遞同一觀點。

德國央行（Deutsche Bundesbank）在 2020 年 12 月發佈了《可編程應用中的金錢：跨德國經濟各部門的觀點》（Money in programmable applications：Cross-sector perspectives from the German economy） 白皮書，報告指出現在大部分的支付方式可以使用可編程經濟方式改進，包括 CBDC 以及商業銀行發行的數字穩定幣。

四度空間的觀察

這份德國央行出具的報告支持德國商業銀行發行數字穩定幣。注意！不是 CBDC，而是商業銀行發行的數字穩定幣。

這份德國央行報告出現在 2020 年 12 月，美國財政部也在同一年多次發佈類似觀點。一個月後（2021 年 1 月）美國財政部宣佈許可美國商業發行數字美元穩定幣，發展數字穩定幣正式成為美國國家政策。

但是 2021 年年初美國政府領導進行換屆，新政府沒有全盤接受前任的觀點。美聯儲幾次演講都嚴厲批評私人企業發行的數字穩定幣的行為，認為這些穩定幣和美元有競爭關係（例如使用穩定幣就不會使用美元）。由於商業銀行也是私人企業，美聯儲的觀點就是反對商業銀行發行數字穩定幣，和 2021 年 1 月美國財政部宣佈的政策正好相左。

後來，美聯儲也改變立場。美聯儲主席親自公開說，私人企業發行的美元數字穩定幣對美元有利的，美聯儲應當支持。原來反對的觀點（使用美元穩定幣，就會排擠美元）並不正確。因為美元數字穩定幣的使用不論是結算、存儲還是以美元計價，不是紙質的美元而是數字化的美元。既然都是美元就不存在競爭關係，而是助力關係。2022 年 3 月美國總統正式對外公開說美元數字貨幣是助力美元的。

高速交易是可編程經濟的特色

可編程經濟帶來高速交易，而高速交易又帶來了高流動性。2012 年麻省理工學院媒體實驗室推出「數字社會」項目，提出高流動性將對經濟

發展的巨大促進作用。

2020 年 5 月，歐洲央行發佈報告表示，臉書穩定幣如果部署實施預計會帶來三萬億歐元的資金流動，再加上可編程經濟，其經濟價值將富可敵國（三萬億超過世界絕大部分國家的 GDP），成為世界上強大的金融工具。如果允許在歐洲發展，那麼它將成為歐洲地區最大的貨幣基金，影響是難以估量的。

2020 年 9 月，國際貨幣基金組織發佈一篇文章《可編程的數字資產如何改變貨幣政策》（「How programmable digital assets may change monetary policy」）比較了數字貨幣與銀行存款賬戶的流動性。結果完全出乎意料，數字貨幣的流動性竟比銀行貨幣的流動性高了至少 20 倍[14]。這帶來巨大的信息衝擊，就是數字貨幣帶來的經濟力量遠超過以往的預期。這些數據只是出現在智能合約還處於育嬰期的科技時代，當我們進入可編程經濟的時候，數據則會更加驚人。

19.4 分佈式自治組織（DAO）

分佈式自治組織（Decentralized Autonomous Organization, DAO）這一名詞出現在智能合約之前，只是在最近才得以重視。在幣圈 DAO 一直是以「去中心化自組織」出現，但根據英譯漢字典，應該翻譯成「分權式自組織」。

DAO 引發關注的一個重要原因是得到紅杉（Sequoia）集團空前看

---

[14] 這是第一次數字貨幣和銀行貨幣流動性的比較數據。在這前，學者認為數字貨幣流動性應該超過銀行貨幣流動性，但是不清楚差距多大，一般估計是 2 倍。在這數據出來前，筆者保守的使用 10% 流動性增長速度。2016 年筆者在工信部演講，提到 10% 的增長速度已經可以大大提升國家經濟的效果。因此當 20 倍（2000%）的增速出現的時候，讓人驚訝。如果 10% 就可以產生大量的經濟力量，20 倍（2000%）會如何？

好。2021 年 12 月紅杉突然提出 DAO 會是未來的發展方向[15]，並建立一個 DAO 網站，投資了幾家 DAO 企業[16][17]。由於紅杉的影響力，許多人開始重視 DAO 科技。

這次紅杉集團計劃成立一個底層 DAO，就是「Sequoia DAO」。很明顯，這是幣圈的做法，以太坊系統給予他們的啟發。以太坊系統建立一個底層區塊鏈系統，然後開放智能合約平台給第三開發各式各樣的應用，建立一個世界級的生態。全世界的軟件開發者都給以太坊打工，一同創造價值。2015 年如果投資以太坊，單單幣價 7 年回收就超過 4000 倍，中間衍生品的利潤還沒有考慮。紅杉集團對這樣的回報率有興趣。

DAO 具有以下特點：

- 分權式（decentralization）：自組織內部規則由社區制定，沒有中心化組織控制，也沒有層級結構。
- 自治理性：DAO 的運行由社區成員以民主方式來共同治理，例如投票。
- 自主性：任何人都可以自由地參與 DAO 的活動包括治理，沒有僱傭關係。
- 公開與透明：基於區塊鏈技術以及智能合約。所有討論、規則、決策都記錄在相關的區塊鏈系統上。
- Token：幣圈的 DAO 發行 token 來扶持 DAO 的生態。但是在中國不能發行 token。

事實上，DAO 的思想很早就已經提出但是一直未能得到發展，其中

---

[15] 參見：https://coingape.com/worlds-top-venture-capital-firm-sequoia-capital-hints-at-dao-integration/

[16] 參見：https://xyforex.com/2022/04/26/precog-finance-secures-investment-and-partnership-with-sequoia-dao/

[17] 參見：https://www.timesnewswire.com/pressrelease/stonedao-a-blizzard-incubated-dao-was-spotted-by-sequoia-capital/

一個原因是智能合約科技在 2016 年出現重大危機[18]。由於 DAO 的基礎科技是智能合約，如果智能合約出現問題，DAO 的發展自然受到限制。

2018 年 DeFi 的出現是智能合約科技的一次大進步。DeFi 模仿現代金融流程和算法，比沒有規範的智能合約要強得多。但是 DeFi 面臨的困難並不是在上層金融應用的算法和流程，而是底層科技。這是 ISDA 對智能合約的最大貢獻。

智能合約不能自動化或是代碼化現在流程，而是需要先設計合適的新型數字經濟的流程和架構。誠如 Gartner Group 在之前說的，可編程經濟（也是分佈式金融）改變現在（中心化）的市場架構、流程、產品、服務。既然這些都會改變，自動化以及代碼化現有流程和算法就是緣木求魚，從方法論就已出問題。

既然一開始方法就是錯誤的，其結果也是可預測的，最近一些 DeFi 事件證實這個說法。在國外媒體上已經出現「為甚麼生態社區好奇 DeFi 是否已經死亡？」（Why is the ecosystem curious whether DeFi is dead）。這樣類似 DeFi 是不是已經「壽終正寢」的標題[19][20][21]？

ISDA 的做法是將現在中心化流程改為分佈式模型，然後以標準化算法來處理這些分佈式事件。如果以這樣的觀點來分析，DeFi 就是使用一個錯誤的方法論。

DeFi 就要迎來了它的消亡嗎？不一定，還有存活以及發展的空間，

---

[18]　由於 The DAO 事件，基於以太坊的組織 The DAO 被黑客攻擊，迫使 The DAO 發行方退回投資款。而智能合約科技、法律、金融屬性的問題一起出現：1）智能合約科技還不完善，容易得到攻擊；2）智能合約沒有法律效力，而當時 The DAO 卻銷售智能合約類似有法律效力的合約；3）The DAO 預備盈利，屬金融產品或是服務，但是沒有牌照也沒有被監管。

[19]　參見：https://amycastor.com/2022/07/02/who-had-voyager-digital-next-in-the-defi-dead-pool/comment-page-1/

[20]　參見：https://www.banklesstimes.com/news/2022/06/27/is-defi-dead-as-tvl-and-defi-tokens-plummet-dont-count-on-it/

[21]　參見：https://www.thecoinrepublic.com/2022/06/28/why-is-the-ecosystem-curious-whether-defi-is-dead/

只需要更新開發流程以及建立一個新的基礎設施就可以。DAO 是一個比 DeFi 更加複雜的系統，建立在智能合約和 DeFi 基礎之上。如果 DAO 還是繼續採納 DeFi 的路線，將來很可能會遇到與 DeFi 同樣的問題。

幣圈的數字經濟路線和合規數字經濟路線不同

2012 年幣圈的數字經濟發展三部曲為：一是支付（數字支付，例如比特幣支付）；二是投資（數字資金，例如 ICO）；三是自金融（數字金融，例如 DeFi 和 DAO）。2021 年一個全新的數字藝術出現，使用非同質化代幣（Non-Fungible Token, NFT）協議並走向數字品牌（Digital branding）。智能合約在這些活動中都扮演了重要角色，包括數字代幣、NFT、DeFi，DAO 都是經過智能合約產生。

圖 19-4：幣圈的數字經濟路線圖

合規數字經濟會走不同路線。首先數字貨幣就不同，合規市場只能是 CBDC 或是合規數字穩定幣，不會是 ICO；其次數字銀行或是合規數字資產公司從事合規數字金融，使用皋陶模型來開發標準化的智能合約；最後合規市場不會走 NFT 路線，而是走 NFR 路線。從 NFR 到數字品牌。

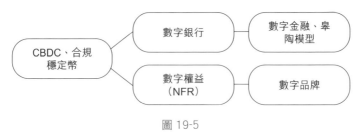

圖 19-5

第 20 章

柳暗花明又一村：
互鏈網介紹

　　自從互聯網改變世界後，許多學者開始對下一代互聯網提出猜想，其中不乏一些天馬行空的想法。然而在 2021 年 12 月，在大家還不清楚未來互聯網會如何發展的情形下，美國國會同意了 Web 3 的定義，就是基於區塊鏈、數字貨幣、NFT、元宇宙技術的互聯網。

　　這裏看起來大家都有共識，問題是數字貨幣，NFT，元宇宙等科技還在早期，且都在高度變化中，現在卻強行把這些科技和傳統網絡結合形成「下一代互聯網」。Web 3 的發展必定出現大量分歧。

　　另外一個問題是，不論是數字貨幣、NFT、或是元宇宙都是傳統互聯網上的應用，而美國國會卻認為是「下一代互聯網」。「互聯網上的應用」變成下一代互聯網，這觀點是不是有一些邏輯錯亂？

　　這裏我們就將下一代互聯網（Web 3）定義為可以支持數字貨幣，NFT/NFR，元宇宙的互聯網。由於要支持這些應用，大量的傳統互聯網科技需要更新進步。

　　讀者可能不知道，現在互聯網推出的時候，曾經遭到大量質疑和謾罵，且罵聲長達十年。那時候筆者在一個科技公司當顧問，只要一討論互聯網話題就會引來嘲笑，認為互聯網公司就是個笑話，根本沒有經濟

價值，預測其股票很快就會大跌。

他們說對了，經過多年大漲後，2000 年美國互聯網股票的確大跌，而且下跌得很兇猛，很多互聯網股票都跌超了 99% 的市值。

但是他們也完全錯誤了，互聯網是的確一場「革命」。

一直等到 2004 年谷歌的上市，大家才清楚互聯網應該如何盈利。於是互聯網股票開始一路上漲，成為美國股票的支柱。那些故步自封的企業，就消失在了歷史的長河裏。許多人認為第二代互聯網（Web 2）是從 2004 年開始的，由於臉書在 2004 年開始的，谷歌也在同年上市。

今天我們又到了一個新的轉折點，Web 3 或是新型數字經濟時代即將開啟。這一次會是走互聯網之路，再接受一次嘲笑嗎？

作為 Web 3 的重要基礎設施，區塊鏈、數字貨幣的出現也是一片質疑之聲。這或許是一個非常好的開端，正如互聯網的發展一樣。

有學者提出下一代互聯網會是基於區塊鏈系統的，但是一直無法定義甚麼是區塊鏈互聯網。筆者認為互鏈網就是從下到上都鏈化的互聯網，包括網絡，操作系統、數據庫、以及應用通通鏈化。2018 年，筆者寫的第一個中國夢就是《區塊鏈互聯網帶領中國科技進步》。

本章還討論美國著名科技預言家 George Gilder 在 2018 年提出的概念「加密宇宙思想」。這一思想和互鏈網非常相似。

本章材料多以技術為主，初讀者可以略讀。

20.1 下一代互聯網： 鏈化的互聯網

從互聯網出現後一直有人在問，甚麼會是下一代的互聯網？有人認為是語義網絡（Semantic networks），顯然並沒有被接受。其間還有許多下一代互聯網的概念出現，也都沒有達成為共識。2021 年 12 月 8 號這個共識出現了，美國國會的聽證會把 Web 3 定義為下一代互聯網，包含

傳統網絡科技、數字貨幣、NFT 以及元宇宙（Metaverse）等。

Web 3 定義涵蓋了更多的科技，進行一次自上而下的改革，成為網絡基礎設施被普遍使用，取代現在的互聯網。

Web 3 可讀、可寫、可擁有、可信（例如加密的社交網絡、元宇宙系統、數字資產銀行和交易所），讓用戶成為互聯網真正擁有者，而不是壟斷的公司。下一代互聯網不但可以傳送信息，保護私隱，做金融交易，權益也更傾向於創作者（而不是傳統大型互聯網平台企業），是一個更加公平且扁平的網絡環境。即使應用是虛擬現實的（例如在元宇宙內的虛擬場景），仍然可以知道參與者的身份信息和金融交易。這些思想正是互鏈網的重要原則。

互鏈網結構

互鏈網是指鏈化的互聯網。圖 20-1 就是一個塊子鏈，每個區塊鏈系統裏都有一塊，每一塊都做哈希，把哈希存在下一塊裏。塊子鏈是區塊鏈系統中一個基礎的數據結構。

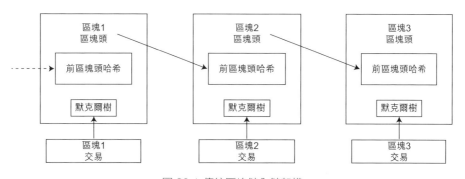

圖 20-1 傳統區塊鏈內鏈架構

塊子鏈藏着一個有趣的數據結構思想，即「密中密」原則，加密（或是哈希）以後繼續加密（或是哈希）。把前面是一塊加密以後放在下一塊內，下一塊加了數據再加密，再放到更下一塊，這就是密中密原則。密

中密的一個重要意義是，一旦一個密碼被攻破，攻擊者只會得到很少的信息，其他信息還是被保護的，沒有系統性風險。根據塊子鏈結構可以導出其他互鏈網設計原則，例如層分層、片分片、塊中塊、庫中庫。

層分層：把塊子鏈分成三部分，每一部分就是一層，這樣一條鏈就有了三層。根據同樣的辦法無限分割下去，就變成層分層。

片分片：系統分為多層後，每一層可以放在不同的服務器上，這在電腦系統上叫做分片。這樣每一塊或者一臺的塊都可以放在不同的服務器上，但這裏不只是分片，還有分層及加密。

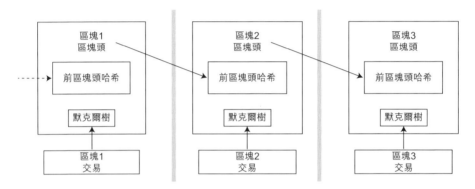

圖 20-2 傳統塊中鏈數據結構可以分層或是分片

圖 20-2 顯示數鏈結構分為三塊，事實上可能只是一個組塊。這一塊中可能是一百塊，也可能是一千塊，這取決於系統如何設計。這一組塊分到另外一塊，另一塊再分到另外一個服務器，這就是片分片。片分片之後是無窮盡的分片。

塊中塊：根據片分片中的數據結構，可以把第一塊的信息藏在第二塊裏，第二塊的信息放在第三塊，以此類推，這叫做塊中塊。

庫中庫：如果每一塊中有數據庫，就變成庫中庫，一個數據庫中含有另外一個數據庫。筆者團隊已經開發庫中庫系統，就是一個外部區塊鏈系統包含一個數據庫系統，而數據庫中又有一個內部區塊鏈系統。這樣的數據庫系統性比傳統數據庫系統更好、更安全。

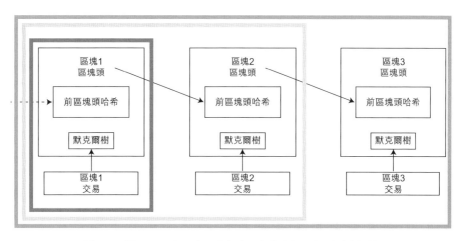

圖 20-3 層分層、片分片、塊中塊、庫中庫都是新型系統架構

　　這些設計原則可以組合使用，例如密中密＋片分片、塊中塊＋片分片、密中密＋塊中塊等結構，每經過一次組合可以使系統更加安全。現在的操作系統、數據庫和應用都沒有使用這樣的結構，這是從區塊鏈數據結構衍生而來。

　　經過層分層、塊中塊、密中密結構鏈化後的系統筆者把它叫做洋蔥模型。洋蔥模型是指把洋蔥外殼剝開後還是洋蔥，一直剝一直都是洋蔥，直至最後一層。區塊鏈的層分層、塊中塊、密中密就像洋蔥模型一樣，每剝開一層會得到一些數據，但大部分數據還是拿不到，需要繼續解密。系統像洋蔥一樣一層一層被保護，鏈化的互聯網就成為互鏈網，鏈化的數據中心是數鏈中心。即使鏈化後系統被攻破也只得到部分數據，大部分數據還處於安全狀態，尤其是在系統經過密中密＋片分片（這可以是隨機決定的）結構後，破解難度大大增加，連攻擊者都不清楚是否破解。如此一來，系統大大提升安全性。

20.2 互鏈網發展史

互鏈網的定義和設計是漸進的，每過幾年就有一次大的思想改變。以前只是「區塊鏈互聯網」，從 2019 年變成了「互鏈網」。

一開始，有學者認為比特幣、以太坊就是鏈網，是世界網絡的「操作系統」，這個系統是全網記賬、單資產[22]的封閉系統。後來又有學者認為比特幣、以太坊系統不是網絡系統，只是網絡上的應用，也不是網絡操作系統，因為操作系統是在系統底層的，而現在所有的區塊鏈系統都是上層的應用。現在，大部分學者認為區塊鏈系統只是一種特殊的分佈式數據庫，不是網絡操作系統。

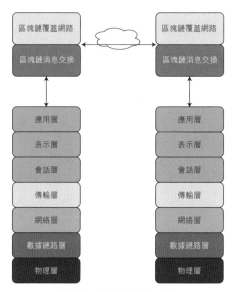

數據從一個主機到另一個

圖 20-4 傳統區塊鏈處在互聯網應用層，不是互聯網底層

---

[22]　2020 年在美國聽證會，原臉書代表就批評比特幣和以太坊系統不是傳統定義的支付系統，只是單數字資產的封閉系統，因為比特幣系統只能處理比特幣，以太坊系統只能處理以太幣，不能處理其他數字資產。他們也是封閉系統，因為和其他系統不交互，如果要交互就需要複雜的跨鏈協議。傳統上一個支付系統需要處理多種資產而且是開放的系統。

一些學者認為跨鏈系統就是互鏈網，因為有多條鏈可以合作建立一個大型區塊鏈網絡系統。跨鏈系統有 Cosmos 宇宙模型、Polkadot 模型、衛星模型、熊貓模型、金絲猴模型等。

日本 NEC 公司推出了衛星模型有許多創新，筆者的多次演講都提到這一模型，可惜的是 NEC 並沒有把它變成一個產品。2021 年美國麻省理工學院數字貨幣計劃（Digital Currency Initiative, DCI）中就開發了一個非常類似衛星模型的鏈架構，而開發者是前英國央行一個著名研究員 Robleh Ali。

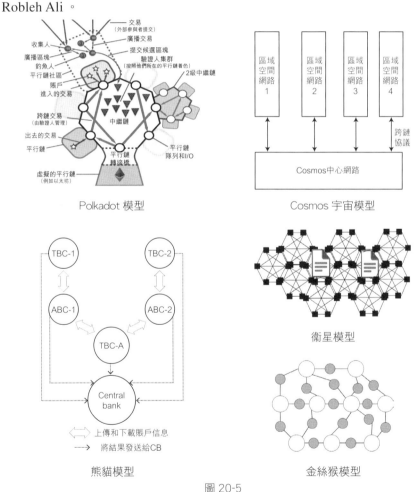

圖 20-5

筆者提出熊貓模型和金絲猴模型。熊貓模型是第一個含有監管機制的跨鏈網絡系統，而金絲猴模型雖然看起來是鏈網模型，但是它能做分佈式交易，平常的網絡系統如果只看數據結構化是很難分辨的。金絲猴模型的一個重要創新是使用「中央對手方」（Central Counterparty，CCP）機制，將該機制放入區塊鏈網絡系統，這就和傳統區塊鏈應用不同了。但這並不是獨創，也有多家研究機構使用了中央對手方機制，但是他們都把該機制放在了區塊鏈系統外部。

所以，如果不懂金融交易流程，就會對區塊鏈系統內的設計百思不解。但跨鏈系統仍舊不是互鏈網，因為它們是網絡上的應用，沒有接觸到底層。互鏈網不僅要求網絡系統要變，操作系統也要變。

跨鏈系統不是互鏈網

傳統區塊鏈系統都是在操作系統上的應用，不是底層系統。互鏈網是指比操作系統還要底層的網絡系統，操作系統運行在互鏈網系統上。

在服務器內，操作系統算底層系統。但是區塊鏈系統上的操作系統上的應用系統，不算底層系統，將多條鏈交互在一起也不能算是底層系統。既然不是底層系統，就不能算是互聯網的一種。

跨鏈系統作業複雜，每個參與鏈都需要共識，如果兩條鏈要跨鏈，兩條鏈都要做共識，所以跨鏈系統作業非常慢。由於一些跨鏈系統是中心化的，這樣的跨鏈系統違背了區塊鏈的設計原則（由於是中心化），而且中心節點會是系統性能的瓶頸。所以，有學者認為跨鏈系統會是世界上最慢的區塊鏈系統，因為這麼多鏈都要跨在一起，最後集中在一條鏈上做共識。

跨鏈系統的高複雜設計以及性能問題導致其不再受到重視，大眾轉

向多鏈系統。多鏈系統不是指讓區塊鏈系統彼此直接交互，而是讓外部的應用系統完成多鏈和跨鏈操作。一個重要觀點是每個參與的區塊鏈系統都要單獨和應用系統交互，而鏈和鏈不直接交互。如果直接交互每個參與區塊鏈系統必須同時達成共識，而這種多鏈參與的共識機制非常複雜且容易出錯。這是筆者在 2017 年提出的觀點，2022 年 1 月初以太坊創始人也提出區塊鏈正確路線是多鏈系統而不是跨鏈系統。

現在，區塊鏈定義不再只是賬本系統，還加上智能合約系統和預言機系統。其中，預言機系統最重要，因為其會為區塊鏈系統設計帶來更多的可能。當把這些系統都放在網絡架構內，整個區塊鏈系統會有大變化。

互鏈網模型也大不相同。傳統系統只是在應用層變化，底層系統例如操作系統都沒有改變，但是現在互鏈網是把一些區塊鏈機制放入底層系統，並且要求上層應用也遵循區塊鏈作業原則。這樣從下到上都遵守區塊鏈原則的系統才能支持現代金融交易，而不只是數字代幣交易。

互鏈網思想就是在多層網絡協議都有區塊鏈思想，例如共識機制，加解密，把多個核心賬本系統和智能合約機制放在網絡上，然後連接多個預言機系統，建立一個新型網絡系統。以後還會有不同的互鏈網網絡，也會有不同的價值網和監管網出現。

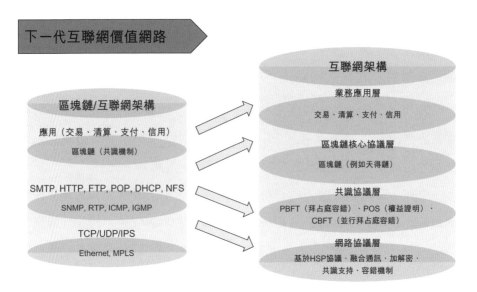

圖 20-6 融合共識與加密，更改互聯網協議

　　互鏈網主要的研究問題是如何將區塊鏈重要機制分配到互聯網每一層的協議。例如加解密可以在網絡層，在操作系統層，也可以在應用層；加解密的加速器可以在路由器內，也可以在（雲）服務器內；共識機制可以在操作系統內，也可以在操作系統外，也可以在局域網內；加解密以及數據處理器可以放在存儲系統內，或是數據處理單元（Data Processing Unit，DPU）內。在傳統系統，CPU 負責傳遞數據，不是從事計算。有了 DPU 之後大量數據傳遞的工作可以從 CPU 解放出來，可以讓 CPU 專注自己主要的工作。但在元宇宙系統內，CPU ＋ GPU ＋ DPU 會是主流，CPU 負責整體計算，GPU 負責複雜的人工智能計算，而 DPU 負責數據傳遞。

20.3 互鏈網改革的起因

　　互聯網始於 1969 年的美國阿帕網，直到 1990 年後（大約 1994 年）

才真正開始改變世界，從問世到影響世界是一個非常漫長的過程。有人說經過 70 年的發展互聯網已經非常成熟，使用的各種協議不需要更換，但問題也越發突顯。

中國網絡安全專家呂述望老師曾說「中國使用的互聯網是美國因特網，中國沒有自己的互聯網」。中國移動通訊聯合會倪健中會長常說，「我們不會允許身家性命都放在一個籃子裏，但是中國很多重要的企業都建立在互聯網之上」。互鏈網是一次開發自己互聯網的機會，因為目前還是在探索階段，連國際也沒有固定標準。這是推出《互鏈網白皮書》的第一個原因。

科技巨頭過於壟斷，這是互聯網發展到今天最為突出的問題，中國、美國、歐盟等國家和地區開始反壟斷。雖然現在大多互聯網公司開始喊出打破壟斷的口號，為中小企業創新服務樹旗幟，但終究還是由大型互聯網企業控制了平台，很大程度上就阻礙了技術和服務的創新，所有的中小企業不得不跟隨大型互聯網公司的發展思路和技術路線。如果互聯網能夠實現鏈化，那麼在互鏈網上任何企業都可以自由創新，不再受大型互聯網企業的制約。這是推出《互鏈網》白皮書的第二個原因。

從壟斷角度來分析，互聯網的確快走到盡頭，企業和用戶的所有數據都存在大型互聯網平台上，被巨頭公司收集控換取高額利潤。可能有人會認為，這些平台的服務很好，提供了便利，但可否考慮到個人私隱侵犯，數據泄露等問題。

私隱保護一直是互聯網治理的重要課題，特別是在 1995 年歐盟推出《通用數據保護法案》（General Data Protection Regulation, GDPR）之後。該法案於 1995 年實施後一直未被重視，直到 2015 年左右才被認真執行，而且執行的力度愈來愈大。從 2019 年開始，歐盟對許多公司尤其是互聯網公司處以巨額罰款，包括谷歌、臉書等。2021 年，歐盟更是對亞馬遜處以 9 億美元的罰款。這是推出《互鏈網》白皮書 的第三個原因。

需要注意的是，歐盟的 GDPR 並不針對互聯網公司，而是面向所有公司，包括旅店、服裝店、航空公司等所有涉及客戶信息的單位。

最後，互聯網的安全性不容忽視。現在的互聯網讓我們無法確認在電腦影片對面與之交互的究竟是機器人還是騙子，因為截至目前互聯網的發展核心還是以速度為主，而不是網絡安全。

互聯網發展到今天，已經到了需要改變的時候，我們亟須一個新的協議的出現來解決現有問題。現在的互聯網承載了國家、地區的發展，不是一朝一夕，輕而易舉就能被取代掉的，但互鏈網可以和互聯網共存融合發展。

20.4 加密宇宙思想

科技預言家 [23] George Gilder 在 2018 年撰寫書籍《後谷歌時代的生活》（Life after Google），他認為現在的互聯網難以繼續發展，現在要做的是區塊鏈互聯網。速度和人工智能都不是最重要的，最重要的是安全和信任。他表示，這是互聯網 2.0 [24]，並預測美國在互鏈網上的投資將達到 16.7 萬億美元，這個數額超過了中國、日本、德國的 GDP。

基於區塊鏈的下一代互聯網，George Gilder 提出了加密宇宙思想（Cryptocosm）。與傳統互聯網思想相比，加密宇宙思想具有以下特點：

- 傳統互聯網思想認為通訊第一；加密宇宙思想認為安全第一。
- 傳統互聯網思想認為要做好一件事，就要做到極致；加密宇宙

---

[23] George Gilder 在科技界是一個出名的預言家。在蘋果智能手機還沒有出來前 15 年，他就預測智能手機會出現，而且產生一個新的移動互聯網產業。這是近年來科技界最大的一次科技預言。據說，蘋果創始人 Steve Job 就是讀了他的書，才開始開發智能手機。

[24] 現在大家使用 Web 3 這新名詞。

思想認為要做基礎設施（即互鏈網），任何一個人都可以安全地把數據傳遞給另一個人，不用擔心私隱泄露。

- 傳統互聯網思想認為速度優先；加密宇宙思想認為安全優先。

- 傳統互聯網思想認為網絡要民主；加密宇宙思想認為權力需要分配（分權式）。

- 傳統互聯網思想認為通過免費服務換取用戶信息；加密宇宙思想認為用戶信息屬於用戶，不應因免費而改變。

- 傳統互聯網思想對信息的需求是跨越國界的；加密宇宙思想認為用戶的設備就是信息的邊界，不能超越，私人私隱數據不能從一個手機傳輸到另一個手機。

加密宇宙思想和區塊鏈思想不謀而合，並在最近幾年快速發展。

第 21 章

未來的網絡：互鏈網

本章介紹互鏈網的設計以及相關科技。

傳統網絡的底層系統是操作系統，而互鏈網是指比操作系統還要底層的網絡系統，操作系統運行在互鏈網系統上。

本章除了介紹互鏈網一些科技外，還介紹一個「互聯網電腦」（Internet Computer）系統。這個系統不是互鏈網，但是其設計思路與互鏈網大同小異，可以做一個對比。

本章討論多以技術為主，初讀者可以略讀。

21.1 鏈化機制

筆者在演講時曾多次提到互聯網需要有新操作系統，把整個架構，包括系統、網絡、應用通通鏈化，構建新的基礎設施。例如 2020 年 LX-OS 操作系統，該操作系統上有一個新架構，把網絡的上一層變成賬本系統，有註冊系統、卓研系統、API、邏輯系統、介面，它的整個架構都變了。

總的來說，就是互鏈網要考慮進程（Processes），要對內存和存儲進行管理，通過鏈化、密中密、片分片進行處理，把賬本系統放在網絡底層和操作系統底層。

前一章提到的密中密、塊中塊、層分層、片分片等技術是互鏈網系統設計原則，這些原則可以鏈化操作系統。傳統操作系統以電腦為核心，新型操作系統以安全、私隱監管為核心。傳統網絡底層功能是進程管理、I/O、文件處理、內存、存儲，現在這些功能全盤鏈化，並且和傳統機制一同進行。整個架構就完全不一樣了（見表 21-1）。

表: 21-1

	傳統系統	新型系統
優化	計算力優先	安全、私隱、監管優先
底層功能	進程管理，I/O、文件系統、內存、存儲	全盤鏈化，加共識、密中密、塊中塊、片分片、監管機制
相容性	兼容各樣應用系統	兼容傳統操作系統和應用系統
應用	傳統應用系統	傳統應用系統 + Dapp（智能合約，DAO）
監管	不考慮金融監管機制	底層加監管機制

以上只是系統架構的設計原則，並沒有討論底層系統需要處理甚麼。

21.2 甚麼是底層系統？

一些系統對外宣傳自己是區塊鏈操作系統，但是操作系統卻運行在傳統操作系統上。根據傳統定義，操作系統是指底層系統。所以這只是應用系統，不是操作系統。

操作系統（Operating System）是最基本也是重要的基礎性是系統軟件。從用戶的角度來說，操作系統提供各式各樣的計算、存儲、文件，進程服務。由於操作系統運行在硬件上，所以在軟件系統內操作系統就成了最底層的軟件服務。例如以下是一個操作系統的示意圖，一般操作系統內部還分為幾層，這裏假設分為 3 層：

表 21-2： 操作系統示意圖

應用層
操作系統上層
操作系統中層
操作系統核心層

但是在區塊鏈界，操作系統的應用層竟然可以是區塊鏈的操作系統，這樣應用層還可以分為多層：

表 21-3： 傳統區塊鏈系統運行在操作系統的應用層

應用 2 層	區塊鏈應用
應用 1 層	區塊鏈操作系統層
操作系統上層	
操作系統中層	
操作系統核心層	

區塊鏈操作系統運行在傳統操作系統的應用層，許多區塊鏈服務不能直接通過操作系統來執行。通常認為區塊鏈系統是「區塊鏈操作系統」，提供所有區塊鏈的應用服務。然而，根據傳統操作系統定義，區塊鏈系統本身就不是操作系統的一部分，而是自己已經處於應用層。

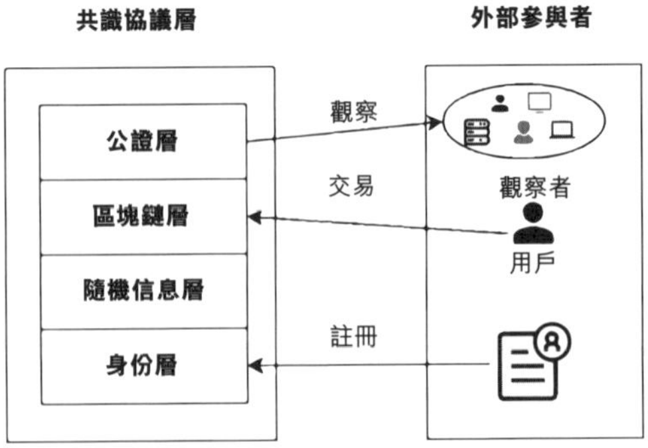

圖 21-1：Dfinity 案例

Dfinity 是一個案例，全部區塊鏈應用運行在操作系統之上，其中身份認證是區塊鏈操作系統的最底層應用。

21.3 互鏈網在操作系統底層

筆者在《互鏈網：未來世界的連接方式》一書中提出的區塊鏈操作系統是鏈化在傳統操作系統層。如表 21-4：

表 21-4： 鏈化在傳統操作系統層

應用 2 層	區塊鏈應用
應用 1 層	區塊鏈系統
鏈化的操作系統上層	
鏈化的操作系統中層	
鏈化的操作系統核心層	

鏈化的操作系統可以提供區塊鏈系統基礎計算，例如加解密，共識的加速器（例如塊池，最近的交易數據等），賬本系統，智能合約加速器等。在鏈化的操作系統上層還可以有區塊鏈系統。這樣的區塊鏈系統由於有操作系統的大量支持，可以高速運行。

那麼，底層系統應該處理甚麼？多個學派提出不同思想：

麻省理工學院的思想： 數字身份證在底層

麻省理工學院在 2012 年提出下一代互聯網需要有全新的架構，並且底層系統需要處理用戶身份證。大家可以想一想，傳統網絡系統的用戶身份證存在應用端，如果存在底層代表甚麼：

- 所有數據都有用戶信息；
- 每次傳送數據，還要更新數據的用戶信息處理。

因此麻省理工學院提出，不送數據送軟件服務。例如數據 ABC 需要軟件 XYZ 處理，但麻省理工學院設計的系統內，不送數據反而送軟件服務到客戶，計算完成後，如果需要就把結果、數據送出來；或者不送數據，只送計算結果。這樣客戶信息就不在應用層，而在操作系統的底層，現在流行的是手機 APP 都是在應用層。差別在於：如果軟件在應用層，客戶系統的控制力比較差，但如果在系統底層，每一次執行都會經過系統底層。因此，如果客戶希望能夠管理自己的數據，其身份認證最好在系統的底層。

麻省理工學院的思想：賬本在底層

　　麻省理工學院為甚麼將賬本系統設計在底層？因為每次金融交易，都需要更新賬本。即使不使用賬本的系統，UTXO 模型也可以是一個賬本系統。如果把賬本系統放在底層，那麼大部分的交易都可以在底層處理。

圖 21-2：LX-OS 新型操作系統架構，賬本在底層，網絡層上面

　　例如 dWeb（分佈式網絡）用戶可以控制自己的數據不存在服務器上；例如 BitDNS 域名服務，既能提供域名服務和數據分析服務，又能提供智能合約技術和 Oauth 2.0 服務。所有的數據經過這樣的服務傳送到另一方，並且保證沒有人能夠竊取數據，它處理數據但並不存儲數據。

21.4 系統架構全改變

傳統幣圈應用包括 dApp、智能合約和 DAO 為了逃避監管，因此在設計之初就根本沒有考慮將監管機制納入系統。互鏈網則與之不同，它將數據分為交易數據和非交易數據。交易數據是指數字資產產生的數據，例如數字貨幣、數字股票、數字房地產等。一個數據有了「數據資產」屬性就可以進行交易，同時也意味着這類數據會被追蹤。此時我們就會發現整個系統架構，從底層到操作系統、到中間層、到應用層都在使用區塊鏈。

這裏的區塊鏈不是比特幣的區塊鏈或以太坊的區塊鏈，而是從比特幣、以太坊或者超級賬本引出的密中密、庫中庫、塊中塊、片分片的技術。傳統操作系統進行交易變成了操作數據庫系統。一個數據可以是交易數據或是賬本數據，但如果一個數據沒有交易屬性，就不能參與交易。互鏈網是有交易屬性的。

操作系統發生了變化，數據就有了新的屬性。如表 21-5 所示，R 是讀（Read），W 是寫（Write），X 是執行（eXecute）。TR 是可以交易（Trade）、可以讀，TA 是可以交易但只能加（Trade & Augment only），TX 是交易數據可以執行（Trade and eXecute）。

表 21-5 數據的新屬性

	R	W	X	TR	TA	TX
R	-	OK	OK	No	No	No
W	OK	-	OK	No	No	No
X	OK	OK	-	No	No	No
TR	No	No	No	-	OK	S
TA	No	No	No	OK	-	S
TX	No	No	No	S	S	-

S：特殊處理

從表 21-5 可以看出，這是一種新型的數據結構，操作系統和應用系統的數據結構都發生了變化，數據在傳送時將其屬性也一同送出，整個網絡系統就改變了。由於系統了解數據屬性，就可以更好管理系統中的所有業務（包括金融屬性或是非金融屬性），提高性能。

在傳統系統中交易數據和非交易數據是不分開的，由系統統一處理。因此，傳統系統不能辨別交易數據是否有金融屬性，也就無法在系統底層追蹤到，只能依託在應用層完成。這些應用軟件都是獨立運行的，比特幣等數字代幣只要不觸發銀行系統軟件的執行，銀行軟件就不知道比特幣交易已經在同一系統內完成。這就出現了本書提到的「金融馬其諾防線」現象，金融和監管單位在銀行系統後方佈下「重兵」來監管交易，但是數字代幣交易根本不經過該系統，排兵布陣沒有起到任何作用。

一個解決方案是在操作系統底層數據庫標明哪些數據可以交易，哪些數據不能交易，而且只允許交易數據在許可的交易軟件執行。這樣操作系統就可以收集交易數據又執行金融監管的政策，打破傳統電腦系統設計的原則。底層系統知道上層應用的屬性，解決了「金融馬其諾防線」的問題。數據加上金融屬性，改變了系統的數據結構。

傳統操作系統中分段、分頁，新型操作系統是分大塊、中塊和小塊，也出現塊中塊的概念。塊中塊表示大塊內有中塊，中塊內有小塊。這樣大塊、中塊、小塊就變成「數據集裝箱」（data container），有大號集裝箱、中號集裝箱和小號集裝箱。例如雲存儲會是大號和中號集裝箱，服務器可以處理大號、中號、小三種集裝箱，而手機主要處理小號和中號集裝箱。這樣，即使數據來自不同服務器，但數據處理的方式卻是一致的，由同一硬件或是軟件標準化處理，由於數據還有自己的身份證信息，處理起來會更加方便。如果數據還自帶溯源，更有利於監管。這就是互聯鏈精神和架構，也是筆者在堅持發展和推廣的。

21.5 Dfinity 系統介紹

2021 年 5 月，以建立互聯網電腦（Internet Computer）為目標的 Dfinity 公司上市了。Dfinity 根據麻省理工提出的數字社會概念，將區塊鏈系統與現在互聯網系統相融合，由此提出了「互聯網電腦協議」（Internet Computer Protocol, ICP），就是把網絡變成一個電腦。這一概念最早是以太坊提出的，後由 Dfinity 補充完成。

ICP 是將應用和底層分開，讓底層的雲服務提供一個虛擬的區塊鏈服務，而上層應用通過 ICP 得到服務。ICP 可以千變萬化，可以將不同服務放在不同服務區或不同雲上，而且可以將客戶數據加密，再傳給下面的服務器。ICP 的基本思路就是中間件，但不是傳統電腦內的中間件，而是互聯網上的網絡中間件。

圖 21-3 為 ICP 協議。下層是數據中心，中間層是 ICP，上層是各種各樣的應用。因為軟件或數據本身是帶有身份證的，每個軟件和每個數據都帶有「我是誰」、「我從哪裏來」等信息（自帶身份證的信息數據）。這樣的系統的管理方式和傳統系統是不一樣的，所有的數據都屬於客戶，服務器運行代碼只獲得服務費，而無法獲得客戶數據，更不能出售客戶數據。

如此就出現了一種新型的網絡作業：客戶可以得到服務，但數據永遠是客戶自己的，任何單位都不能拿客戶數據。客戶用甚麼服務就付該服務費用，而且可以從服務費中得到平台的紅利，這是新盈利模式。

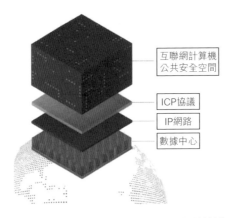

互聯網計算機
公共安全空間

ICP協議

IP網路

數據中心

圖 21-3 Dfinity 主要思想是部署 ICP 網絡協議

　　Dfinity 的註冊地在瑞士，但其開發工程師大都在美國硅谷的斯坦福大學。

　　Dfinity 認為它的區塊鏈系統可以無限擴展，可以託管無限的應用和智能合約，存儲無限量的數據。這個觀點和傳統「不可能三角」問題是衝突的，因為根據「不可能三角」很難有無限擴展且安全的系統。注意！不可能三角問題只存在於公鏈，聯盟鏈不存在該問題。

　　Dfinity 的互聯網電腦也支持「反壟斷」，就是任何互聯網公司不能有壟斷行為。如果都用互聯網電腦，將會促使世界經濟大爆發，那些受制於互聯網壟斷下的中小企業將快速發展。Dfinity 表示，將在未來二十年內讓全世界都能使用該系統。

　　Dfinity 提出把數據留在用戶手中而不是互聯網公司，因為 Dfinity 是在獨立的數據中心上運行後台的數據處理軟件，這樣數據不經過互聯網公司，使其無法獲取數據，這樣的數據中心可以有很多個。互鏈網的處理方式是直接把軟件送到用戶手中，在用戶自己的電腦或手機上運行軟件處理數據，使數據留在用戶處，保護其數據安全。

　　但 ICP 不是互鏈網，只是有一些相同的思想。互聯網電腦系統運行在操作系統上，而互鏈網系統運行在網絡和操作系統。

數字貨幣的應用

05

第22章

兵臨城下：監管科技

數字經濟如果沒有監管科技，就等於金融市場沒有「國防部」。

2019 年 11 月哈佛大學舉辦模擬白宮國家安全會議，會議中提到 SWIFT 以後不再會有效，而是需要一種新型監管科技出現。美國開啟的第一個項目就是開啟數字金融的「國防部」。美國政府和多家監管科技簽約開發新型監管科技。這些科技公司發展得很快，從 2020 年 6 月開始，他們產生了大量監管數據：

數字代幣的市場規模龐大，有組織而且系統性地作業；

大部分機構的代幣交易是跨境支付，不經過 SWIFT，傳統監管機制無法追蹤；

大量外匯經過數字代幣在世界地下市場串行；

幾乎美國前十大銀行都暗中參與數字代幣交易；

如果沒有這些數據出現，世界可能還不了解一個龐大的地下經濟已經在安靜中建立。地下經濟體系有貨幣（例如 USDT），也有自己的數字資產（例如比特幣），有成熟的市場（一些成熟的跨境交易通道），同時還沒有國界。因此在一些法幣不強的地區，數字代幣已經取代當地法幣。這些數據帶給世界極大的思想衝擊，改變我們對數字貨幣的觀點。

這樣龐大的地下經濟不是一天造成的，而是經過多年才建立起來的。但是一直到等到 2020 年 6 月，世界才知道這樣龐大的地下數字經濟體系

存在。兵臨城下多年，世界卻不知道比特幣大軍早已經到了大門口了。2020 年美國財政部 OCC 主管演講時，對在座的銀行家說道，「你們不必承認，但是我已經有大量數據證據證實你們這些大銀行都在從事數字代幣交易」。監管科技公司上報了這些銀行的交易數目，交易金額，交易雙方的信息。比特幣大軍不但兵臨城下，而且連國家重要金融體系——銀行——也早已經被比特幣大軍打通了，等於「裏應外合」，到了法不責眾的地步。2020 年 7 月美國政府終於許可商業銀行可合法進行數字代幣業務。

事實上，各國金融機構都早已經有了強大監管系統，可是這些監管系統都沒有監管到數字代幣，以至於許多國家都還不清楚一個盛大的地下經濟體系已經建立。這類似於第二次世界大戰法國在馬其諾防線佈下重兵，但是德國坦克大隊卻不從這裏經過，而是繞過該防線，從馬其諾防線後方進攻法軍。由於許多馬其諾防線大炮的方向是固定向前的，對於從後面攻擊的德軍絲毫不起作用。

金融機構的後台系統部署監管重兵，但是數字代幣交易卻不經過金融機構，完全繞過這些監管機制。如果 2020 年沒有新型監管科技公司出現，這等於在新型數字經濟競爭中沒有「國防部」，「比特幣大軍」已兵臨城下卻渾然不知！

22.1 監管科技新方向

哈佛大學 Rogoff 教授在 2019 年 11 月提出數字戰爭時就談到了監管科技，認為監管科技是數字貨幣戰爭的第一步。儘管監管科技已有多年歷史，並不是一門新科技，但在數字貨幣出現後，監管科技卻有了新的發展方向。本章將重點討論監管科技的新方向，監管科技出現的誤區和新觀點以及傳統與新型監管科技的差別等。

國際貨幣基金組織在 2020 年 10 月發佈報告表示，如果一國要限制國外央行數字貨幣（CBDC）或全球穩定幣（Global Stablecoins, GSC）在本國的使用，就需要評估限制措施的有效執行度。其核心意思是，限制國外 CBDC 或穩定幣在國內使用的制度可能很難落實。比如，非居民服務提供商可以通過互聯網直接向一個國家的居民提供服務，數字貨幣、穩定幣、數字代幣或其他國家的 CBDC 都是國際貨幣，而不是國家貨幣。如果科技不夠強大是抵擋不住的，因此必須要有足夠的監管科技。

新型監管機制的建立需要藉助多領域理論支撐（見圖 22-1）。

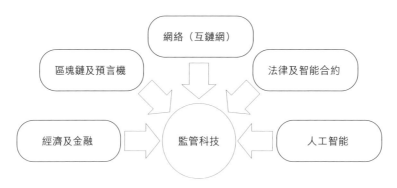

圖 22-1: 監管科技來自多方理論影響

- 經濟及金融領域：其核心是數字貨幣區理論，主要解決在甚麼地方需要進行監管。
- 區塊鏈和相關科技（例如預言機）領域：區塊鏈是非監管利器。
- 法律和智能合約領域：監管規則需要以智能合約方式在交易中執行。
- 人工智能領域：這是傳統的監管。

美國在監管科技的佈局

2019 年 12 月，美國國會頒佈了與監管科技有關的 22 個法案，明確

數字貨幣或數字金融由三個機構分別監管：SEC 監管數字資產（數字股票等）、FinSEC 監管數字代幣以及 CFTC 監管數字衍生品。三大機構針對不同的監管對象制定相關的國家及國際監管標準。

在數字貨幣中，美聯儲的定位不是發展科技，而是制定科技的標準。前面已經提到，美聯儲在 2021 年 2 月發佈 CBDC 科技需求條件，只要能符合這些條件，就可以使用。

新的市場結構需要新監管方式

國際貨幣基金組織在 2020 年 10 月提出圖 22-2，認為世界金融將是以平台為中心[①]、以互鏈網為中心。這些網絡不是互聯網，是鏈網；不是普通的雲，是鏈雲；鏈操作系統、鏈數據庫、鏈應用基本上都是鏈化的。

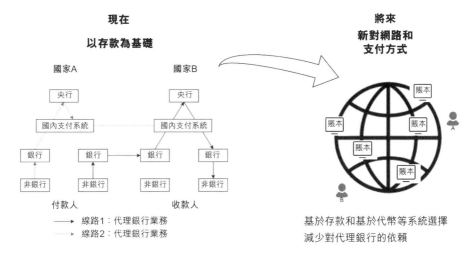

圖 22-2 國際貨幣基金組織提出未來新型數字金融市場，直接影響到監管科技

[①] 在 2021 年，我們提出新型數字貨幣 -- 交子模型。根據這模型，金融市場和傳統市場以銀行為中心。普林斯頓大學（2019 年）、國際貨幣基金組織（2020 年）、美國財政部（2020 年）支持網絡以後是金融中心，美國財政部更加積極，認為以後美聯儲支付網絡需要改成區塊鏈網絡。

互聯網和雲上有信息系統，它可以做各種分析和計算，但是在鏈上傳送的是資金，是金融，這關係到企業和個人的身家性命，甚至是關係到國家的金融命脈，這是嚴肅的問題。

傳統以銀行為中心使用互聯網，現在變成互鏈網。傳統上所有事情都是中心化的，只要在中心放置一個監管平台就可以做監管，所有的交易監管都以中心化方式進行。但在分布式區塊鏈上，所有的交易以及監管統統網絡化。

新型網絡結構的出現

當鏈從事交易與監管時，監管網絡最好和價值網絡分開（見圖 22-3）。但監管網絡的設備應該比價值交易網絡更加強大，它能夠進行大數據分析、人工智能分析以及實時監管。

圖 22-3 監管網和價值網分開

筆者在 2016 年提出「熊貓模型」的區塊鏈網絡模型（見圖 22-4）。監管單位可以成為網絡，價值網絡成為另外一個網絡，這樣一種新型網絡可以做新型的價值監管。

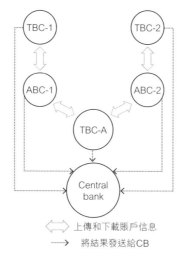

 上傳和下載賬戶信息

→ 將結果發送給CB

圖 22-4 熊貓模型就是分開監管網和交易網

臉書穩定幣混合模型（交易＋監管）

筆者推薦大家研究臉書穩定幣的項目[2]，因為它是個好案例。因為臉書系統的貨幣是零售的，但它的鏈卻是批發的。

臉書穩定幣是零售貨幣和批發鏈概念的集成。它混合了新型區塊鏈以及傳統金融的模型，不是純區塊鏈金融，也不是傳統金融，而是混合體。機構內部使用傳統系統或是區塊鏈系統來處理自己的交易，而臉書區塊鏈系統負責處理機構之間的交易。

歐洲央行表示全歐洲銀行間的交易每一秒不超過 30 筆。這是一個非常小的數字，幾乎任何一條聯盟鏈都可以解決，前提是這個鏈必須要有監管性、交易完備性。如果歐洲央行的數據是一個可靠的指標，那麼臉書的區塊鏈系統有足夠能力承擔該工作量，甚至更多。

這樣混合模型可以把現代監管系統和新型監管系統組建在一起，但

---

[2] 2022 年 1 月 Meta（原臉書，2021 年 10 月改名，而專注於元宇宙業務）的穩定幣項目由銀門資本（Silvergate Capital）接手。

新型監管系統做起來還需要很長一段時間。在做起來之前，可以先讓新型的和現代的混合開發，這樣交易和監管都走混合模型。

每個機構都從事結算，而且都從事流動性節約機制（liquidity Saving Mechanism, LSM）[3]，當結算和 LSM 分開，跨機構交易量就不會很大，這樣系統就能出台。筆者在 2020 年研究報告中認為，這樣的系統應該在 2020 年年底就出來了。但事實上它的出現一直沒有宣佈，應該不是科技做不出來，而是監管單位不同意。當使用這樣的系統時，交易和結算一起完成會是困難的。傳統上數字貨幣交易後立刻結算，可是在混合模型這樣的方式是不可能的，或者說做出來的過程會非常，還不如把它分開做。臉書在 2020 年年底發佈論文就提出交易和結算分離的機制。

22.2 監管科技的誤區

傳統視角下區塊鏈監管的誤區

誤區一：區塊鏈是洗錢的工具。

解釋：實際上這是對區塊鏈的污衊，區塊鏈反而是反洗錢的利器。數字代幣則不同，數字代幣不只是區塊鏈系統，而是區塊鏈系統＋P2P 協議。因此，數字代幣容易成為洗錢工具。區塊鏈系統和洗錢沒有關係，任何東西只要和 P2P 協議放在一起就可能有風險，例如有洗錢風險。

誤區二：區塊鏈難監管。

解釋：區塊鏈非常好監管，而且是監管利器。以前認為區塊鏈難監管，是因為數字代幣難監管，而數字代幣難監管是因為其有 P2P 協議。

---

[3] 簡易來說，就是淨額結算。如果 A 方需要付給 B 方 5 元，而同時間 B 方需要付給 A 方 3 元，淨額結算就是 A 方付給 B 方 2 元一次淨額交易解決這兩筆交易。

事實上，使用區塊鏈技術可以加快發現數字代幣洗錢行為。

誤區三：合規數字穩定幣容易洗錢，難監管。

解釋：事實上，合規數字穩定幣好監管，而且非常難洗錢。因為這些合規穩定幣都使用聯盟鏈，而且都在當地註冊（這是美國財政部的規定，便利監管），所有的交易都可以被監管單位追蹤到。

當前視角下區塊鏈監管的誤區

誤區四：傳統監管科技足以應對數字貨幣。

解釋：數字貨幣需要新型監管科技，而新型監管科技是全面網絡化、鏈化。這需要開啟全新金融系統基礎設施，整個監管環境是不一樣的。

誤區五：比特幣難監管，是洗錢的好途徑。

解釋：事實上，比特幣現在已經被美國高科技監管，監管的程度非常深入，連暗網都不願接受比特幣，美國和歐盟的幾個國家聯合把一些暗網關掉了，因為有太多數字貨幣地下活動被查到。現在暗網只接受零知識證明協議，因為基於零知識協議的數字貨幣不透露信息，更加隱蔽。

誤區六：監管依靠制度，科技不是關鍵因素。

解釋：只有制度而無監管科技是無效的。由於數字貨幣是全球貨幣，是網絡貨幣，很難在關口上使用制度來管理。因此監管科技在新型數字經濟體系中是最重要的，是國家經濟的「國防部」。國際貨幣基金組織2020年10月發表的報告中強烈表示，有制度而沒有監管科技，制度等於擺設。由於數字貨幣是全球性「貨幣」，只要有互聯網就可以流通和使用，而且不經過銀行。一旦發生「外幣取代本國法幣」的現象，根據歷史數據十年後外幣仍然可以在本國使用，很難移除，本國法幣也在其間很難找到扳回的機會。因此一個好的防禦就是不讓國外數字貨幣進入本國的互聯網，這就需要高科技才能做到。2022年3月美國總統的行政令上

也提到這個問題，就是傳統貨幣有競爭關係，而數字貨幣的競爭則會更加激烈。

誤區七：監管主要關注洗錢。

解釋：反洗錢是監管的一個重要課題，但不是最重要的課題。監管要有整體戰略和長遠佈局，不能僅關注洗錢。以 2020 年 FATF 實行的旅行規則為例。制度實施後，大部分交易所都註冊了，數字代幣反而出現暴漲。這是由於交易所註冊後，在上面交易的數字代幣也被解釋為（半）合法化，導致數字代幣大漲。而且旅行規則存在漏洞，洗錢可以經過旅行規則管不到的地方。

未來區塊鏈監管可能出現的誤區

誤區八：監管策略應後置，即先設計支付、銀行系統等，再考慮監管。

解釋：事實上，應先考慮如何監管，再考慮怎樣設計交易、市場等，即先做盾再做矛。

誤區九：交易機制決定監管機制。

解釋：監管機制決定交易機制，例如交易結算分開，其主要原因是預備時間來從事監管工作。筆者一直認為數字貨幣應把交易和結算分開，因為監管的軟件需要有幾秒鐘做大量的實時分析，就算用大量的數據庫算力在後面做大數據分析，也需要時間。

誤區十：市場決定監管制度與科技。

解釋：在數字貨幣領域上，概念是正好相反，監管制度與科技定義市場。我們想要甚麼市場，然後設計監管機制來規範市場。美國的數字美元計劃、花旗銀行計劃、央行數字貨幣計劃都提到交易與結算同時間完成。這件事情要特別注意，它看起來非常便利，匿名性和交易性可以改變很多，但監管很難到位，交易結算一起做監管就非常痛苦。有一些

看起來毫不起眼的細節，但稍作改變，整個系統就會不一樣。差之毫釐，失之千里；牽一髮而動全身，科技和監管科技需要一同進步。

22.3 監管數據

監管數據大多來自美國監管科技在 2020-2021 年發佈的公開信息，但還有其他機構，例如英國央行。

數字代幣欺詐行為減少

傳統上數字代幣欺詐行為主要是項目方，其中差不多有 80% 是完全欺詐，20% 是部分欺詐。美國和英國對數字代幣欺詐加強監管後，項目方的欺詐行為大大降低。中國在 2017 年就嚴禁發幣行為，但是國外項目仍在國內以地下市場方式進行，其間還產生了幾個大型欺詐事件。因此，從監管觀點上來說，要想治理數字代幣，治理好項目方就可以解決大部分問題。

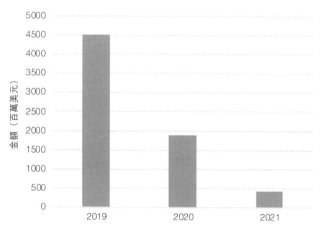

圖 22-5 幣圈欺詐事件數據

在英美，數字代幣交易所合規後，洗錢就愈來愈難。如果現在要利用比特幣或以太坊洗錢，基本上很難被合規交易所接受，只能經過高風險交易所進行交易。由此可見，監管還是有效的。

圖 22-6　愈來愈少比特幣經過高風險的交易所

比特幣交易風險一直在降低

圖 22-7 展示了有風險的比特幣交易量情況。最深色部分代表安全的比特幣交易，次深色表示有風險的比特幣交易，次淺色表示風險較大的比特幣交易，最淺色代表洗錢。比特幣交易風險一直在降低，不僅在於交易量，有風險的交易值也降低了。

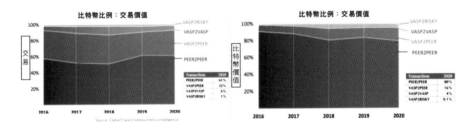

圖 22-7 有風險的比特幣交易情況

數字代幣愈來愈隱蔽

圖 22-8 展示了愈來愈多的數字代幣交易不經過交易所，數字代幣愈來愈隱蔽，看得到的、公開得愈來愈少。

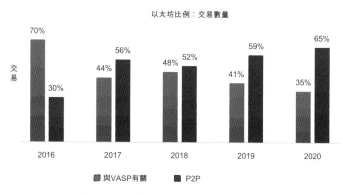

圖 22-8 愈來愈多的交易不經過交易所

旅行規則數據，物以類聚

旅行規則指出每一筆交易到底有多少人，一共分成美國本土、美國跨境支付、國際和全球四個區域（見圖 22-9）。

每月的美國交易			所需的旅行規則消息數		FATF 閾值下的交易（1000$）	
地區	稅收超過 250$	稅收超過 1000$	稅收超過 3000$	現在	提議的變更	美國	其他
美國國內	15921	11016	7510	7510	7510	11016	
美國跨境	79011	46780	27295	27295	79011	46780	
國際（非美國）	392952	260439	178664				260439
全球	478884	318235	213469				
每月的旅行者規則消息				34805	86521	58896	260439
每年的旅行者規則消息				417660	1038252	693552	3125268

圖 22-9 旅行規則

圖 22-10 中淺色部分指的是比較安全的 VASP，也就是數字資產交易商，這是大部分都可以到達的一個比較安全區域，但是還有 24% 仍是比較不安全的，這裏還有 44% 為跨境。可以看出，大部分洗錢都是跨境的，而且跨境都是深色到深色（物以類聚）。

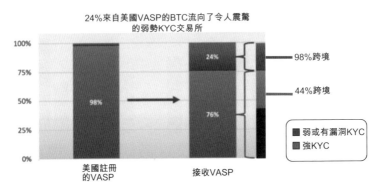

圖 22-10 美國只有 24% 跨境支付經過有風險的國外交易所

韓國從左邊的交易所到右邊的交易所，深色到深色，淺色到淺色，新加坡亦是如此，大部分深色都是跨境支付。從大數據可以看出，守法的人會繼續守法，不想守法的人會繼續不守法。

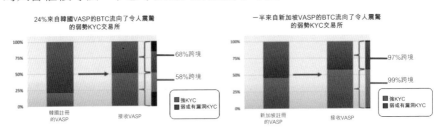

圖 22-11 從有風險的交易所出發的資產會回到有風險的交易所（物以類聚）

美國的交易幾乎都是合法的，這等於是說整個美國的交易所都已經被收編了。下圖圓點部分是所謂的洗錢單位，方形部分是中心化的組織，三角部分是交易所。可以看出，每一筆交易到了合規的交易所，還是到了洗錢的交易所，美國監管單位都可以一目了然。2020 年 5 月他們就發現有一些交易所 100% 洗錢，如果不小心把比特幣或者以太幣送到這種

洗錢的交易所，就會被美國 FBI 或者美國國土安全局指控涉嫌洗錢。他們不一定會抓人，但整件事就會被記錄在案。所以那些利用數字貨幣洗錢的單位和個人，數據都留在區塊鏈上，永遠不會被移除總有一天會被公諸於世。

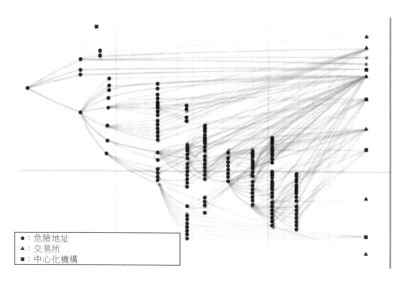

●：危險地址
▲：交易所
■：中心化機構

圖 22-12 世界所有交易所已經都被美國監管單位監視

視像會議比報告數據更加驚人

上面數據是從國外監管科技報告而來，由於是疫情期間也開視像會議。會議中展示了世界上所有可追蹤的虛擬貨幣交易所的數據，一些交易所上的交易竟然是 100% 洗錢，一旦在這些交易所交易就會立刻被國際監管單位盯上。如果一個用戶需要交易，也不清楚交易所是否靠譜，就有極大可能選擇到 100% 洗錢的交易所，而自己以後所有的交易都可能被列為「參與洗錢」活動。

這些被列為可能洗錢的交易所有的還擁有很大的規模。最近一年，他們被許多國家明令禁止營業。

DeFi 事件在增加，成為高風險事件

現在，所謂的欺詐事件和黑客事件大部分發生在 DeFi 上，傳統的數字代幣已經不發生嚴重問題了。很多人認為 DeFi 是一個巨大的突破，但它也是問題的聚集中心。

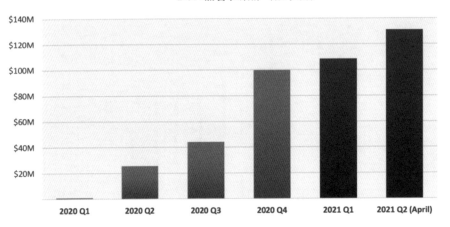

圖 22-13 DeFi 事件還在增速出現

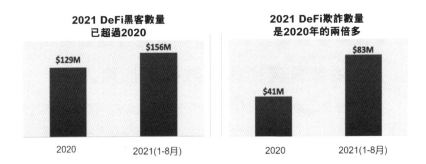

圖 22-14 2021 年出事主要是 DeFi 發生的問題

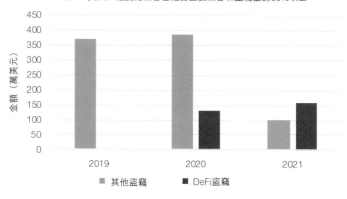

圖 22-15 大部分事件都是 DeFi 事件

DeFi 出事

2018 年 DeFi 出現，被許多單位認為是極大的創新。DeFi 的確有創新，但其 底層系統是建立在公鏈之上的，而公鏈的設計目的就是用來規避監管。在這樣的基礎之上建立的下一代金融市場，金融交易平台，似乎就是在沙灘上建立高樓大廈，地基極其不穩。

2022 年一連串 DeFi 項目連續出事，且問題非常嚴重，一些媒體甚至在追問整個 DeFi 產業是不是正在面臨「死亡」，例如 2022 年 6 月 24 日發佈的短文 <DeFi 沒有死亡，但是需要解決關鍵問題 >（DeFi isn't dead it needs to fix these critical problems[4]）。在媒體上，還以行走的殭屍來暗示 DeFi 現在的狀況。有人認為 DeFi 整個產業無法存，而有的人則認為只要解決關鍵問題整個產業還是可以存留，但是 DeFi 面臨嚴重問題已經是共識。

---

[4]　參見：https://thelivecrypto.com/2022/06/24/defi-isnt-dead-it-just-needs-to-fix-these-critical-problems/

DeFi 原來設計就是建立在公鏈上，使用類似傳統金融算法和流程，開發金融應用。想法的確很好，但是傳統金融市場是中心化的，所有流程和算法也是基於中心化系統，而現在區塊鏈系統是分佈式，這代表以前可以使用的算法和流程，在區塊鏈時代需要更新。

ISDA 的標準工作給予世界一個重要信息，就是直接使用區塊鏈系統以及智能合約技術來實現金融交易肯定會有問題的，一個新的市場架構和流程設計必須先於其他。

上有政策，下有對策

2019 年 6 月 30 日，FATF 要求所有機構之間的數字貨幣交易全部上報，並且要在 2020 年 6 月 30 日之前完成相關手續，否則數字貨幣服務商將會被列為黑名單。這一政策得到部分交易所的積極反應，在規定期間內完成了交易和上報。但仍有部分投資者不願意公開他們的交易數據，於是選擇了在私下交易或是沒有進行註冊的交易所交易。美國監管科技公司發現，有 75% 投資者已經改變他們的交易方式，不在交易所交易，也就是說 100 次交易中只有 25 次交易信息可以被美國監管單位收集。

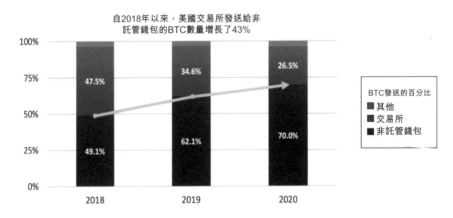

圖 22-16 由於要被監管，計劃規避監管的交易都不經過交易所

世界是動態的

創新與治理需要一同進步，監管科技的部署帶來的效果也可能正好與預期相反。筆者已經多次提到的 FATF 實施旅行規則帶來了 2020 年比特幣的大幅暴漲，是第二回合的競爭。第一回合就是 FATF 要求交易所註冊，並執行旅行規則，於是大量私隱交易決定離開已經註冊的交易所，或是到沒有註冊的交易所，更或是直接點對點交易來逃避數據的上報。看起來 FATF 需要設計更好的監管規則，不然執行旅行規則的 TRISA 系統只能監管到 25% 的交易。

22.4 新型監管系統：
TRISA 和 STRISA 系統

TRISA 系統執行 FATF 的旅行規則

美國金融行動特別工作組執行旅行規則，要求了解客戶信息。CipherTrace 公司針對此政策研發了 TRISA 系統。TRISA 系統作為一個廣義化的追蹤系統，所有虛擬資產交易所（包括數字貨幣）單位都需要在 TRISA 系統上進行註冊。這樣就促使 TRISA 系統演變成了一種監管網，變成數字金融的註冊中心。在 TRISA 系統註冊過的交易所代表着被認可，而未註冊就會被認為是不合法的。例如銀行會以交易所未在 TRISA 上註冊為由，不讓交易所在銀行進行開戶等。所以，TRISA 網絡系統通過建立一個監管網，讓所有註冊的金融機構上產生的交易都因經過該系統而被監管到。

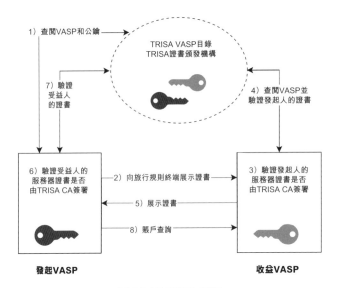

1) 查閱VASP和公鑰

TRISA VASP目錄
TRISA證書頒發機構

7) 驗證
受益人
的證書

4) 查閱VASP並
驗證發起人的證書

6) 驗證受益人的
服務器證書是否
由TRISA CA簽署

2) 向旅行規則終端展示證書

3) 驗證發起人的
服務器證書是否
由TRISA CA簽署

5) 展示證書

8) 賬戶查詢

發起VASP

收益VASP

圖 22-17 TRISA 系統

　　兩個交易所互相交易時會把對方的追蹤報告推送給 TRISA 系統，如此 TRISA 系統就可以將從中收集數據進行分析，變成一種嵌入式的追蹤。儘管可能不是實時的監管，但可以通過收集數據從而做全面監管。金融穩定局也提出 LEI 識別編碼系統，有了編碼系統之後全世界的金融機構都有了標誌，讓所有金融機構都得以追蹤。

　　未來銀行的發展避免不了處理數字貨幣、數字金融、數字資產等，為能夠有效監管 TRISA 系統將發揮舉足輕重的作用。在這種環境下類似 TRISA 系統以後有可能取代 SWIFT 系統。

比 TRISA 更強大的 STRISA 系統

　　2018 年情人節美國國會提出追蹤個人數字錢包的思想，但一直沒有執行。

　　儘管有人認為 TRISA 系統監管太嚴，但卻沒有監管個人錢包。2020 年 12 月 24 日，美國財政部宣佈要追蹤個人錢包，這引起了美國區塊鏈

界的強烈反對。後來由於政策因素導致未得到實施，不過美國政府仍在跟進研究。

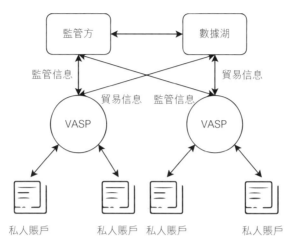

圖 22-18 STRISA 比 TRISA 更強大

目前的主要問題是地下市場有 75% 的數字代幣交易不經過合規的交易所，TRISA 系統難以追蹤其交易，這是巨大的漏洞。筆者認為，這一做法在中國是行不通的。因為在中國如果要發展數字貨幣或是數字資產就需要追蹤所有的錢包。

為此，筆者團隊基於 TRISA 開發了 STRISA 系統，STRISA 不但可以追蹤到機構，而且還能追蹤個人錢包。因為 TRISA 是一個開源系統，所以 STRISA 也是一個開源系統。STRISA 系統可以保證交易符合旅行規則，收集賬戶信息，這就要求所有金融機構和區塊鏈系統都在 STRISA 上註冊，也就是建立一套全新的數字經濟系統。

區塊鏈數據湖（Blockchain DataLake, BDL）

筆者團隊設計了一套區塊鏈數據湖，即所有的交易數據都經過網絡協議傳輸到大數據平台，由大數據平台中進行大量集中式、中心化處理，

因為僅依靠分佈式處理機制是遠遠不夠的。

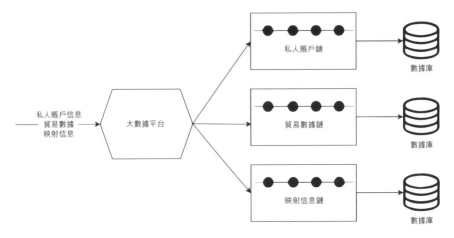

圖 22-19 BDL 連接不同區塊鏈系統

後台 BDL 監管系統分析交易路線

中心化不一定只有一個中心，也可以有多個中心，甚至在邊緣也可能有多個中心，它是多中心的一種系統。正如洗錢也不能單靠一個系統，要多個系統同時運行才行發揮作用。

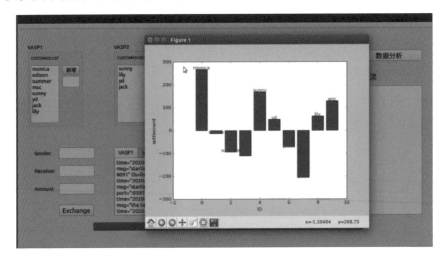

圖 22-20 後台分析系統

在 STRISA 系統後方直接附帶一個 BDL，通過數據湖做出各種各樣的分析，並且把這些數據直接從區塊鏈經過協議送到後方的監管系統，這樣監管系統就可以立刻找到各種各樣的路線。這樣一來，所有的交易都能被輕而易舉地追蹤。

第 23 章

屢敗屢戰：
英國央行數字貨幣計劃

英國央行是世界上第一家現代中央銀行（1694 年成立），也是發行前任世界儲備貨幣（英鎊）的央行，更是第一個提出央行數字貨幣的銀行。

19 世紀到 20 世紀初，英鎊一直作為國際主要儲備貨幣在全世界都流通，但從 1944 年之後，英鎊逐漸喪失世界儲備貨幣的地位，最終被美元取代。

2015 年，英國央行開啟數字英鎊計劃，目的之一就是要重現英鎊光輝歷史，讓其再度成為世界儲備貨幣的一員，打破美元獨霸天下的局面，而當時美國並不清楚英國的真實想法。

2019 年 8 月 23 日，英國央行行長在美聯儲提出「基於一籃子法幣的數字貨幣取代美元成為世界儲備貨幣」思想。這其實就是英國代表在 1944 年召開的布雷頓森林會議上提出的方案，以班科（Bancor）為世界儲備貨幣取代英鎊，而班科就是一籃子法幣。英國人沒有忘記自 1944 年以來的長期鬱悶，在 2019 年重提 1944 年版本的建議，只是這一次提出的是霸權數字貨幣而不是班科。

固然英國央行提出的 CBDC 思想非常前沿也非常宏偉，可是卻因改變太大未能得到實施，其中不但有科技問題、數字貨幣理論問題、治理

問題、金融穩定問題，還有銀行系統改革等問題。顯然，英國央行沒有做好解決問題的準備。

歷史經驗告訴我們的確如此，要改變世界儲備貨幣會是非常困難的。20 世紀初，美國 GDP 早已超過英國（還包括英聯邦給英國的貢獻），但是美元卻仍然沒有成為世界儲備貨幣，而是多等上了 20 多年。在經過兩次世界大戰後英國經濟嚴重受創，美元才成功取代英鎊成為世界儲備貨幣。

冰凍三尺，非一日之寒。如果想要世界改變國際儲備貨幣，接受數字貨幣成為儲備貨幣，就需要長期、大量的研究、開發、推廣。英國由於沒有足夠的資源啟動 CBDC 計劃，最終在 2018 年將項目轉讓給英國一家科技公司繼續研發。這些在《互鏈網：未來世界的連接方式》一書中對這家英國科技公司的數字貨幣項目有詳細的描述。

2021 年 5 月，美聯儲宣佈開啟 CBDC 計劃後，英國緊跟其後公開表示將要開發數字英鎊。由於英國媒體已經報導數字英鎊計劃多年，然而又沒有任何實質進展，有媒體開玩笑地說：這次英國央行必須認真開發 CBDC，不然又是一次起個大早趕了晚集。儘管英國央行趕了晚集，但提供了的大量 CBDC 思想將深深地影響其後來發展。

2021 年英國央行認為 CBDC 是一百年來最大的金融改革，而在 2016 年 9 月英國央行曾白紙黑字地表示這是 320 年最大的一次貨幣改革（從 1694 年開始算起）。經過 5 年的思考，320 年的改革縮短了 200 年只剩下一百年。

23.1 央行數字貨幣的起始與發展

2015 年英國央行開啟數字貨幣計劃，認為發行 CBDC 會改變央行結構、國家貨幣政策以及市場結構，並且認為這是 320 年最大的一次貨幣

改革（這是英國央行的雄心壯志）。

CBDC 自宣佈之日起就備受關注，其中不乏質疑之聲。有人認為 CBDC 不會改變甚麼只是一個工程項目，就像支付寶以及微信支付一樣是數字化的現金[5]。這樣的項目已經在中國運行多年，並沒有帶來市場及銀行結構的改變。所以，不需要誇大 CBDC 的重要性。

2018 年區塊鏈界和幣圈迎來寒冬，幣價大跌甚至歸零，合規數字貨幣發展受阻。當年，英國央行暗中放棄了準備已久的 CBDC 計劃，包括兩年前大力推出的基於區塊鏈的 RTGS 項目。

寶劍鋒從磨礪出，梅花香自苦寒來，越是寒冷的時候越是啟動新項目的最好時期。在英國央行放棄 CBDC 計劃時數字貨幣卻迎來了史無前例的大改革，到了 2021 年完全改變了人們對數字貨幣的認知。原臉書、摩根大通、國際貨幣基金組織、美聯儲、國際清算銀行等紛紛開啟了他們的數字貨幣計劃。例如，2022 年 3 月 9 日，美國總統提出數字資產是美國重要方向；2022 年 5 月 30 日，劉副總理將人工智能、區塊鏈、和數字貨幣列為中國 6 大科研方向。

世界對數字貨幣的態度真正轉變是從 2019 年 6 月 18 日開始，其中美國對數字貨幣的態度變化最大，從漠不關心到積極擁抱，尤其是在 2020-2021 年間最為突出。

英國和美國是西方研究 CBDC 的兩個主要國家，本章將討論英國的 CBDC 項目。

---

[5] 現在國內外學者都認為這些是電子貨幣，而不是數字貨幣。數字貨幣現在指的使用加密技術以及區塊鏈的貨幣系統。

23.2 合規數字貨幣起源於麻省理工學院的數字社會計劃

　　CBDC 的理論基礎來自麻省理工學院於 2012 年啟動的數字社會計劃，《從比特幣到火人節到更遠》（*From Bitcoin to Burning Man and Beyond*）一書對該計劃進行了詳細介紹。

　　書中提到一個信任的數字社會（區塊鏈是一種信任機器）：如果一個社會可以保障羣眾有信任機制，經濟效益就會指數級成長，這就是里德定律（David Reed's Law）。該定律一旦出現經濟就會大爆發，其發展會比傳統數字經濟（互聯網經濟）更快。

　　傳統數字經濟誕生於現代互聯網時代，其著名科技公司有谷歌、亞馬遜、騰訊等。由於傳統數字經濟是在沒有信任的環境下完成的，因此稱互聯網的數字經濟是傳統數字經濟，而基於區塊鏈的數字經濟是新型數字經濟。

　　書中還提到，如果數字社會興起社會各方面都將會發生翻天覆地的改變。

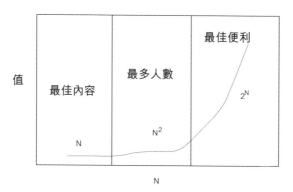

圖 23-1: 里德定律：數字社會經濟大爆發

23.3 數字貨幣流動性高得多

2020 年國際貨幣基金組織表示,數字貨幣的流動性比傳統銀行貨幣高得多,不屬於同一個量級[6]。

表 23-1: 銀行貨幣的速度從 1.8 到 3

年份	抵押品來源			質押抵押品數量	再利用率(速度)
	對沖基金	證券借貸	總計		
2007	1.7	1.7	3.4	10	3
2010	1.3	1.1	2.4	6	2.5
2011	1.4	1.05	2.5	6.3	2.5
2012	1.8	1	2.8	6.1	2.2
2013	1.85	1	2.85	6	2.1
2014	1.9	1.1	3	6.1	2
2015	2	1.1	3.1	5.8	1.9
2016	2.1	1.2	3.3	6.1	1.8
2017	2.2	1.5	3.7	7.5	2
2018	2.1	1.6	3.7	8.1	2.2
2019	2.4	1.5	3.9	8.5	2.2

表 23-2: 而數字貨幣的流動性高於銀行貨幣的流動性(64 到 159)

百萬美元	貨幣基礎	日均上鏈數	年均上鏈數	速度	日均交易所報告量	年均交易所報告量	交易所報告報告速度
Tether	$11,746	$2,492	$909,441	77x	$33,919.00	$12,380,435	1,054x
USDC	1145	498	181767	159x	366	133,59	117x
Paxos	254	45	16302	64x	170	62,05	244x

---

[6] 參見:https://www.ft.com/content/773d0eac-8d75-43ea-b62e-ba8ef39e51f2

根據筆者 2016 年的分析，貨幣流動性高於 10% 就可以爆發出巨大的經濟力量，而 2020 年年底的數據顯示數字貨幣流動性會高出傳統貨幣 20 倍（64/3 > 20），這意味着數字貨幣的力量是極大的，因為不需要印鈔票就可以增加流動性，如果不發展會帶來經濟的滯後。

23.4 英國央行 CBDC 計劃

英國發展 CBDC 的原因之一：
CBDC 沒有信用風險，沒有流動性風險

2014 年 12 月英國央行發佈的研究報告表示，比特幣系統沒有價值，是無政府主義，是央行不能接受的系統。同時指出，比特幣沒有信用風險，也沒有流動性風險。央行貨幣發展了 320 年卻依然存在信用風險和流動性風險，這說明現在的貨幣體系有很大的改善空間。因此英國央行認為應該發展數字英鎊，這就是 CBDC 的起源。

如果啟動沒有信用風險也沒有流動性風險的數字英鎊，根據數字社會理論信用貨幣必定有巨大紅利，也就是經濟爆發。

英國發展 CBDC 的原因二：取回監管權

英國央行發展 CBDC 是因為其大部分支付系統已被第三方支付取代，希望可以通過 CBDC 與第三方支付公司競爭。

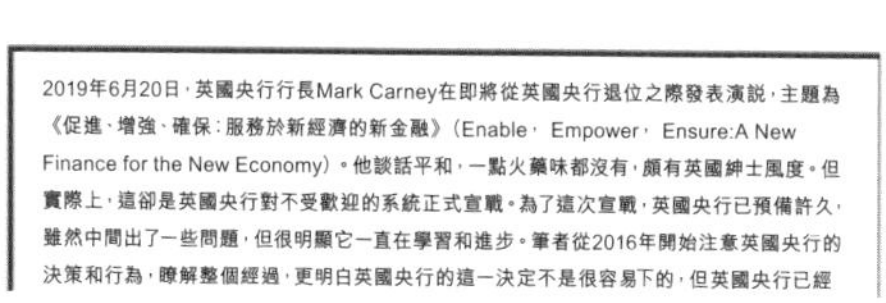

英國央行向第三方支付和數字代幣宣戰 ——以英國紳士的方式

蔡維德等 天德信鏈 2019·06·26

> 2019年6月20日，英國央行行長Mark Carney在即將從英國央行退位之際發表演說，主題為《促進、增強、確保：服務於新經濟的新金融》(Enable，Empower，Ensure:A New Finance for the New Economy)。他談話平和、一點火藥味都沒有，頗有英國紳士風度。但實際上，這卻是英國央行對不受歡迎的系統正式宣戰。為了這次宣戰，英國央行已預備許久，雖然中間出了一些問題，但很明顯它一直在學習和進步。筆者從2016年開始注意英國央行的決策和行為，瞭解整個經過，更明白英國央行的這一決定不是很容易下的，但英國央行已經

圖 23-2： 英國央行預備和第 3 方支付競爭（筆者評論）

如果容許第三方支付繼續發展將會導致大部分英國經濟活動都不在央行的管控之下，這是危險的。因此，通過英國央行的 CBDC 把監管權拿回來，並且與比第三方支付相比，央行有政府憑證，更加值得信任。通過發展央行數字貨幣，人們將支付習慣從第三方轉回央行，這是英國央行發展 CBDC 第二個原因。

英國央行前行長 Mark Carney 在任期將要結束發表演講時承認了發展 CBDC 就是為了拿回監管權[7]，他表示為了這一目標的實現英國央行會讓每個機構和個人都在央行開戶使用 CBDC。有人認為這是「大央行主義」，將給整個銀行結構帶來改變，因為傳統上為個人、機構提供金融服務的是商業銀行而不是央行，英國央行這樣做大大擴展了央行的業務，擠壓商業銀行。此外，英國央行還預備在 CBDC 後台建立一個大數據監管平台。

英國發展 CBDC 的原因三：增加英鎊流動性

英國央行認為，發展 CBDC 可以提升英鎊的流動性，提升國家金融競爭力。2019 年國際貨幣基金組織提出「合成 CBDC」（Synthetic CBDC）。合成 CBDC 就是資金存央行，但是由商業銀行或是科技公司發行 CBDC[8]。基於此，英國央行就不再需要管理所有的賬戶，而是由私人公司管理。合成 CBDC 平台或穩定幣平台會是「系統性重要銀行[9]」（systemically important bank）的平台，是世界金融的中心，這也是數字貨

---

[7]　這個思想其實許多學者在 2016 年已經知曉，2019 年英國央行只是公開承認這事實。

[8]　國際清算銀行認為合成 CBDC 不是 CBDC。因為私人機構可以破產，雖然央行沒有信用風險，因此合成 CBDC 還是有信用風險。

[9]　這種系統性重要銀行都是商業銀行，不是央行，而全世界這樣的銀行不多。中國有 19 家銀行是國內系統性重要銀行，而只有 4 家是國際系統性重要銀行。

幣區的一個重要理論。2019 年 8 月英國央行甚至提出合成 CBDC 取代美元成為世界儲備貨幣，由此可以看出英國對於 CBDC 的發展寄予深厚期望。

英國央行表示，CBDC 是央行貨幣政策的工具，除了用作平台和支付功能，還可以發放貸款，以此匯集整個金融中心的功能。

英國央行還表示新型數字經濟需要有新的央行，該央行系統將面臨前所未有的改革：用區塊鏈重新架構支付系統，到新支付，再到 CBDC 或是穩定幣，這時會有大量資金隨着經濟活動被釋放出來，最後這一改革會擴展到各行各業。

英國發展 CBDC 原因四：促進經濟增長

2019 年 7 月英國央行指出，穩定幣可以釋放大量資金。

由於穩定幣的預備金存放在央行，因此沒有信用風險。數字穩定幣可以實時結算，資金不再像傳統貨幣一樣被擱置多時（由於需要等待信用風險以及流動性風險的解除），於是大量資金得以釋放進入實體經濟。

數字貨幣概念適用在數字資產上，這意味着數字貨幣的理念可以延伸到各類數字資產，如此將引發整個國民經濟體系的改變。例如證券可以數字化，使用智能合約技術提高效率，降低交易風險。英國央行行長在 2019 年 7 月的演講原話就是「這將釋放數十億英鎊的資本和流動性」，因為它有信任機制，又減少為了維持信任而增加的流程。

CBDC 提升貨幣流動性是在沒有加印鈔票的場景下完成的，這是數字貨幣、數字資產的重要意義。如果大量資本被釋放出來，在國內會拉動國內經濟，在國際會增加國家貨幣在世界舞台上的競爭力。

圖 23-3：英國央行整體 CBDC 計劃

一圖了解英國央行的整體 CBDC 計劃

第一，提供更有彈性的支付場景。

第二，避免新型私人貨幣的風險，也就是打擊第三方支付。現在英國央行認為第三方支付或其他穩定幣都可能是其競爭對手。

第三，支持支付領域的競爭、效率與創新。英國央行發行 CBDC 的目的就是求快，所以它既支持效率以及創新，又保持了信任。

第四，滿足未來數字經濟的支付需求。未來數字資產與數字貨幣的相連會是一個巨大的突破。整體來講，這是一次世界貨幣 300 年來最大的改革。

第五，改進央行貨幣的有效性和可用性。央行可以把使用數字貨幣當作其貨幣政策，gap 流動性把數字貨幣帶向全世界。

第六，解決現金使用減少的影響。現金可以慢慢被大量取代，同時現金也是永存的。

第七，作為更好的跨境支付基礎，在國際金融貿易上做數字法幣的大競爭。

英國央行 CBDC 項目部署

關於運行模型英國央行在一開始做了 RSCoin，但是該模型和比特幣太過類似，與 CBDC 的核心思想差距太大，後來也就不再提了。2018 年英國央行、加拿大央行、新加坡央行聯合推出了通用批發 CBDC 模型。

英國央行還推出了 RTGS 全額實時結算系統、USC 項目和沙盒計劃。其中，RTGS 全額實時結算系統以失敗告終，而沙盒計劃英國央行在 2021 年改名為「擴展盒」（scale-box）且永久開放，很多公司通過英國開出的綠色通道很快就上市了。

CBDC 分類

CBDC 有零售的，個人與機構都可以使用；有批發的，只有銀行或特許機構可以使用；還有合成的，由機構（或是銀行）發行管理，但資金存儲央行。

穩定幣有合規穩定幣和不合規穩定幣。合規穩定幣由臉書、銀行等機構發行，並有類似銀行的監管；不合規的穩定幣集中在地下經濟市場。

CBDC 可以基於 Token 或基於賬本。如果重視私隱就基於 Token，如果重視監管就基於賬本，這是 CBDC 的一個傳統分類。

第 24 章

老鷹涅槃：美國覺醒之路

本章討論美聯儲在數字貨幣上的發展歷史以及經驗。

由於美聯儲在早期並不重視數字貨幣發展，以至於在 2019 年 8 月 23 日遭受到來自百年競爭對手英國央行觀點衝擊時潰不成軍。在美國媒體出現的反應觀點更是可以以笑話來看待，許多媒體認為英國央行行長提出讓比特幣取代美元成為世界儲備貨幣，因為在美國人眼裏，比特幣就是數字貨幣。但是美國沒有關注到的是從 2015 年開始英國央行、加拿大央行、歐洲央行等紛紛開啟了 CBDC 的研究。

儘管起步時間較晚，作為科技強國的美國在很短時間內就開啟了大量且深入的研究，其中一個重要工作就是大型監管科技的研發。正是因為有了數字貨幣的監管科技，今天我們才能知道比特幣對世界的影響有多深。只有當有了深入的了解後，才能對症下藥。

美國公佈的監管數據拯救了美元。2020 年 11 月發生的比特幣挑戰美元的事件 [10]，就是美國最先發現的 [11]，並立即提出他們的觀點以及補救方

---

[10] 當時情況風險很大。美國許多分析師出文討論一旦比特幣挑戰美元成功，後果非常嚴重。如果成功，世界貨幣架構和市場會大亂。各國在貨幣市場的布局會完全改變。由於改變太大，一些機構（例如國際貨幣基金組織）和媒體都認為世界應該回到布雷頓森林會議（1944 年會議所），重新討論世界貨幣應該如何重組。

[11] 2021 年美聯儲公開說這是繼日元，歐元挑戰美元後，第 3 次另外一個「貨幣」挑戰美元。這次也是第一次數字貨幣挑戰傳統法幣的歷史事件。

式。2021 年 11 月左右幣價突然出現大跌，美元就在這次大跌中安靜地渡過了這次危機[12]。

這一次和 2021 年 2 月幣圈慶祝美元即將崩盤，比特幣即將成為世界貨幣的場景完全不同，比特幣挑戰美元的結果是幣圈潰不成軍。由於這次世界貨幣危機事件太過嚴肅，在媒體上很少公開討論。即使在美國，一些金融機構公開推薦每個美國居民都將很小部分的資產放在比特幣上，「以防萬一」，而沒有解釋「萬一」會如何。幾乎沒有研究報告指出「萬一」會如何發展。

當然，除了監管科技外，美國在數字貨幣上的佈局也是許多國家可以學習的。美國這次多管齊下：

- 和麻省理工學院一起研究和開發央行數字貨幣；
- 委託麻省理工學院團隊改寫比特幣代碼；
- 立法監管數字貨幣以及數字資產；
- 找網絡科技公司建立數字貨幣以及數字資產監管網；
- 開放大學以及研究院研究數字貨幣基礎理論，包括科技和信息數字貨幣經濟學，建立新型數字貨幣取代現在的數字代幣；
- 開放美國銀行以及金融機構從事數字貨幣以及數字資產合規商業業務；
- 要求美國政府多部門一同推進數字資產以及數字貨幣產業和業務；
- 對數字貨幣盈利收稅，間接管理數字代幣；
- 系統性處理問題數字資產以及數字穩定幣。

---

[12] 也有學者認為，比特幣以後不會再挑戰美元了，因為比特幣代碼已經被麻省理工學院團隊改寫。

24.1 美聯儲差點大意失荊州

2015 年至 2016 年美聯儲對 CBDC 計劃並沒有太過重視，但在美國民間卻備受關注。2017 年初至 2019 年 8 月，此時的歐洲央行、加拿大央行已經對 CBDC 做了大量實驗，而美聯儲只是初步了解，僅參與討論，不開發，不做實驗，出具的研究報告也屈指可數[13]。直到 2019 年 8 月英國央行行長在美聯儲演講時稱，數字貨幣會取代美元成為世界儲備貨幣才引起美國的重視。自此，美聯儲開始認真研究數字貨幣，比如連續 22 個月對數字貨幣區理論進行了分析。

2019 年美國開始對數字代幣進行監管，經科技公司收集的數據發現數字代幣市場已經非常龐大。2021 年美國國稅局要求所有使用比特幣賺取的收益都應納稅，並和美國重要網絡科技公司合作開展納稅檢查。比特幣沒有私隱可言！

2020 年數字代幣市場出現暴漲。雖然數字代幣市值總量遠低於許多國家的法幣市值，但正如英國央行開啟 CBDC 的主要原因是貨幣流動性而不是市值總量。美國在 2020 年 11 月發現數字代幣的流動性已經超過了英鎊、俄羅斯盧布的總和。當時一些美國金融機構發出警告，數字貨幣市場的暴漲嚴重影響到世界法幣（包括美元、歐元、人民幣、日元、英鎊等）。

隨着比特幣持續上漲，其流動性超過印度盧比、日元。2021 年 2 月，美聯儲公開承認美元受到比特幣的挑戰。如果僅對比市值，比特幣尚未構成挑戰，但如果是對比流動性，已經形成非常嚴峻的局面！一旦比特幣繼續上漲其流動性超過美元，這等同比特幣成功挑戰世界所有法幣，

---

[13]　有的報告還僅僅幾頁，輕描淡寫。

此時世界就需要一個新的貨幣體系 [14] 。當然，大部分央行不會允許這一情況發生。

故事沒有結束，2021 年 11 月數字貨幣總價值超過英國的 GDP（世界排名第 5）。

以前只是數字代幣的流動性超過英鎊，現在連數字代幣總市值也超過了英國 GDP，這帶來一個更加嚴肅問題。美聯儲在 2021 年 2 月公開說預備打擊比特幣，但到了 2021 年 11 月似乎也沒有產生任何效果，加密貨幣的市值仍在增長而且還超過英國 GDP，打擊不算成功。這次是操作出了問題，還是執行中途改變了看法？這是大家可以思考的問題。如果是中途改變觀點，為甚麼改變觀點？改變後對美國更加有利？

2021 年 11 月幣價開始下跌。

2021 年 12 月，在美國國會舉辦的聽證會上，多位專家和企業代表討論 Web 3，也就是下一代互聯網。早期互聯網是可以讀的 Web 1（例如靜態網站）；現在的互聯網是可讀可寫的 Web 2（例如微信）；今後的互聯網是 Web 3，支持數字穩定幣以及其他數字貨幣活動（例如 DeFi，NFT 等）、元宇宙以及人工智能等應用。美國國會表示會積極鼓勵和支持 Web 3 在美國發展。

24.2 漢密爾頓項目

2021 年 5 月，美聯儲宣佈啟動漢密爾頓項目（Project Hamilton）。漢密爾頓計劃是金融與科技的結合。

---

[14]　國際貨幣基金組織也在同時提出重組世界貨幣體系，許多金融以及研究機構紛紛提出世界需要新的貨幣體系。

麻省理工學院的早期數字貨幣模型

漢密爾頓項目的合作方是麻省理工學院，下圖是由麻省理工學院提出的蜂窩型的 CBDC 模型，與傳統的 CBDC 模型不同。

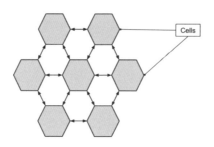

圖 24-1: 麻省理工學院提出的 CBDC 模型

蜂窩型 CBDC 模型的發明人艾利（Ali）曾是英國央行數字貨幣計劃的推動者。

圖 24-2： 前麻省理工學院研究員 Ali，也曾在英國央行就職，著名的 2014 年英國央行研究報告就是他主筆

美聯儲的疑問

2020 年 12 月，美聯儲認為，討論基於 token 或基於賬本的 CBDC 的差異，其實是沒有意義的。如果看過數字貨幣軟件的整體設計，就知道所謂的 token 只是賬戶的一種。美聯儲的另一個觀點是系統的整體設計

決定了貨幣政策，並且是決定使用 token 還是使用賬戶的重要依據⑮。

美聯儲表示數字貨幣的屬性是其科技決定的，而不是由傳統（沒有數字貨幣時代的）經濟學理論決定的。過去一些理論，由於當時沒有數字貨幣，可能在今天不再適應。

2020 年美國在數字貨幣的監管科技上有了巨大突破，甚至連暗網都不再接受比特幣。因為使用 token 的數字貨幣的每一筆交易都會被美國監管科技追蹤，沒有私隱，所以必須使用 token 的 CBDC 的理論被認為是沒有意義。科技改變了經濟理論，改變了銀行結構，同時還決定了數字貨幣的私隱性。

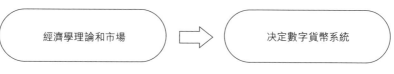

圖 24-3： 傳統思維：經濟學理論主導系統，數字貨幣只是個工程項目

美聯儲還得出了一個重要結論：數字貨幣計劃能否成功的關鍵在於其技術的實現路線，而不是傳統貨幣理論的拓展到數字貨幣領域，究其原因是數字貨幣系統的特性決定了數字貨幣經濟理論的真實性。

這就是說無論是數字貨幣的理論還是實施戰略都必須從其系統研究開始，沒有完全了解數字貨幣系統就制定數字貨幣政策是不明智的。

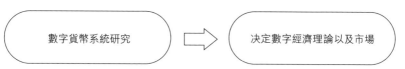

圖 24-4： 新思維：數字貨幣系統決定經濟理論和市場，科技改變經濟學理論

---

⑮　美聯儲還表示以前這些討論—數字貨幣應該是基於 token 還是基於賬本的方式 -- 是根據一篇還沒有數字貨幣時代的經濟學論文。美聯儲認為拿這篇論文的觀點來討論數字貨幣應該基於 token 還是基於賬本的方式沒有意義。

區塊鏈系統的細微變動會引發數字貨幣的巨大改變，而數字貨幣的細小變革又會給金融市場帶來結構性的轉變。例如，原臉書在 2020 年 11 月發佈的 FastPay 報告指出，結算和交易系統是分開的，並且在區塊鏈系統內有嵌入式監管機制，接受政府的監管。臉書的做法只是簡單地在區塊鏈系統加上一套結算流程，這就改變了數字貨幣交易流程以及市場結構，產生的影響非常大，此時數字貨幣理論例如數字貨幣區理論就需要更新。這就是「蝴蝶效應」[16]。

圖 24-5： 系統上小小改變，對應的數字貨幣卻有大改動，市場發生結構性的改革

FastPay: High-Performance Byzantine Fault Tolerant Settlement

Mathieu Baudet*
mathieubaudet@fb.com
Facebook Novi

George Danezis
gdanezis@fb.com
Facebook Novi

Alberto Sonnino
asonnino@fb.com
Facebook Novi

ABSTRACT

FastPay allows a set of distributed authorities, some of which are Byzantine, to maintain a high-integrity and availability settlement system for pre-funded payments. It can be used to settle payments in a native unit of value (crypto-currency), or as a financial side-infrastructure to support retail payments in fiat currencies. FastPay is based on Byzantine Consistent Broadcast as its core primitive, foregoing the expenses of full atomic commit channels (consensus). The resulting system has low-latency for both confirmation and payment finality. Remarkably, each authority can be sharded across many machines to allow unbounded horizontal scalability.

FastPay is a Byzantine Fault Tolerant (BFT) real-time gross settlement (RTGS) system. It enables authorities to jointly maintain account balances and settle pre-funded retail payments between accounts. It supports extremely low-latency confirmation (sub-second) of eventual transaction finality, appropriate for physical point-of-sale payments. It also provides extremely high capacity, comparable with peak retail card network volumes, while ensuring gross settlement in real-time. FastPay eliminates counterparty and credit risks of net settlement and removes the need for intermediate banks, and complex financial contracts between them, to absorb these risks. FastPay can accommodate arbitrary capacities through efficient sharding architectures at each authority. Unlike any tradi-

圖 24-6： 臉書穩定幣發佈其結算系統的設計

---

[16] 由於蝴蝶效應，數字貨幣系統的設計需要非常小心。一個小小的改變，可能會改變國家經濟體系。因此在我們寫的論文，常常花很長的篇幅討論一個細節就是這個原因。

事實上，臉書的區塊鏈交易和鏈上結算系統也是一步到位的，只是後方加了一個結算機制，即區塊鏈系統內的「結算」只是「預結算」，後添加的結算才將資金轉移。

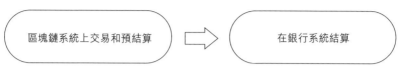

圖 24-7：在區塊鏈系統預結算後，在銀行系統結算

在金融市場中交易的資產只有在結算後才轉移，如果後續出現問題，交易很難回滾。因此在數字貨幣上，交易和結算一步到位也會有風險。但問題是，如果類似臉書的 FastPay 設計成為數字貨幣結算標準，將直面挑戰普林斯頓大學的數字貨幣區的理論。

理論上數字貨幣結算應該在區塊鏈系統上，但是 FastPay 結算系統改在了銀行或是機構，金融中心又回到銀行。普林斯頓大學的數字貨幣區以「平台為中心」的理論也就不再成立（見下表）。如果理論確定更改，國家的佈局也會隨之不同。

表 24-1

	資產存儲在	結算	中心
傳統區塊鏈網絡	網絡	在網絡	區塊鏈網絡
臉書穩定幣 1.0 和 2.0	網絡	在網絡	區塊鏈網絡
臉書 FastPay 結算系統	託管銀行，網絡只是記賬	在託管銀行，網絡只是預結算	銀行

24.3 美聯儲內部爭論

2021 年 6 月 28 日，美聯儲監管副主席 Randal K. Quarles 認為，央行首要推出的不是 CBDC，而是穩定幣。

美聯儲關於CBDC演講全文：對穩定幣、比特幣、
CBDC的全面宏觀理解

觀點　　2021年06月29日 13:03

❝ 比特幣仍將是一種有風險的投機性投資。

原文標題：《Parachute Pants and Central Bank Money》

原文來源：Randal K．Quarles，美聯儲監管副主席

原文編譯：0x29．0x49，律動 BlockBeats

圖 24-8：2021 年 6 月 28 日美聯儲監管副主席訪談

他的一個重要觀點是

在我看來，我們不需要害怕穩定幣[17] 的到來，美聯儲向來支持負責任的私營部門創新。我們必須充分考慮穩定幣的潛在好處，包括其為美元在全球經濟中帶來的支持作用。例如，全球美元穩定幣可以通過更快、更便宜的跨境支付來增加使用美元，並且與 CBDC 相比，它的部署速度可能會更快，缺點也更少。事實上，我們現有的系統涉及（實際上是取決於）私人公司每天創造貨幣，因此那些擔心穩定幣代表私人貨幣從而挑戰了主權貨幣的觀點，是令人費解的。

Randal Quarles 認為基於美元的數字穩定幣對美元是有利的，這也是美國 2020 年美國財政部的觀點：支持基於美元的數字穩定（例如臉書穩定幣）。這是美聯儲第一次公開支持數字穩定幣。

後來美國政府進行換屆，財政部跟着改變了觀點，美聯儲也有了新

---

[17]　注意一下美聯儲副主席居然說「不需要害怕穩定幣」，表示美聯儲內部有人害怕私人企業發行的數字穩定幣，而這「害怕心態」影響到美聯儲過去的決策。這也說明 2019 年臉書發布 Libra 白皮書的時候，連美聯儲都被震撼到。

思考。2021年初美聯儲 Brainard 演講時公開反對穩定幣。但 Quarles 隨後回應表示不認同。

Quarles 的另外一個重要觀點，也是筆者多年來一直提的概念：CBDC 影響太大，不要輕易部署，讓穩定幣先行。從博弈論觀點：大國不需要輕易部署 CBDC，而中小的國家應積極部署（例如英國）。

簡易博弈論

博弈論是一種數學模型，可以預測一個競賽參與者的決策。博弈論有許多模型。一個國家貨幣政策關係到國家經濟在世界的競爭，是一件非常大的改變，因此大國採取的方式必定和小國不同。

大國由於參與的單位多，任何改變都影響重大，因此需循序漸進。例如，推出一個地區作為試點，並部署試驗。如果成功則推往全國，如果失敗，損失相對較小。

對於小國，由於科技、資源、經濟的都相對落後，反而應該集國家力量更積極研究和實驗，不然會出現滯後現象。

Quarles 還認為比特幣這樣的數字代幣其實是數字「資產」（不是貨幣），和支付系統無關。事實上，CBDC 打擊的是 USDT 這種不合規的穩定幣，但 USDT 和比特幣都作用於地下經濟。打擊 USDT 事實上間接打擊比特幣。

比特幣的供應鏈：USDT

所謂「兵馬未動，糧草先行」，比特幣大軍的糧草是甚麼？其實就是 USDT。根據多方研究報告（例如摩根大通銀行的 2021 年的報告）顯示每次比特幣大漲之前 USDT 都會超發，人們使用美元買入 USDT，再轉由 USDT 購買比特幣。因此稱 USDT 為比特幣的門戶，所以包括摩根大通銀行在內等機構都提議説如果美國需要治理比特幣，應該先治理 USDT。

2021 年 6 月，美國財政部召開高層緊急監管機構的聯合會議討論是不是需要治理 USDT，最終的結論是暫時不治理，而是先研究如何治理。當這一消息傳出後，等於宣佈比特幣的糧草繼續不受限制，於是比特幣開始大漲。四個月後（2021 年 11 月）研究結束，美國宣佈開始治理類似 USDT 的穩定幣，糧草受到限制，比特幣開始大跌。

如果以後 USDT 受到嚴格監管，USDT 有可能不再是比特幣的糧草。

儘管美聯儲內部在支持 CBDC 還是支持穩定幣這一問題上引發了爭論，但對於數字貨幣都不約而同地給出了一致的意見，表示支持。不過，對於比特幣和其他數字代幣的監管只會更加嚴厲。下表列舉美國的觀點：

表 24-2

	2021 年 6 月前美國的觀點	後來的觀點
數字代幣	支持，但是需要監管	支持，但需要強監管
CBDC	支持	支持
數字穩定幣	反反覆覆多次改變看法，認為數字穩定幣需要監管，但是對於合規數字穩定的觀點一直不確定。	支持，認為合規或是不合規穩定都需要強監管。

24.4 2022 年美聯儲和麻省理工學院提出央行數字貨幣模型 [18]

這節科技含量比較重，初讀時可以省略。2022 年 2 月 3 日，美聯儲和麻省理工學院一同發佈了數字貨幣第一期研究報告，提出新的 CBDC 模型，完成了核心交易系統。該系統有足夠速度以及容錯機制，而且開發軟件也是開源的，同時還提醒讀者該項設計還有很多完成，有很大的進步空間。同時，在第二期還會考慮系統安全、審計、可編程、監管、中間商（例如商業銀行）、彈性等問題。

第一期開發了兩個系統原型，一個是中心化系統，另外一個是分佈式系統。在中心化系統，用戶使用加密的數字錢包與中心系統交互。這兩種架構都滿足速度和吞吐量的要求，中心化系統一秒可以處理 17 萬筆交易 [19]，分佈式系統一秒可以處理 170 萬筆交易。他們認為系統有三個創新：

- 將交易驗證（transaction validation）與執行（execution）解耦，這樣系統在交易前完成驗證工作例如身份證以及賬戶信息等，當這些完成後才能進行交易，這樣的系統擴展性會更好。

- 安全以及緊湊（compact）交易格式（transaction format）和協議（protocol），預備將來的自我託管（self-custody）和可編程性。由於交易數據使用通用而且緊湊的格式，體積小，通訊和存儲的成本降低。

- 新型系統設計和提交協議（commit protocol），一個混合傳統數據庫一致性協議和區塊鏈存儲的做法。

---

[18]　這節科技含量比較重，初讀時可以省略。

[19]　報告說由於中心化處理，系統在中心有性能瓶頸。

第一個架構：中心化系統

中心化架構是通過排序服務器（Ordering service）將已經驗證過的事務排序，然後有序的事務組織分到不同區塊中，這些區塊就可以存在塊子鏈上。交易服務器根據這些區塊來完成交易，當一個區塊交易完成後就可以存在區塊鏈存儲系統內，建立一個完整的歷史記錄。現在每秒可以處理 17 萬筆交易，而且 99% 交易是在兩秒內完成的，每一筆大多在 0.7 秒內完成。需要注意的是排序服務器是整個系統的性能以及安全瓶頸。

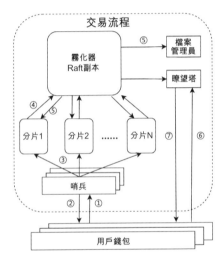

圖 24-9：美聯儲提出的第一個架構：中心化系統

1. 用戶需要交易的時候將交易請求送給中心系統，系統的哨兵（Sentinels）接受請求；

2. 哨兵驗證交易事務後，回覆交易的有效和被接受，等待執行；

3. 哨兵將交易轉換為緊湊的交易格式（Compact Transaction），並將其轉發給分片；

4. 分片檢查輸入交易的數字資金是否使用過，並將緊湊交易轉發給霧化器（Atomizer）。分片將其當前的塊高度和輸入索引放在通知中；

5. 霧化器收集來自分片的通知，如果數據齊全就可以進行交易，並將區塊放在存儲服務器（Archiver）。如果在一定時間內沒有完成就會通知分片這次交易失敗，分片就會立刻調整鏈的高度。其中，不論交易成功或是失敗，霧化器都會通知偵聽器（Listeners），多個偵聽器組成一個瞭望塔（Watchtower）；

6. 用戶錢包查詢瞭望塔以確定其交易是否已成功執行；

7. 瞭望塔回覆用戶相關的交易是成功還是失敗。

第二個架構： 分佈式架構

分佈式架構在多台電腦上並行處理事務，而不依賴於單個排序服務器來將交易排序，系統原則上一秒可以處理 170 萬筆交易，而大部分的交易不到半秒就完成，而且增加服務器系統的交易速度會更加快。由於沒有將交易排序，因此也沒有一個完整的排序的歷史記錄[20]。

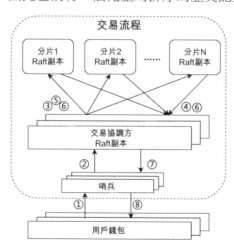

圖 24-10： 美聯儲提出的第二個架構： 分佈式系統

---

[20] 原文："does not materialize an ordered history for all transactions"

1. 用戶錢包提交一個有效的交易給哨兵；

2. 哨兵將交易轉換為緊湊交易格式，並將其轉發給協調器（Transaction Coordinator）；

3. 協調器將交易拆分為相關的分片（每個分片只處理有自己信息的交易），並將每個交易集標識「預備」（Prepare），代表該交易正在進行；

4. 每個分片鎖定相關的交易輸入和輸出記錄，記錄這筆交易在本地數據庫內，並回覆協調器表示交易成功；

5. 協調器向每個分片發出一個提交（Commit）；

6. 每個分片完成交易後自動刪除輸入和相關的輸出信息，記錄交易成功。然後分片回覆協調器，表明提交成功；

7. 協調器向每個分片發出丟棄（Discard）指令，通知它們交易已經完成可以忘記相關的交易狀態；

8. 協調器回覆哨兵，通知交易已經完成；

9. 哨兵通知用戶，轉發來自協調器的交易成功信息。

中心化架構和分佈式架構可以容忍兩個數據中心的損失，例如由於自然災害或網絡連接的丟失，仍可毫無影響地繼續處理事務而不丟失任何數據。

24.5 分析

美聯儲和麻省理工學院主要採取傳統數據庫的科技同時使用區塊鏈的塊子鏈存儲系統進行協助。無論是第一個架構或是第二個架構都沒有採用拜佔庭將軍協議，而是採取兩段式一致性協議來完成交易。第一個架構使用中心化的排序服務，也是系統風險最大的地方，第二架構和傳統分佈式數據庫架構大同小異。下面是報告內提出的主要觀點：

- CBDC 架構比文獻中討論的架構要更詳細。原有的研究假設

需要區塊鏈或分佈式賬本技術來實現 CBDC 的理想特性，或者對特定數據模型的能力做出廣泛的假設，例如所謂的「基於 Token」和「基於賬戶」的模型，然而，這些不足以展現 CBDC 設計中存在訪問、中介、機構角色和數據的複雜性。所以，這一次只研究 CBDC 的信任和威脅模型、交易事務格式以及容錯和擴展策略，未來可能會對可審計性（Auditability）、防篡改、防止垃圾郵件、可編程語義和私隱方面等進行研究。

- CBDC 系統需要支持多種貨幣政策目標以及系統性能需求，而且可以從事研究和實驗，讓決策者了解各種技術能力和權衡。只有明確貨幣政策和系統需求，才能設計出適合的系統。
- 央行不需要存儲所有的數據。美聯儲設計的系統並沒有提供所有的數據給服務器。

英國央行認為智能合約可能在客戶端，在交易系統內，也可能在交易系統外和交易系統並行，這三種部署方式可以同時進行。由於智能合約機制的加入會影響 CBDC 系統的架構，所以當第一個架構和第二個架構混合時會形成多種新型架構。

第二個架構因為不能提供排序的交易記錄，因此該系統的交易完備性還需要研究，根據現在的原型，美聯儲的原型系統仍然有系統性金融風險。根據本書數字貨幣交易完備性的討論，目前已經有了具有交易完備性的分佈式系統。事實上，第二個架構類似於現在的雲平台系統，分佈式執行但有中心（協調器）控制流程，協調器接收從哨兵傳輸的交易，控制後台的分片。這裏協調器也是一個分佈式系統使用 Raft 共識協議，每個參與的子系統相對獨立，但是無法發現參與系統是否說謊，因此只能運行在信任環境下。因此這是原型現在還不適宜作為零售 CBDC 的系統。

第二個架構和區塊鏈節點作業方式還有距離。區塊鏈系統是一個分佈式系統，每個節點獨立作業又擁有完全同樣的信息，數據更新時通過拜佔庭將軍協議檢驗參與者是否說謊。

德國銀行業委員會：
CBDC 是全歐盟的經濟體系大改革

2021 年德國銀行協會寫給歐洲央行的一封公開信表示：

第一，CBDC 計劃是一個大型計劃，整個歐盟地區的企業都會參與，包括個體商戶、醫藥行業、銀行機構等各行各業[21]。

第二，歐洲實施數字歐元計劃要對貨幣系統、央行與商業銀行的結構、支付系統等進行全面改革。其中，商業銀行必須參與數字歐元作業，而不能排除在外。

第三，商業銀行必須可以繼續貸款[22]。

第四，任何數字歐元必須融合在現代支付體系以及各式各樣的銀行系統[23]。

第五，文件處理系統非常重要。

第六，可編程交易與可編程貨幣不同。一般來講，智能合約是可編程的交易。貨幣本身要自帶智能合約，並和交易系統的智能合約是分開，同時還互相合作。

2020 年，德國銀行曾表示新型數字貨幣大戰是智能合約大戰，也是軟件大戰。

---

[21]　他們的觀點是數字歐元影響到歐元區每個機構，不只是金融機構。歐洲央行不要只和金融機構交談。

[22]　這個觀點表示強烈反對「平台為王」的思想，也強烈反對英國央行提出的「大央行主義」，就是以後資金都會存在央行，而不存在商業銀行，商業銀行失去其傳統價值。

[23]　這個觀點表示強烈反對像數字代幣一樣的支付系統，這些支付系統把大部分的銀行以及金融機構全部排除在外。

美國關注科技，英國關注央行，德國關注智能合約，各國側重點不同，把它們結合在一起就有全面的認識。

　　德國銀行一個非常獨到的觀點：CBDC 是整個歐盟體系中每一個機構都會參與的一次貨幣大改革，這一次不只是銀行界大事，而是整個社會的大事。同時還請求歐洲央行務須積極處理，務必站在世界科技的尖端，認為 CBDC 的到來不可以改變商業銀行的結構。

　　德國銀行協會的觀點看起來非常中肯，但觀點鮮明，就是反對任何對經濟體系的大改動。特別是對現今的商業銀行體系的改動，他們不可能接受任何改變商業銀行結構的提議。

第 25 章

銀行的五指山：
英國銀行改革

　　本章討論的主題是數字貨幣最有爭議的一段發展史，不是因為改革路線錯誤，而是一旦接受這種觀點，就會衝擊另一種的觀點，但是對於商業銀行來說就是面臨生死存亡的關口。為了自身利益，這兩種觀點出現了兩派的激烈「競爭」，互不讓步。

　　在前一章，德國銀行協會發出強烈觀點，認為 CBDC 的到來會大大影響德國商業銀行的生存，這是德國商業銀行絕對不會接受的，一定會迫使歐洲央行放棄 CBDC 項目。

　　2019 年國際貨幣基金組發佈了一份研究報告，這報告當時被認為是數字貨幣宏觀經濟學上最重要的研究報告，其主要內容就是商業銀行會消失。後來美聯儲的研究報告（例如 2020 年的一些報告）也認為商業銀行應該消失。這些報告的發佈給商業銀行帶來嚴重打擊。

　　2019 年，筆者在倫敦參加國際金融科技大會，美國商業銀行代表開門見山地說「國際貨幣基金組織瘋狂至極，竟提出根本不正確，完全行不通的理論。」這樣的直言不諱可見 CBDC 的到來會使商業銀行面臨的生死攸關的衝擊。

　　事實上英國央行在 2015 年已經提過同樣的觀點。一些學者認為這是「大央行主義」，因為一旦央行發行 CBDC 商業銀行必須轉型，而且是由

央行直接面對客戶。因此，國際貨幣基金組織的觀點主要還是來自英國央行「大央行主義」的 CBDC 思想。

其實，CBDC 的最大爭議不是要不要發行，而是發行後商業銀行在新型數字經濟下該如何轉型？這才是關鍵。

筆者沒有全盤接受英國央行的「大央行主義」，並且認為在實際環境這個思想很難實，我們不需要在沒有厘清之前就開始激烈地辯論。2021年英國央行的一份研究報告也證實筆者的想法，他們發現即使英國央行發行 CBDC，商業銀行還是會存在，不會消失。商業銀行大可放心了。

孫悟空雖然厲害，但還是飛不出五指山。CBDC 再厲害，也不會，也不能讓商業銀行消失，央行還是需要商業銀行。美國特朗普政府的財政部的政策也是一樣，他們一定不會讓商業銀行在這次數字轉型中消失，反而他們認為商業銀行還可以在轉型中大大擴展業務。他們還允許商業銀行發行數字貨幣。這樣傳統商業銀行也變成數字銀行。

本章的一個重要觀點是 CBDC 將大力推動經濟的發展。這也是英國央行行長在 2019 年發表的演講中提到的為甚麼英國要發展 CBDC，即使受到了來自英國商業銀行強烈反對也全然不顧。商業銀行強迫轉型的確會有痛苦，但最後的結果卻會是好的。

25.1 數字貨幣對商業銀行的影響

2015 年英國央行在研究 CBDC 時發現，如果人們都把銀行存款放入 CBDC，若此時發生金融危機商業銀行會因為沒有存款，無法貸款獲取收益而瞬間破產。這一問題成為發展 CBDC 的「攔路虎」，商業銀行改革是 CBDC 的重要課題。可以說如果這個問題得不到有效解決，CBDC 是不可能推出的。這也是許多國家央行一直在延遲推出 CBDC 的原因，因為沒人知道 CBDC 一旦推出商業銀行將會面臨甚麼樣的局面。

商業銀行的危機

2015 年以來，有關銀行改革的新思路不斷出現，影響範圍最廣的是 2019 年國際貨幣基金發佈的一篇研究報告《數字貨幣興起》(*The Rise of Digital Money*)。這份報告認為數字貨幣會對經濟體系產生巨大推動作用，但是對商業銀行卻有負面影響，就是以後不再需要商業銀行。

2020 年美聯儲採用博弈論證明 CBDC 出台後商業銀行的確會沒有存款，同時也表示商業銀行將來沒有存款是很自然而然的事情，因為在二戰以前貸款不由商業銀行負責。這份研究報告再度肯定國際貨幣基金組織在 2019 年的觀點。

2021 年 6 月 7 日，英國央行發佈了《數字貨幣的新形式》(*New Forms of Digital Money*)，它是近幾年寫得最好的 CBDC 研究報告，提出了很多新的實用觀點。

25.2. 國際貨幣基金組織的數字貨幣理論

2019 年國際貨幣基金發佈《數字貨幣興起》，其中的觀點遭到了一些銀行家的反對，美聯儲也提出了類似的觀點。儘管觀點極端，仍不乏支持者。

2021 年 6 月 7 日，英國央行的《數字貨幣的新形式》報告否定了國際貨幣基金組織的《數字貨幣興起》理論。從目前全方位的研究結果來看 2021 年英國央行的觀點是正確的。其實，《數字貨幣興起》的部分分析和結果都是正確的，只是採取了單維度的分析，導致分析結果和實際情況存在差異。

數字貨幣不能以單維度分析，任何單維度的分析都不一定靠譜

1983 年筆者在某一軟件工程會議上遇到了伯克利大學的校友（當時筆者在伯克利大學攻讀博士學位）。他沒有博士學位，當時他給我一份他的簡歷，上面說只發表過一篇學術論文。如果只是拿發表的論文總數或是學位來評估這位校友，肯定不高。國內外大部分的大學都不會邀請他當老師，更別說那些國際著名高校。

但這位校友卻是 Kenneth Thompson，沒有博士學位，但是卻開發了改變歷史的 UNIX 操作系統，並且在當年（1983 年）獲得了電腦界最高的榮譽 —— 圖靈獎（Turing Award）！這充分說明只靠單維度評估一個人或是一個事物的發展結果是不準確的。

區塊鏈界不應通過共識速度這個單維度來評估一個系統的性能，這是之前已經討論過的。所以，商業銀行在 CBDC 時代的問題不能只分析發生在金融危機的情形，因為其他場景或機制存在。如果繼續使用傳統金融危機場景來建立博弈論（Game Theory）的模型，其論證結果必定是相似的[24]。當應用場景固定，無論研究時間的長短從場景中建立的數學模型只能是大同小異，結果也相差無幾。這就是過去 6 年包括美聯儲、歐洲央行等多家研究機構使用不同博弈模型，結果還是一致的原因。

本章第 4 節根據《數字貨幣的新形式》提出一個新思路。

2008 年，美國爆發金融危機，致使一些商業銀行接連倒閉，但卻沒有發生無序的銀行擠兌現象，整個國家經濟還在有序進行。

---

[24] 我們也發布幾篇基於博弈論的 CBDC 的論文。我們的模型結論是科技會是發展 CBDC 最重要的關鍵。

圖 25-1：《數字貨幣興起》第一作者 Tobias Adrian（國際貨幣基金組織）

《數字貨幣興起》一文以便利性來評估商業銀行的影響，但使用這種單一的系統評估就會發現：人們一旦把銀行存款放在央行數字貨幣，銀行就會沒有存款，銀行的功能就會改變，整個市場就會改變。這個觀點得到很多金融機構的認可，認為這篇文章直擊問題要害。

數字貨幣三階段

國際貨幣基金組織的經濟學家認為商業銀行會有共存、互補、取代三個階段，經過這三個階段之後就會被永久取消。

第一階段（共存）：銀行與數字貨幣在國內支付領域進行對抗，但在跨境支付領域還有段距離。數字貨幣商會把資金存放在銀行，因銀行失去很多主導權會出現「比目魚模型」中的不對稱優勢。

第二階段（互補）：數字貨幣商會慢慢從事貸款、會計和金融服務等傳統銀行業務。因為數字貨幣商比銀行的規模還要更大，有更多的話語權，所以銀行只能配合。

第三階段（取代）：央行為數字貨幣商提供結算服務，數字貨幣商完全取代銀行，支付服務由數字貨幣商全程提供，這是數字貨幣商的巨大優勢。

這三個階段觀點將帶給銀行界巨大震撼，許多商業銀行開始擔心以後將不復存在。

國際貨幣基金組織提出合成 CBDC 模型

《數字貨幣興起》的另外一個重要意義是提出「合成 CBDC」（Synthetic CBDC）模型。英國央行採取的合成 CBDC 主要是科技公司發行的穩定幣預備金放在央行，而且是一對一放入央行（而不是商業銀行）。

2019 年 8 月 23 日英國央行行長在美聯儲表示，合成 CBDC 可以取代美元成為世界儲備貨幣，這對美國來說將是顛覆性的。所以，2019 年對美國影響最大的概念不是比特幣，而是合成 CBDC。很多人都認為合成 CBDC 概念提得非常好，即使到了 2021 年英國央行還是一如既往地支持合成 CBDC 模型。

國際清算銀行的觀點

國際清算銀行對於合成的 CBDC 的態度非常保守，認為合成 CBDC 不是 CBDC，因為發行方不是央行[25]。只有央行可以推出 CBDC，其他機構推出的 CBDC 只是類似 CBDC 但不是 CBDC。國際清算銀行還表示比特幣的價值是零，但當時比特幣正逢大漲。

---

[25] 美國一些經濟學者反對央行推出 CBDC，建議采用合成 CBDC，其主要理由是央行不是科技單位，由央行提供 CBDC 的高科技項目和相關的服務是有挑戰性的。這裏國際清算銀行給予反擊。

圖 25-2： 國際清算銀行 CBDC 報告

　　國際清算銀行在 2021 年 9 月卻改變了他們的觀點，承認未來 CBDC
會和比特幣等數字代幣共存。這是不是代表國際清算銀行不再認為比
特幣價值應該歸零？如果是，世界貨幣體系改變，比特幣成為世界貨幣
之一。

25.3 英國央行對商業銀行的改革思路

　　如圖 25-3 所示，英國央行對於數字貨幣改革的路線是：從區塊鏈底
層架構開始，到支付改革，再到央行支持的穩定幣和後台結算改革，最
後是數字資產和智能合約。其中數字資產和智能合約改革已經開始，但
後台結算卻遲遲未有動靜[26]。英國央行清楚地表示，英國做數字貨幣的兩
個最重要的原因是監管權和促進經濟，這些在第 18 章有過討論。

---

[26]　　後台結算的改革難度最大，當前世界上涉及後台結算改革的項目少，而且多半未成功。

圖 25-3: 英國央行 2019 年 7 月提出的數字貨幣改革金融體系的路線圖

英國央行提出的「CBDC 會引起經濟大爆發」將發生在第三階段。由於經濟發展需要貨幣流通，因此基於區塊鏈以及數字貨幣的後台系統完成後，可以釋放大量資金進入實體，大力推進實體經濟。這樣的經濟推進不需要印鈔票，只需要發展科技。但可惜的是，英國央行始終沒有到達第三階段，我們還看不到該理論的實現[27]。

第三個階段的實施是目前無法實現，因為現在世界上完成的 CBDC 或是合規數字穩定幣的後台系統不超過兩個，而且設計也沒有公開，實際部署和運行還需要時間。

美國的做法是接受 DeFi，不經過後台系統的部署而通過 DeFi 直接進入百行百業。由於 DeFi 還處於早期實驗階段，其大量應用限制，但只要有實驗必定有收穫，在實戰中成長更具優勢。如果只是等待後台系統的完成，在時間上就是未知的。

25.4 銀行風險真的那麼大？

國際貨幣基金組織認為商業銀行會在 CBDC 時代消失，這一分析結果發生的可能性假設在 2015 年至 2021 年金融危機期間，用戶把存款換成 CBDC，讓銀行會沒有資金。這是以銀行擠兌（Bank run）現象來分析

---

[27] 在 2019 年筆者曾經想購買一套當時唯一一得到重要央行批准的基於區塊鏈的數字貨幣後台系統，但很可惜的是當時投資人並不知道這個系統所具備的價值。

銀行的風險，英國央行、國際貨幣基金組織、美聯儲等都發表過同樣觀點。特別是 2020 年美聯儲和歐洲央行學者多文論述英國央行的擔心的確會發生，這對商業銀行來講並不是甚麼好消息。

筆者對該結果持保留態度。經濟是複雜系統，但論文大多使用單維度的分析方式。單維度分析存在片面問題：

- 現代銀行設置許多保障和保險機制，大部分銀行存款也都有政府或是保險機構擔保，足以抵禦金融危機時帶來的風險。因此人們不需要轉變存儲方式。
- 現金市場基金（Money Market Fund）是公共投資基金的一種，只能投資低風險債券，例如國債。由於是投資基金而不是銀行存款，資金風險極低（不像銀行存款），即使是 2008 年爆發的全球金融危機，現金市場基金沒有出過重大安全事件，似乎也沒有轉投 CBDC 的必要。
- 銀行自己可以提供 CBDC 服務，這樣一來資金還留在銀行。

CBDC 對商業銀行產生的風險可能被過大評估和宣傳，許多銀行依靠其保障機制順利度過 2018 年的全球金融危機，即使倒閉內部存款也未造成損失，沒有看到銀行擠兌的現象。因此人們應該不會把銀行存款都換成 CBDC 就造成銀行大量倒閉。

英國央行 CBDC ／穩定幣四模型

2015 年的數字穩定幣並未得到英國央行的過多關注，但被認為和 CBDC 一樣同銀行存在非此即彼的競爭關係，因此包括美聯儲在內的多國央行表示並不看好。直到 2021 年英國央行的一份研究報告打破了這一刻板印象：即使大量資金從傳統銀行存款變成數字穩定幣，但最終還

是會回到銀行，因此穩定幣不會對商業銀行造成風險。這是英國央行在 2021 年提出的新理論，如果該理論正確，商業銀行的確不需要擔心被消失。

英國央行把穩定幣分為以下四種模型：

表 25-1： 不同穩定幣模型

	穩定幣設計	特性
1	銀行模型	穩定幣發行方需要成為銀行，接受銀行制度監管，可以有 3 種（貸款、HQLA 流動資產、央行預備金）
2	銀行 HQLA 模型	只能使用 HQLA（政府公債或是央行存款）
3	央行負債（CBL）模型	屬於合成數字貨幣，只有作業風險，符合 PFMI 第 9 條原則，接近 CBDC
4	存款支持（DB）模型	主要由銀行支持，央行間接支持，銀行把資金放在託管賬戶。有流動性和市場風險，穩定幣發行方和託管銀行承擔風險，例如託管銀行的信用風險。如果資產有關聯，因此需要 100% 現金存款，且必須是「一對一」現金放在銀行中，與美國財政部方案類似

英國央行以下面 5 個觀點來討論穩定幣產生的問題以及解決方案：

五個觀點之一： 流動性和貸款量衝突

貨幣在金融體系的功能是現金和銀行存款，這與鑄幣權和信用有關，因此數字穩定幣的發行需要更高的擔保，其流動性與擔保性成正比。穩定幣的流動性高會減少貸款的資金，例如圖 25-4 是英國央行提供的穩定幣和銀行資金走向變化，淺色部分是放貸，比如做貸款、放債、買資產，深色部分是存款。數字貨幣只能放在 HQLA 裏，使用之後最右邊圖中銀行存款、貸款也都減少了。按照這樣的發展，並沒有對實體經濟帶來促進作用。

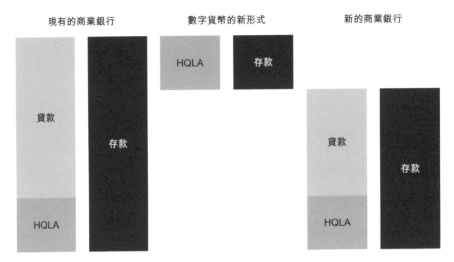

現有的商業銀行　　　數字貨幣的新形式　　　新的商業銀行

圖 25-4： 英國央行提供的穩定幣和銀行資金走向變化

數字穩定幣增加金融速度，但貸款減少

數字穩定幣增加金融速度，加快交易，同時貸款量也相對減少。這一觀點是英國央行於 2019 年 7 月提出並提供數據證實，但貸款減少實體經濟會受到壓縮。所以，貸款減少所帶來的負面影響與交易加速帶來的正面影響哪一個對發展更有利？這是我們需要考慮的問題。

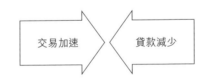

交易加速　　　貸款減少

圖 25-5： CBDC 的一個衝突 —— 貨幣速度大大增加，但是貸款總量減少

五個觀點之二： 數字貨幣具有網絡特性

數字貨幣必須有監管科技，數字穩定幣也是如此。數字貨幣政策需要考慮以下問題：

- 一是經濟和貨幣的穩定性，這是一個潛在危機。

- 二是要加大數字貨幣的普及，減少現金的使用。

- 三是支持支付創新，包括實時結算、可編程貨幣、跨境支付。英國央行認為實時結算應控制在兩小時內，事實上在電腦中的「實時」代表一兩秒內或是更短的時間，兩小時和 2 秒相差非常明顯（60x60x2 和 2 秒比，差距 3600 倍）[28]。

- 四是普惠金融和保護數據，讓沒有銀行存款的人也使用數字貨幣。保護數據方面有三個重點：

  > 網絡效應：世界儲備貨幣是由網絡效應造成的。比如大家都用美元，所以我也用美元，這就是網絡效應。

  > 達維多定律：如果把達維多定律適用在某一市場，第一個出場的產品將可以佔到整個市場近一半的份額。假如 CBDC（或是穩定幣）具有達維多定律，每個國家都會力爭本國家 CBDC（或是穩定幣）能夠第一個出場佔有最大的市場，而佔有市場最大份額的將會成為世界儲備貨幣[29]。

  > 交互性：保證 CBDC 和穩定幣與和其他數字貨幣進行交互，流通越廣，市場份額越大。

- 五是數字貨幣在市場上競爭，例如對銀行存款的競爭，CBDC 彼此競爭，CBDC 和穩定幣競爭等。

- 六是客戶可以選擇不同的服務，例如不同的 CBDC 或是不同的數字穩定幣。

---

[28] 事實上，這裏英國央行不支持實時結算，結算在兩個小時內完成實在不能算「實時結算」。

[29] 這是數字貨幣戰爭的一個重要觀點。

五個觀點之三： 資金回流的鮭魚模型

數字貨幣的優勢來源於它的便利性和安全性。任何人想要發展數字貨幣都必須考慮它是不是使用方便，是不是具備非常信任的系統，或者是不是安全。

國際貨幣基金組織、美聯儲和其他央行報告認為以後銀行將不再有存款，但英國央行經過多次調查研究後發現只有 21% 的銀行存款會轉為CBDC（此數據還存在不確定性），而剩餘的 79% 存款還會繼續留在銀行系統內。

英國央行認為有效的保險制度可以防止銀行存款的損失，在這種情況下不會有人願意把資產從銀行轉到 CBDC。假如這些資產真的流入數字貨幣商手中，也會經過數字貨幣、HQLA 再次會回到銀行，這就是鮭魚模型[30]。圖 25-6 為數字貨幣資金流向，圖 25-7 為鮭魚模型。如果資產最終沒能流入傳統商業銀行，美國財政部在 2021 年 1 月推出的貨幣政策有效地解決了這一問題，就是讓數字穩定幣商家成為商業銀行。

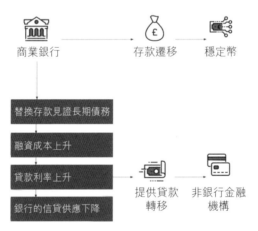

圖 25-6： 英國央行提供的穩定幣資金流向

---

[30]　在自然界，鮭魚很奇特，長大後會自己「回家」產卵。出生的小魚離家，在外面長大，然後回家生後代。

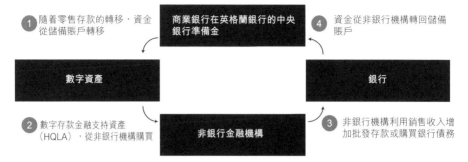

當數字貨幣基金由HQLA支持時，貨幣如何通過金融系統循環的程式化的觀點

① 隨着零售存款的轉移，資金從儲備賬戶轉移

商業銀行在英格蘭銀行的中央銀行準備金

④ 資金從非銀行機構轉回儲備賬戶

數字資產

銀行

② 數字存款金融支持資產（HQLA），從非銀行機構購買

非銀行金融機構

③ 非銀行機構利用銷售收入增加批發存款或購買銀行債務

為了簡單起見，該圖顯示了HQLA直接支持數字貨幣的情況。由於數字貨幣存款最終由HQLA支持。其他支持模式也許產生類似的結果。

圖 25-7: 資金像鮭魚一樣最後還是會流到銀行

如果圖 25-7 正確，那麼過去美聯儲和國際貨幣基金組織的分析就是不全面（或是不準確）的，商業銀行會在數字貨幣時代繼續存在和成長。即使數字貨幣的使用可能會造成商業銀行的資產減少，貸款成本提高，但最終還是會回到銀行，這是英國央行 2021 年 6 月一個重要理論突破。

五個觀點之四：數字貨幣宏觀經濟學

2021 年 6 月 7 日英國央行發佈報告，認為數字貨幣應助力宏觀經濟的穩定。

- 強烈信心：社會各界應對貨幣制度（包括數字貨幣制度）有強烈的信心。

- 央行應支持數字貨幣發展：在金融危機發生時商業銀行可將資產轉入 CBDC 緊急避險，同時央行向其注入大量資金，避免銀行倒閉危機。

- 貸款信用制度可能會因數字貨幣出現而改變。

- 數字貨幣不會對市場有長期不良影響。

- CBDC 存儲應該提供利息[31]。

五個觀點之五：數字貨幣監管

穩定幣支付需要監管；作為價值存儲，應該和傳統貨幣有一樣的待遇，包括資金需求、流動性管理、央行支持、以及穩定幣保險。

英國央行的穩定幣模型與美國財政部不同，推出的穩定幣類似於國際貨幣基金組織在 2019 年 7 月提出的合成 CBDC，由英國央行主導的，而美國卻是由商業銀行主導，使用蝴蝶模型。

在資金安全上，英國模型更加安全；在靈活性上，美國模型（下一章）更加靈活。

英國央行 CBDC 原則

2021 年，英國央行數字貨幣重要原則：

- 接納各方使用。這是英國央行傳統原則，意味着所有單位、機構、個人支付都要接受英國央行的監管。
- 央行與企業合作。由央行提供基礎設施，企業提供增值服務。這與美國財政部的觀點略有不同，儘管都由央行策劃，但美國的數字貨幣系統將全部由企業外包。
- 央行數字貨幣支付打擊第三方支付系統。
- 在反洗錢環境下保護私隱。
- 在「不損害各方利益」的前提下，央行使用 CBDC 進行貨幣和經濟政策。
- 保留現有銀行業務模式，包括貸款和存款。

---

[31] 這點和原來英國央行的觀點相反。開始的時候，計劃 CBDC 沒有利息，或是負利息。負利息的安排是故意排擠需要利息的資金，讓這些資金留在商業銀行。

第 26 章

老鷹展翅高飛：
美國銀行改革

　　美國對於數字貨幣的觀點和做法一直比較務實，可以實時改變觀點接受事實，從現況再出發。例如美國亞利桑那州在研究比特幣之後決定不禁止其交易，而是要求州民在比特幣上的盈利進行繳稅。這些都是市場行為。

　　由於此前美國並不重視數字貨幣的發展，因此大部分的理論和思想主要來自英國或是國際貨幣基金組織。但從 2019 年 8 月 23 日後美國開始認真研究數字貨幣，加之眾多強大的智庫、高校、研究院，大量思想噴湧而出，研究速度驚人。其中，最重要的數字貨幣區理論就來自普林斯頓大學。

　　一旦改變其觀點，美國對數字貨幣提出了非常大膽且前沿的創新。由於這些觀點主要出現在特朗普執政時期，拜登政府不敢貿然全盤接受。後來局勢的變化超乎他們的想像，最終還是接受了，甚至在一些課題上更加超前，究其原因是從 2020 年 11 月比特幣開始挑戰美元。

　　2020 年 6 月後，比特幣出現大漲。比特幣在美國市場上已經合規化，美國財政部也推出的銀行改革計劃，讓其金融界放膽創新。新思想不斷出現。

但物極必反，合規壓力小了，市場壓力就大了。這兩年陸續出現大量有關新型數字貨幣的問題，損失慘重，而且問題主要集中在以前被認為是「奇跡」的科技，例如 DeFi。以前急需發幣，忽略監管；發幣後，由於缺乏制衡的監管機制，金融問題就大量出現了。

宏觀經濟學是根據經濟現況而導出的理論，當理論和現實衝突時，此時理論就需要更新了。當比特幣挑戰美元現象出現後，美國學界立刻改變傳統數字貨幣政策和理論，數字貨幣的發展速度遠遠超過大家的想像。根據新理論，美國在政策上也改變。美聯儲和麻省理工學院合作，改變了美國數字貨幣政策，也改變了比特幣代碼。

後來美國拜登總統簽署數字資產行政令，要求美國政府多部門共同研究數字資產和數字貨幣，徹底改變美國政府以前對數字貨幣的態度。老鷹這次在新型數字經濟上展翅高飛。

本章除了討論美國的思想，還介紹了日本央行的一些思想。

26.1 美國財政部大刀闊斧的銀行改革

美國的數字貨幣發展一直是民間先行。在 2018 年情人節（中國春節）美國國會採取了兩手政策，即一方面開放數字代幣市場讓相關商務發展，另一方面又開始監管數字代幣。這些對於美國來說都是商業行為，和國家安全沒有關係，更和美元無關，數字代幣對美元不會造成威脅不需要過多關注。這一想法在 2019 年 8 月被顛覆，於是在經過一年多的數據收集，研究以及思考美國財政部開始大刀闊斧地改革。

收集數據、分析現況

美國財政部貨幣審查署（Office of Comptroller of the Currency, OCC）

代理署長在 2020 年年底表示，根據監管科技公司的報告分析，在還未獲得美國政府批准環境下：

- 數字代幣已經有了成熟的市場，不但在地下市場非常活躍，在合規市場也是非常活躍；
- 美國商業銀行早已參與數字貨幣業務，包括美國前十大銀行；
- 美國最大銀行摩根大通銀行發行了數字穩定幣，非常超前。

從小眾到大規模的經濟活動，此時的數字代幣情況和 2018 年完全不同了，可以說是美國已經到了法不責眾的地步。既然如此，美國財政部 OCC 表示從 2021 年 1 月 [32] 起全面放開數字代幣，所有商業銀行都可參與區塊鏈作業，都能發行穩定幣（這等於承認摩根大通銀行的做法是合法的）。這是美國銀行歷史上一個大轉變。

突如其來的轉變讓美國政府不得不正視了數字貨幣的發展。現任 SEC 的委員曾在麻省理工學院數字貨幣計劃（Digital Currency Initiative）任高級顧問，並教授數字貨幣學科。美國政府因為有這樣專業人員的存在將推動數字貨幣發展，只是出於謹慎考慮，前進的步伐有所放緩。

理論討論

美國區塊鏈界和數字貨幣界一直希望政府能夠對其進行立法，但美國政府和 SEC 認為使用當下的法律就已足夠不需要再重新立法。直到 823 事件發生後，在 2019 年年底，美國政府連續提出預備建立 22 個法案。2020 年 10 月比特幣出現大漲後，美國合規金融界紛紛進入數字代

---

[32] 拜登政府在 2021 年 1 月 20 日上台，而財政部在 1 月宣佈政策是不合常理的，因為那時候當前政府不應該出台新政策，而讓新政府更好佈局。

幣市場。

美國財政部 OCC 提出要進行銀行改革，認為美國銀行法已經落伍了。如果美國拿着 100 多年前制定的法律來討論現在的數字貨幣政策顯然是跟不上時代的，而多家重量級金融機構卻表現出前所未有的擔憂：「CBDC 出台後商業銀行會有很大風險，改革卻是不可避免的。但如何改革，改革後會面臨怎樣的結果，能否承擔改革後果，這些都是未知的」。

2020 年 5 月，美國財政部開始積極擁抱數字貨幣，其貨幣審查署推出的多個研究報告都一致認為數字貨幣有積極的正面影響，改革才是正路。這一說法衝擊了那些對於數字貨幣一直採取保守謹慎態度的學者。

為了使美國商業銀行能夠抵抗國外 CBDC 或科技公司出台的數字穩定幣的衝擊，美國財政部 OCC 在 2020 年出台了以下保障政策：

- 給數字貨幣服務商頒發了至少三張銀行營業牌照。讓數字貨幣服務商成為「銀行」，新銀行結構取代舊銀行結構[33]。
- 允許美國商業銀行發行自己的數字穩定幣，這樣銀行自己變成數字貨幣商，改革後銀行可以取代不改革的銀行[34]。

瞬息萬變的數字貨幣發展導出的不同政策

2021 年上半年，數字貨幣的發展突飛猛進，各類項目正火熱推進中，各種新思想層出不窮。此時的美聯儲意識到了比特幣對美元的形成的挑戰，這是歷史上從未發生過的 —— 數字代幣挑戰法幣。美國政府對

---

[33] 這個思想模式，就是既然數字貨幣商以後會取代商業銀行，那就讓數字貨幣商變成商業銀行。

[34] 這個思想模式，就是既然商業銀行打不過數字貨幣商，那就讓銀行變成數字貨幣商，大家共同富裕，放棄原始銀行的作業方式。

數字貨幣的態度大幅轉變，認為 CBDC 是高優先級項目[㉟]，並且開始格外重視和麻省理工學院合作的漢密爾頓計劃（Project Hamilton）。

美國漢密爾頓計劃一直都非常低調，很少有報導。2021 年 5 月報導的更改比特幣代碼的消息就是在該計劃的領導下，而且當時已經更新了將近 14% 的比特幣核心代碼。但在 2021 年底美國的觀點再度發生轉變，認為應該先出台數字穩定幣而不是 CBDC[㊱]，這一次一起被提及的還有 Web 3[㊲]。

美國的觀點反反覆覆，不是因為沒有認真研究，而是數字貨幣理論和傳統貨幣理論大不相同。數字貨幣還處於探索的階段，昨天的理論可能會被今天的理論推翻，而根據同一數字貨幣理論指導的貨幣政策，因為解釋不同，也會有差異，甚至是互相矛盾。所以可以看到，從 2019 年開始美國就幾次改變其貨幣政策以及佈局，2021 年初出台的政策和年底的差距就很大。2019 年一個著名理論在 2020 年得到美聯儲的證實，但是在 2021 年卻被放棄。

現在，不只是美國，連保守的國際清算銀行亦是如此。但可以肯定的是，數字貨幣理論還會繼續推進和演變。

[㉟]　表示 CBDC 比數字穩定幣重要，應該儘快出台 CBDC 來擠壓數字穩定幣。

[㊱]　美國這樣反反覆覆改變觀點多次，例如著名投資銀行高盛，美國最大銀行摩根大通銀行，美聯儲，美國財政部都多次改變其觀點。

[㊲]　如果不察，可能覺得美國國會在 2021 年 12 月決定只是表態支持數字貨幣。最主要的是，美國國會認為這是「下一代」互聯網。從數字貨幣到成為下一代互聯網的跳躍是巨大無比的改變。數字貨幣再重要，現在的數字貨幣都是互聯網上運行的「應用」，而不是互聯網。從互聯網上的應用改為互聯網底層系統是重大思想改變，這是有應用需求主導底層系統的一次歷史事件。由於互聯網上有萬種應用，任何一個應用都可以成為「下一代互聯網」的架構，可是偏偏美國國會選擇數字貨幣這應用作為下一代互聯網的出發點。而美國的科技預言家 George Gilder（加密宇宙思想）和我們（互鏈網）在幾年前都得到同樣的預測。

26.2 美國合規金融機構 進入數字代幣市場

2020 年 10 月，美國多家合規金融公司加入比特幣陣營。現在，比特幣的支持者不僅包括幣圈、黑客，還有美國合規的金融界。

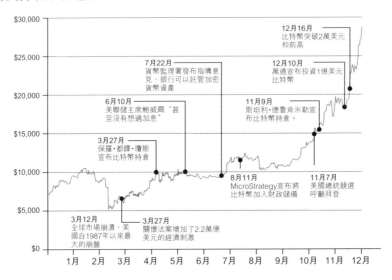

圖 26-1：2020 年第 4 季美國金融機構大量投資比特幣

由於有大量機構、企業的入場，比特幣進入一個新的時代，同時也證明了以「堵」的方式來阻止比特幣上漲是無失效的。筆者在 2020 年提出要治理數字代幣，需「疏」、「堵」雙管齊下。一年後，美聯儲主席也提出同樣「疏」和「堵」並用理論，就是在合規市場提供對應的數字貨幣，以合規數字貨幣取代不合規的數字代幣，讓市場能夠正常、有序地發展。

比特幣 ETF 超過黃金 ETF

根據美國摩根大通 2021 年 2 月的研究報告《數字轉型以及金融科技：區塊鏈、比特幣、數字金融 2021 年》（J.P. Morgan Perspectives,

Digital transformation and the rise of FinTech: Blockchain, Bitcoin and digital finance 2021）得知，比特幣市值已經超過黃金。黃金作為儲備資產已有千年的歷史，被認為是貨幣的「儲備」，是基礎貨幣，一直以來得到大量投資，但在 2020 年居然被比特幣超越了。

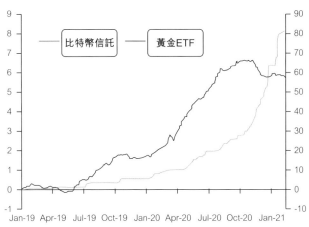

圖 26-2: 進入比特幣 ETF 的資金超過進入黃金 ETF（摩根大通銀行 2021 年報告）

從圖 26-3 可以看出，2021 年 1 月比特幣錢包賬戶達到了 7000 萬個，世界上有 7000 萬人擁有比特幣。

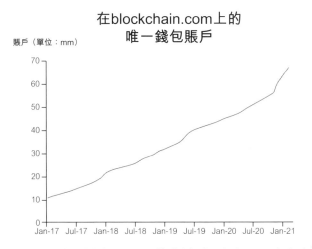

圖 26-3： 比特幣錢包超過 7000 萬（摩根大通銀行 2021 年報告）

數字貨幣錢包增長速度

圖 26-4 中綠線代表互聯網人口，灰線代表比特幣規模，虛線是德意志銀行的預測。可以看出發展速度非常快，然而這還不是 CBDC 的錢包，只是比特幣的錢包。

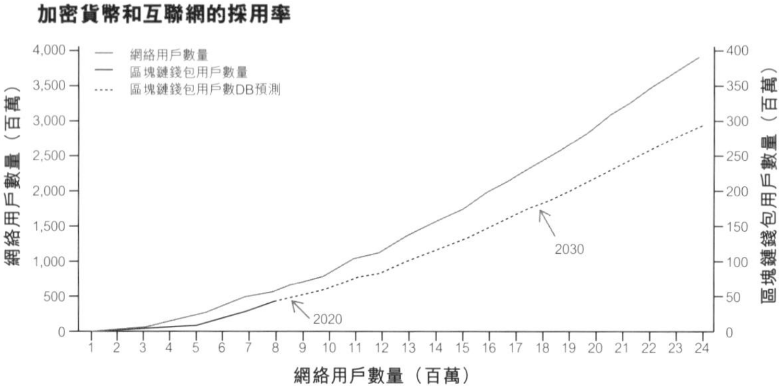

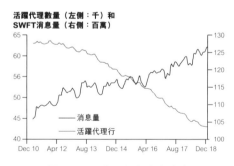

圖 26-4： 德意志銀行的預測

跨境代理銀行一直在減少

跨境代理銀行在不斷減少，交易量卻在一直增加。此時支付系統超負荷運轉，一開始只是延遲，隨着延遲愈來愈嚴重系統出錯會更加頻繁。如果需要一個新的支付系統來臨，那麼只能是數字貨幣支付系統，而摩根大通就是主要推手之一，因為它推出了自己的穩定幣。這樣一來，傳統銀行和傳統基礎設施將持續走低。

圖 :26-5： 代理銀行愈來愈少

屬性	年透支頻率				
	Never	1-3	4-10	10-20	>21
賬戶份額	67%	15%	10%	4%	5%
透支費用份額	0%	7%	15%	15%	63%
ECD餘額	$1,585	$518	$398	$345	$276
月存款	$2,093	$1,726	$1,816	$2,050	$2,554
任期	63.5	42.5	36	33	31.5
信譽值	747	654	610	585	563
可用信用	$14,100	$3,000	$960	$521	$225

圖 26-6： 由於保障機制啟動，愈來愈多延遲

26.3 2020 年美國財政部提出數字穩定幣治理模型

美國財政部 2020 年數字貨幣發展措施包括：

- 允許現有商業銀行成為數字貨幣託管機構，也就是說銀行可參與數字貨幣的發行。
- 允許穩定幣發行商成為全國性新型銀行，可以在每一州運營。
- 允許銀行提供穩定幣準備金服務。
- 允許銀行發行數字穩定幣。
- 允許商業銀行加入區塊鏈網絡。

圖 26-7 是根據美國財政部規則建立的「蝴蝶模型」，兩隻翅膀一邊是管理準備金，另一邊管理客戶，通過兩套的系統進行管理，可以用一條區塊鏈，或是使用多條區塊鏈系統搭建。

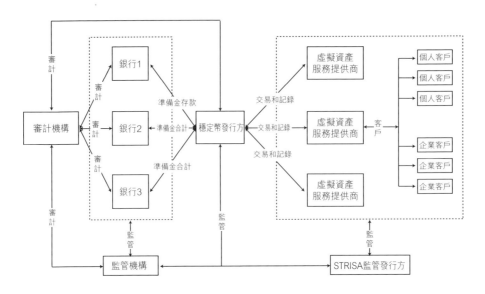

圖2 左邊是穩定幣發行方的管理，右邊是穩定幣使用方的管理

圖 26-7: 蝴蝶數字穩定幣管理模型

　　按照這樣的模型，數字穩定幣的發行只需在幾分鐘（或是幾秒鐘）內就可以對準備金狀況和貨幣的流通量一目了然。蝴蝶模型一種自動化的模型，這是和傳統貨幣模型區別所在。

26.4 區塊鏈系統取代現代美聯儲支付網絡系統

　　美國財政部認為應積極擁抱數字貨幣，並認為穩定幣系統可以改變遊戲規則。銀行應該把貸款、存款、支付拆分為三種不同功能的銀行，也就是貸款銀行（機構）、存款銀行（機構）和支付銀行（機構）。通過股票市場發現，拆分業務後股票反而漲得更高。

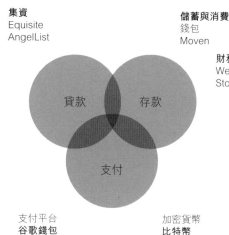

拆分金融服務

集資
Equisite
AngelList

儲蓄與消費
錢包
Moven

P2P貸款
Lending Club
Society One

財務管理
Wealthfront
Stockspot

基於風險的貸款
OnDeck
Kabbage
Moula

貸款　　存款

支付

促成解綑綁的力量
-無處不在的數據
-人工智能
-技術驅動的網絡
-消費着的偏好

支付平台
谷歌錢包
蘋果支付

加密貨幣
比特幣

圖 26-8: 美國財政部認為銀行應該拆分

思考問題

　　美國財政部在長期研究數字貨幣區理論後提出「以後世界金融會是以區塊鏈網絡為中心」，這也是為甚麼本書會把數字貨幣區理論、互鏈網放在前面討論的主要原因。因為如果沒有數字貨幣區理論，沒有互鏈網概念，就不明白為甚麼美國財政部提出如此大的改革方案。

　　即使以後數字貨幣區理論不被接受，未來國家支付系統的改革區塊鏈網絡也會是一個重要選項。如果一個國家將支付網絡改為區塊鏈網絡，那麼也必定類似於互鏈網，而不是單獨的區塊鏈系統。

區塊鏈跨境網絡系統
可能取代 SWIFT 跨境支付網絡系統

　　跨境支付是甚麼？其實很早以前就已經有答案了，就是區塊鏈網絡，也就是互鏈網。這一點在 2019 年 11 月哈佛大學舉辦的白宮模擬會議中

已經有過討論。

哈佛大學以及麻省理工學院提到 SWIFT 會慢慢被其他系統（例如區塊鏈系統）取代。原因很簡單，現在大量的跨境支付已經不經過 SWIFT 系統，而 SWIFT 不是數字貨幣的 SWIFT。2020 年美國財政部就發現這一問題：在美國政府還沒有批准之前，美國商業銀行已經從事數字貨幣交易，而機構間的數字貨幣交易大部分是跨境支付。現在的 SWIFT 系統確實無法治理數字貨幣，不論是合規還是不合規數字貨幣，SWIFT 都不處理，因此 SWIFT 存在的價值一直會降低。雖然 SWIFT 還會使用多年，但經過該系統的跨境支付只會愈來愈少。哈佛大學認為既然 SWIFT 既然已經不能完成它的初心使命，就應該轉型或是被其他系統取代。2022 年這種思想愈來愈明顯。當時（2019 年 11 月）來看這些思想似乎過於前沿，但是在 2022 年的今天卻已經變成了常識。

摩根大通銀行穩定幣項目

2021 年，由摩根大通銀行組織成立的數字貨幣部門實際上是一家獨立公司，專門負責銀行間的支付。這是由於數字貨幣可以節省高支付費用，帶來高盈利而出現的新型商業模型。摩根大通銀行表示，數字貨幣支付僅使用互聯網是不夠的，還應依託衛星系統。這是一種新的看法，數字貨幣不僅可以運行在互聯網上，還可以運行在衛星網絡上。

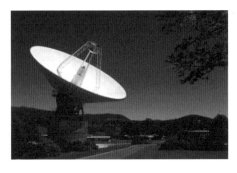

圖 26-9: 摩根大通銀行的區塊鏈支付系統上衛星網絡

全球有 25 家大銀行，400 多家大型機構，78 個國家參與了摩根大通的數據穩定幣項目。摩根大通銀行則表示該項計劃將節省 75% 的費用，這是一個重要數據。金融界之所以看好數字貨幣，就是因為其便宜、利潤高、好監管且還可以促進了經濟發展，摩根大通銀行的數據證明了該理論的成立。

圖 26-10: 摩根大通區塊鏈支付系統在衛星網絡上的呈現

26.5 日本央行的數字轉變計劃

2021 年 5 月 31 日，日本央行提出銀行數字轉型計劃。這一次改革與美國、英國等不同，西方國家的科技改革一般由民間企業推動，但在日本卻由官方提出並推行。

日本央行的研究數據表明，儘管數字貨幣發展能夠帶來更高的效益，但商業銀行有其存在的獨特性，不能將之完全淘汰。當然，截至目前還沒有任何一家央行提出淘汰商業銀行的計劃，因此商業銀行還會繼續存在是必然的，只是作業方式或將改變。

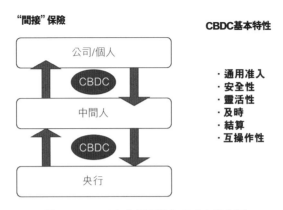

圖 26-11： 日本央行提供的 CBDC 價格圖

在整個數字社會轉型中，銀行的數字化轉型尤為重要，而數字支付則是銀行轉型的第一步。銀行數字轉型包括：

· 數據數字化；

· 流程數字化；

· 產業轉型。

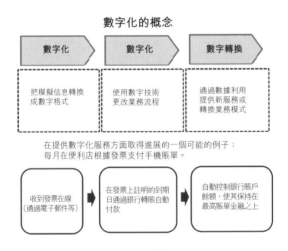

圖 26-12: 日本央行提供的轉型 3 步曲

數字化轉型成功後，銀行和客戶的介面不再是以傳統的銀行業務和個人信息為主，而是由手機、社交網絡等連接到銀行。

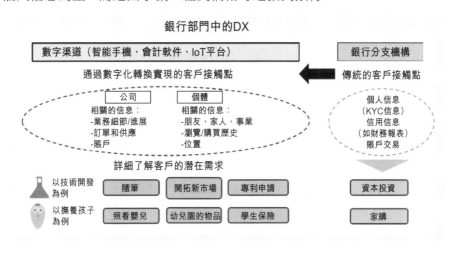

圖 26-13：日本央行預測銀行會進入社會方方面面

以中小企業貸款難為例子。中小企業貸款難這一問題普遍存在，如果日本央行要解決就需要要把所有工程上的項目由物聯網傳送到財務中心，經財務中心分析後把數據轉交給金融機構，從而金融機構快速地了解程序進展，當程序執行達到特定的要求時就能繼續貸款，這是解決中小型企業貸款的一種方式。

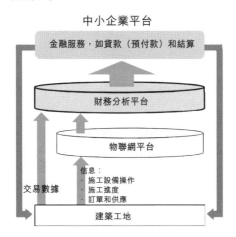

圖 26-14：使用物聯網（應該是物鏈網）追蹤工程進展

日本央行認為，數字貨幣的到來會改變整個銀行體系的結構，但作業流程仍經過銀行。比如圖 18 一家大型企業，一邊是它的供應商，一邊是它的客戶，無論是供應商還是客戶都有管理銀行。

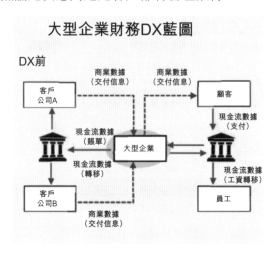

圖 26-15：日本現在大型企業的模型

　　日本央行提出，在經過數字化轉型後大型企業會有自己的數字貨幣（備註：這應該和美國提出的銀行數字穩定幣類似，但是由大型機構發行，估計銀行會在後台出現）和商業模型。

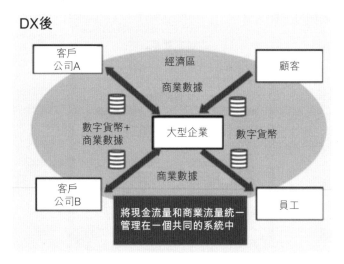

圖 26-16：日本央行提出未來大型企業模型

第 27 章

望穿秋水：數字資產交易

2022 年美國總統簽署了數字資產行政令，而不是「數字貨幣」行政令。數字資產包括數字貨幣，行政令的核心關鍵詞也是數字貨幣。

從 2015 年以後比特幣發展突飛猛進，一些學者開始認為下一波的新型數字經濟是數字資產（Digital Assets）、數字股票（Digital Stocks）、數字債券（Digital Bonds）、數字商品（Digital Commodities）、數字房地產（Digital Real Estates）等。美國 Overstock 公司曾因金融交易市場的系統漏洞被做空，因此非常厭惡證券市場被人為操縱，尤其小型公司更容易被無限賣空，讓投資者血本無歸。後來，Overstock 提出使用區塊鏈來發行股票和債券，得到了監管單位的支持。

但很快監管單位就發現，使用區塊鏈來發行股票或是債券就和一些傳統流程和手續不同。不對！Overstock 所做的不是改變發行工具，而是預備改變整個系統和流程。Overstock 的做法引來了監管單位不滿，開始對其動態「留心觀察」。

現在回頭看，當時的 Overstock 的確滿腔熱血，公開表示要「清理」美國華爾街，但是華爾街不可能被一個中型企業改變。因為當時 Overstock 使用的科技還是傳統的數字代幣系統，十分落伍。以現在科技發展來看，當時的科技實在太落伍，在流程、制度、管理上都需要有重大進步才可以開始。

Overstock 改變華爾街的計劃沒有成功，數字資產也沒有發展起來。許多人都認為數字革命就是數字資產改革。幾年來，許多數字資產項目陸續發佈，世界各地也出現多個數字資產交易所，但市場仍舊活躍不起來。一些急於發行「數字資產交易所」牌照的國家，因種種原因也沒有讓這些持牌機構運營。

瑞士成為數字資產的急先鋒，是世界第一個制定數字資產的國家，比其他國家都要領先多年。但瑞士發展數字資產仍困難重重，他們的數字資產交易所的計劃一延再延，有段時間似乎銷聲匿跡，同時間不合規的數字資產的交易市場一再擴大。看起來，無論數字資產界，還是數字貨幣界，都應使用「大禹治水」的戰略予以引導。

一個被大眾看好的數字資產沒有做起來，而另外一個完全沒有預料到的數字資產 NFT 卻在 2021 年突然爆發，市場一下之間擴大幾百倍，引發世界的關注，特別是中國（包括中國香港）的關注，中國一直是世界最關心 NFT 市場的國家。NFT 和比特幣以及以太幣一樣都是數字資產，隨着 2021 年以太幣大漲，水漲船高。2021 年國際關注點聚焦在元宇宙、NFT、數字代幣挑戰美元等，數字資產發展只好再度延後。

27.1 數字資產介紹

2018 年數字代幣幣值創下歷史新高，吸引無數投資者蜂擁而至，為之瘋狂。摩根大通銀行最後還是承認比特幣是有價值的，接着又出現一波大漲。美國在召開多次會議討論後決定開放部分數字代幣。這一年，數字資產被主流市場接受，紛紛開啟項目計劃：1）臉書開啟數字穩定幣計劃，2）IBM 宣佈數字美元穩定幣項目，3）英國開啟 Fnality 數字穩定幣計劃。

當然，大家最關心的還是美國究竟開不開放數字資產交易。因為長

期以來，合規數字資產交易一直未能得到開放，而許多國家包括美國卻早已經成立數字資產公司，例如得到金融巨頭大量投資的 Overstock，但監管單位常以合規性等問題干涉其正常經營。於是比特幣等數字代幣（不合規的數字資產），卻成為市場上少數可以交易的數字資產。這是不是合理的戰略？不合規的可以繼續在市場上，想要合規的卻不開放市場？

目前，世界上絕大部分數字資產都是不合規的。根據國外監管科技報告得知，現已發生的數字代幣欺詐事件主要集中在 DeFi 上。儘管事故頻發，DeFi 產品為何依舊有恃無恐？這是因為除了缺少合規數字資產交易與其競爭外，而且不斷有金融「專家」在國內外媒體以及會議上鼓吹 DeFi 是近年來最大的創新，認為以後的金融系統都會以 DeFi 形式出現。聽！媒體和市場上充滿了對 DeFi 的歌頌和讚揚。

作者以前就討論了這些問題，有興趣的讀者可以閱讀《智能合約：重構社會契約》一書中有關 ISDA 標準的材料，就會知道 DeFi 的問題出現在哪裏，為甚麼會一直出現。

筆者以前預測 DeFi 會有問題，並不是因為具有未卜先知的能力，而是在閱讀 ISDA 智能合約標準之後發現 —— 使用 ISDA 標準者，還可能會發生金融事故（由於 ISDA 標準還不完整），而不使用者肯定會發生事故。通過對比發現大部分 DeFi 軟件都不符合 ISDA 標準，發生欺詐事件會是必然的。2021 年發生的 Poly Network 被攻擊事件損失高達 6 億美元，成為 DeFi 當時史上最大的金融事件。2022 年又發生許多問題。

如果把數字代幣項目合規化，事故將大大減少。例如合規數字資產採取託管模型，或是採取「數字憑證」模型。數字憑證模型是指網絡上的不再是資產，而是資產「憑證」，即使被惡意攻擊，資產仍舊存在，不會遺失，任其攻擊也沒有用。美國前財政部數字穩定幣的監管規則也提出類似觀點。根據這一規則，筆者提出了「蝴蝶模型」。在蝴蝶模型監管下，資金流向和存儲一目了然。因為使用多鏈追蹤，賬本可以實時更新。

瑞士是一個思想前沿的國家，發展數字資產也比其他國家先行一步，即為數字資產進行了立法。但就是這樣一個積極擁抱新事物的國家，數字資產交易市場仍處於延遲狀態，而這一延遲就是兩年。根據瑞士方面的消息稱，延遲的最大原因是不知道如何監管數字資產。這就驗證筆者長期以來的一個觀點 —— 監管是打開數字資產交易市場的最後一扇大門。

　　由於數字資產可以一天 24 小時不停地進行全球性的交易，投資人能不能得到及時且正確的信息非常重要，但目前的金融市場不能提供這樣的信息保障。臉書前經理 Dante Disparte 曾說這是上一代的金融科技，早應該淘汰退休。美國財政部也多次公開表示現在的銀行法和規則過於老舊，很久沒有更新。它不是制定於互聯網時代，部分完成在電氣時代制定的。那時第一部電話還沒有問世，現在它卻即將迎來互鏈網時代，可以看到美國銀行法實在過於滯後。

　　美國財政部發佈的數字穩定幣規則是「蝴蝶模型」設計的重要依據。美國財政部要求數字穩定幣發行商必須每天提交一份準備金情況分析報告，而蝴蝶模型只需幾分鐘就可以得出結果，這就是筆者一直強調要進行監管科技改革的原因。時代變了，科技和制度也需要適時而變。

　　本章主要討論瑞士的數字資產法規以及數字資產項目，同時也討論一些美國項目作為比對。美國企業認為，雖然目前數字資產上交易所還有困難，但現在可以將這視為企業融資的方式，融資後而不一定要上交易所，因為如何監管數字資產交易所還處在討論階段。

　　新型監管科技不只是數字資產市場的「國防部」，還可以制定市場規則，影響整個數字金融市場。

27.2 數字資產發展路線和特性

　　下圖是英國央行提出的數字經濟路線：

圖 27-1： 英國央行提出的數字金融改革路線圖

這次改革是通過區塊鏈技術帶來支付改革，最後是數字資產交易的改革。任何一次重要改革都需要從支付開始，如果不做數字支付就做數字資產，整個流程推進行將會出現困難。如果數字支付沒有做出來之前就談發展穩定幣或是 CBDC，不交會是成熟的選擇。只有通過改革做好結算系統後才能發展數字資產，智能合約市場才會出現，並成為最重要的一個環節。

後台系統決定下一期新型數字金融的發展

數字資產交易所後台系統可以快速釋放不能流通的數字資產，促進其在市場流動，且流動速度驚人。從目前收集上的數據來看，被凍結的資產規模龐大，一旦解凍將直接進入實體經濟。這是英國央行行長 2019 年 7 月提出的重要觀點。

數字資產＋數字貨幣改變金融市場

新型數字金融要發展，一需要支付，二需要後台服務。支付方面有 RTGS，證券方面有中央證券託管機構（Central Securities Depository, CSD），其中 RTGS 可以通過區塊鏈來完成。英國央行在 2017 年失敗的 CSD 實驗現在可能還在繼續嘗試，美國也在準備嘗試，由一家外國公司代為開發。

當有數字支付時，CSD 幾乎就可以消失了。下圖左邊是傳統交易所，有買方、賣方、CSD、託管方、支付等，支付由 CSD、CCP（中央

對手方）來一起做。如果後台系統都由區塊鏈來做的話，CSD 就消失了。交易所、CSD 都放在區塊鏈上，這就很難再被篡改。如圖所示，所有數字資產從支付開始到 CSD 後台整個金融架構是不一樣的，而且這個架構並不是最終的架構。

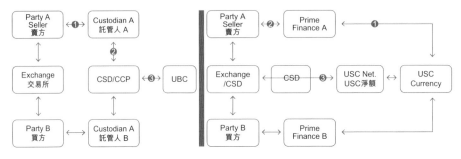

圖 27-2： 英國提出 CSD 可以完全被區塊鏈取代

整個金融基礎設施的後台系統會有全盤改變。從支付開始的金融改革到整個金融系統的改革，最後到數字資產全盤啟動，最終推動經濟全面大爆發。

27.3 純 IT 思維的區塊鏈系統思想潰敗

2021 年 2 月 IBM 退出超級賬本計劃，緊接着在 3 月份美國金融界顧問機構就表示純 IT 思維的區塊鏈產業結束了，而 IBM 在世界正在對數字貨幣狂熱時間段就毅然退出區塊鏈市場就是一個強烈訊號。從 2020 年 10 月開始，美國金融界大舉進入數字貨幣領域，比特幣大漲，各式各樣數字貨幣基金也隨之出現，包括 NFT，甚至連保守的美國 Fidelity 金融機構都公開建議美國居民購買比特幣當作基金保險，2020 年底幣圈大肆慶祝比特幣流動性超過多國法幣，認為比特幣時代終於來臨，以後法幣就需要退場。然而，就在此時傳統老牌 IT 企業卻在這個時間宣佈清場退出區塊鏈市場。為甚麼？

這是因為區塊鏈系統離開金融應用就失去其最大價值，而最大的一個區塊鏈金融應用就是數字貨幣。以前是幣圈的數字代幣交易，現在是合規數字貨幣的交易，以後是數字資產交易。

讀者不知有沒有發現，本書內容介紹不是純 IT 思維的區塊鏈系統，而是數字貨幣應用內的區塊鏈設計原則；不是以共識為主（純 IT 思維，數據庫思維）的討論，而是以交易和監管為主（數字貨幣應用思維）的討論。

27.4 數字資產特性

數字資產是可編程資產（Programmable equity），可以藉助數字資產基金融資到達全球，沒有中間商，可同時與數億人在線做交易。有人認為數字資產市場大於傳統股票市場和大宗商品交易所，因為數字資產可以是房地產、債券、衍生品等。這不是假設，而是已經發生。2021 年初韓國加密貨幣交易額超過股票市場，連同數字代幣中最低配的資產都已經超過了股票市場。數字資產被認為是將來的金礦。

英國央行行長認為數字資產的基本問題應當包括是否有數字支付，是否有穩定幣，後台是否已經數字化，是否有足夠的智能合約，是否有基礎設施？

2017-2018 年間英國央行給四家企業開放了內部的 RTGS（實時全額結算系統）系統用以研發數字貨幣，結果都以失敗告終，這也直接導致英國央行在 2018 年宣佈放棄數字英鎊和數字 RTGS 計劃。一直有學者認為 CBDC 計劃和科技無關，認為其已經有相關基礎設施，但英國央行 2018 年宣佈放棄計劃就是一個強烈警鐘。自從英國央行 RTGS 失敗後，有幾家機構宣稱將要完成該項目，這表示距離新型數字金融真正出現還需要一段時間。國際貨幣基金組織在 2020 年 10 月也表示沒有科技支撐，不

能有 CBDC 或是穩定幣項目。

數字資產基礎設施不夠完善，仍然需要發展，可以學習亞馬遜的經驗。亞馬遜在初入市場時也沒有任何基礎，但這沒有阻止亞馬遜前進的步伐。也許當時的亞馬遜並不清楚應該如何發展，所以選擇了最簡單的項目 —— 賣書。當時有人認為在亞馬遜賣書不是最好的選擇，網絡不具備特殊優勢，而且任何一家（實體或是網絡）商店都可以賣書。但亞馬遜從頭到尾的目標都不是「賣書」，而是通過賣書這件最簡單的事情來「練手」，建立自己的網絡平台，以及商家的信譽。

同理如果要在發展數字資產也需從最基礎的入手，想要「一口吃成胖子」只會得不償失，因為還有很多事情都不清楚，比如法律、基礎設施、後台、監管等。

德國銀行表示，不同的智能合約可以做不同的業務。比如做交易，比如資產連接，再比如做監管。當然，做智能合約不是抱團取暖，而是分散的，各行其是，以後會是一種分佈式的區塊鏈的平台。

圖 27-3：數字資產特性：可編程、可融資、全球市場、沒有中介、接觸到沒有銀行的客戶

流動性決定價值

數字資產可以帶動其他資產流通。比如，房地產流通性不高，進入門檻高，業務進展緩慢，銷售來源有限，投資人羣較少，但是如果把它證券化或數字化就可以進入二級市場，全球投資者快速進入結算，帶來所有權和流動性，從而獲得更高的估值。

2021年麻省理工學院發的一份報告表示，將來所有的資產都會數字化。目標遠大。

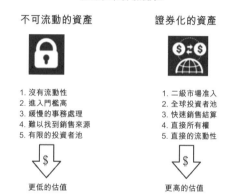

圖 27-4： 數字資產就是增加流動性而得到更高的價值

27.5 數字房地產特性

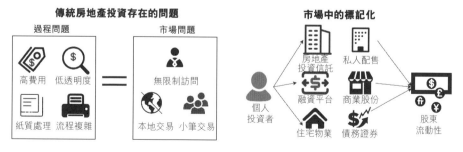

圖 27-5

如圖，左圖是傳統房地產，它的流程複雜，整個市場地區化。右圖是數字房地產。一旦房地產數字化，可以藉助平台來做交易。

麻省理工學院報告《MIT Digital Currency Initiative》研究了由媒體實驗室（MIT media Laboratory）和美聯儲合作的數字貨幣計劃（Digital Currency Initiative）。這個項目在 2015 年才開始，但數字社會早在 2012 年就已經開始了，並且該項目的主任是美國白宮的科學顧問在離退之後被聘請的。

MIT Digital Currency Initiative

Working Group Research Paper

Tokenized Securities & Commercial Real Estate

圖 27-6： 麻省理工學院出的數字房地產報告

麻省理工學院認為數字資產市場還在計劃之中，並且不斷演化。按照美國的法規，許多數字資產不會上市，也就是說資產可以數字化，但不一定都能夠上市，也就是不一定會上交易所。由於區塊鏈的便利性，麻省理工學院還預測大部分資產在幾年後都會數字化，所以將來金融的競爭會發生在數字資產上。

美國有一個數字資產 ABS，也就是已經證券化的房地產。因為證券業可以數字化，所以叫做 Tokenized Securities。下圖中間部分是指房地產的交易，右邊是指資產直接的數字化，變成 Tokenized。左邊與右邊不同，左邊是已經證券化的，經過證券化之後再數字化。

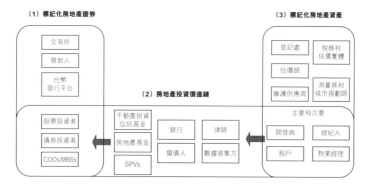

圖 27-7

下圖是已經在發行和運行中的數字房地產，大部分都在瑞士，他們認為這是非常重要的項目。

圖 27-8

Overstock 故事繼續

Overstock 原本計劃使用區塊鏈來改變現在的證券市場的流程和體系，但結果卻正好相反。美國的做法是改變數字代幣交易流程來適應現在的金融市場。

現在大部分比特幣交易不經過比特幣系統，但經過傳統的交易平台。因此如果要建立一個新的交易平台，就需要再建立一個全新的交易所，其中的科技全部是基於區塊鏈以及智能合約的。讓數字貨幣加入現有的市場，只會迫使數字貨幣系統接受現有系統的限制。

第 28 章

瑞士和美國
數字資產的佈局

瑞士是世界上佈局數字資產最全面、最深入的國家，多次提出新制度和科技創新，希望能夠成為世界上最大的數字資產交易中心。

瑞士人口不足 900 萬，國土面積僅四萬多平方公里，卻是世界金融中心。但近年來，各國對瑞士銀行傳統保密作業方式不滿，慢慢失去優勢。因此瑞士希望通過對加密技術，搭上數字資產快車，重新出發。為此，瑞士還專門建立制度，頒佈了《數字資產法規》。不過，以目前發展來看還沒有大突破。

不僅瑞士，美國亦是如此。但提出一些創新想法：作為數字公司的主要資產，數字資產必須管理好。整個數字公司不論是作業方式還是資產，都需要數字化處理。如果數字資產都以這種思路前進，數字社會的出現還會有更多的創新。

數字革命現在才剛剛開始。

28.1 瑞士數字資產的佈局

瑞士資產交易所 SDX（SIX Digital Exchange）於 2018 年成立，是瑞

士金融基礎設施供應商 SIX（Switzerland's Financial Market Infrastructure provider）的下屬機構。經過幾年的預備，SDX 終於在 2021 年 11 月發行了數字債券，次月宣佈預備為歐洲商業銀行發行數字穩定幣[38]。此外，SDX 也預備發行自己的數字股票（security issues），但是由於複雜的金融制度問題未能有效解決[39]，一再推遲。

瑞士數字資產發行計劃是數字房地產先行（在幾年前已經開始），在 2021 年發行了數字債券，接着是通過銀行發行數字穩定幣，最後才是數字股票。

瑞士為發展數字資產頒佈了《數字資產法規》。從這一點來看的確領先其他國家，所以瑞士資產交易的發展值得關注。因為任何一個國家、地區如果想要發展數字資產，第一件事情應該是考慮立法，在法律允許的環境下建立數字資產市場，而瑞士《數字資產法規》是世界第一個數字資產法規。

儘管近幾年數字資產沒有取得突破性的進展，但趨勢還是非常明顯，以後必定會有接連不斷的數字資產產業出現，而瑞士的《數字資產法規》將成為其他國家數字資產立法的重要依據。

28.2 瑞士數字資產的法規

瑞士認為加密貨幣交易所、兌換法幣、託管錢包、銀行、證券交易商、資產管理公司、交易對手的登記、監督等都需要接受反洗錢條例的約束，包括監督人也需要接受反洗錢調查。

---

[38] 參見：https://www.ledgerinsights.com/whats-next-for-sdx-six-digital-exchange/
[39] 這對 SDX 來說，非常不好。由於 3 年前就預備交易，因為還有制定問題，一延再延。

這些都可以通過區塊鏈系統來強制執行，例如交易所可以有幾個區塊鏈系統允許客戶參與；每家銀行可以在區塊鏈上操作並連接到交易所和其他機構；證券交易商在區塊鏈系統上連接交易所和銀行；資產管理公司可以在同一組區塊鏈系統中作業，註冊、監督、識別都可以通過區塊鏈；數字資產後續工作可以統統交由後台處理；發行和交易數字代幣的公司應該執行 KYC 程序，並獲得證券交易商許可證，這等於是說任何一個發行方和數字資產商都要得到瑞士監管單位的同意，並獲得牌照；數字資產必須遵循《瑞士債務法》規定的招股說明書要求，這與發行股票和債券類似。

圖 28-1： 瑞士數字資產交易所計劃 2021 年開始交易（資料來源： sdx.com）

數字資產經紀商許可證要求

- 組織證券交易商必須有一個適當的組織，執行其商業活動。
- 證券交易商必須有董事會和管理團隊，管理團隊的成員必須適合執行各自的職能。

- 相關公司必須分離交易、資產管理和管理部門。有人認為新型數字資產交易或者貨幣交易是不需要分離的，PFMI 原則卻認為必須分離，不分離容易發生作弊行為。
- 數字資產商需建立由合規風險管理和內部審計組成的內部控制體系，必須任命一個外部監管審計公司。

數字資產經紀商：資本要求

任何證券交易商必須要有至少 150 萬瑞士法郎的最低資本，確保能夠及時進行償還。

任何股東間接或直接持有證券交易商 10% 以上的資本或表決權，或者可能以任何其他方式影響證券交易商的經營活動，但必須符合金融交易委員會（FINMA）的適任標準。

數字資產經紀商：披露原則

數字資產證券商必須持續履行多種報告、信息和批准義務。如果單位有實質性變化，例如公司章程、條例、業務活動、管理層、董事會和外部審計事務所，以及外國業務、投資和剝離，必須事先得到經過 FINMA 的批准。

間接或直接收購出售數字資產證券商的股份達到、超過或低於資本的 20%、33% 或 50% 的門檻或選票的，必須向 FINMA 報告。

數字資產證券商的區塊鏈可以和數字資產交易所的區塊鏈系統連接，互相交換信息，使用智能合約來執行。一個非常重要的觀點是，這些規則如果要自動化執行，就可以用區塊鏈和智能合約來完成。

瑞士認為數字資產和傳統證券有同等價值和義務

DLT 代表分佈式賬本技術（Distributed Ledger Technology），而區塊鏈是 DLT 的一種。DLT 還可以包括類似鏈，而類似鏈與區塊鏈有相似之處，但又不是區塊鏈。由於不是區塊鏈，每個類似鏈需要單獨評估。無紙質認證的數字資產（DLT 數字資產）和傳統證券一樣交易。DLT 數字資產發行時必須在 DLT 電子登記簿登記，和 IT 系統一樣遵守透明度、保障數據完整性[40]。

DLT 數字資產擁有和傳統證券相同的權利和功能，這意味着根據瑞士法律他們可以像其他證券一樣被轉移、出示、擔保。如果要抵押數字資產，它會和傳統的股票抵押程序一樣；如果要轉移，和傳統的轉移手續也非常類似；如果要查明資產是不是反洗錢，就可以由區塊鏈系統來完成。

瑞士數字資產交易平台法規

瑞士數字資產交易平台有三種：DLT 交易系統、DLT 交易所和 DLT 交易設施。

多邊交易所（Multilateral exchange）允許多市場參與者，接納自然人和企業。

DLT 數字資產證券託管，或提供特殊 DLT 數字資產結算機制。數字資產必須有託管和結算，這與現在比特幣、以太坊的做法截然不同，如果把比特幣方式照搬過來，會發現與法律是衝突的。

對於一套符合法律的系統，託管是一個區塊鏈，結算是另外一條鏈，

---

[40] SDX 容許 DLT 而沒有堅持區塊鏈系統，以後有可能會出事。我們多次提出在金融領域和司法領域，不要輕易使用類似鏈，由於類似鏈出問題的機會比較大，而一旦出問題，問題嚴重。

有不同的智能合約。這種鏈與鏈之間的交互就變成一種多鏈系統，多鏈系統又因一些特殊需求變成一種複雜的區塊鏈網絡，監管變成監管網。從目前來看，比特幣、以太坊等數字代幣離合規數字資產距離還很遠，雖然都屬於是區塊鏈系統但各方面的機制都不一樣，例如沒有監管性。。2021 年 2 月美聯儲提出數字貨幣交易時也講到要託管和結算。全世界監管單位、全世界央行對數字資產都提出同樣的需求，同樣的方案。這意味着區塊鏈不再是傳統區塊鏈系統，必須是改革後的區塊鏈系統。

DLT 數字資產交易所的需求和傳統交易所類似。傳統交易所用傳統數據庫，傳統的操作系統，傳統的網絡，但 DLT 數字資產是區塊鏈，不同的網絡，不同的數據庫。雖然需求一樣，但設計大不相同。

數字資產不一定需要上市交易，可以在區塊鏈註冊後進行融資等。多邊交易僅限於 DLT 數字資產和數字代幣，但數字代幣並不是證券。瑞士允許比特幣交易，允許數字代幣交易，但他們要做的是數字資產。

數字資產不一定需要上市

大部分數字資產不會上市，但不上市並不代表沒有價值，只是不能有大規模的交易以及流動性。當然，如果流動性不夠，價值就會比較低。因此資產數字化只是必要條件，不是充分條件。

瑞士數字資產法規

數字資產交易所允許對小型運營商進行豁免和緩解。對於小公司而言是無法上股票交易所的，但數字資產交易所可以自降其門檻讓其入內。雖然門檻降低了但監管力度卻增大了，每一筆交易，每一個數據都要經過監管，以後還會有監管網。

28.3 數字資產交易所名聲最重要，越合規市場越大

如果一個交易所聲名遠揚，就會吸引更多公司將其數字資產來交易，形成正向循環。傳統股票通常是幾個月才發佈一次消息，有時還會延遲，例如美國安然公司（Enron）做假賬就是在很久之後才被曝出來。這種問題很難在數字資產交易所發生，因為可以有自動的強監管。如果有強大的自動監管，投資者可以放心地投入資金。任何數字資產只要上鏈，通過智能合約和大數據平台來實時分析，投資者就可以每時每刻查詢到相關信息，這比傳統股票更為便捷、安全。只有市場越靠譜時，資產才會比傳統資產更有價值，流動性才會更大。

一個重要觀點：數字資產在合規化後市場會變大。

數字資產原則

門檻降低，但監管制度科技大大增強，流動性大大增強，透明性大大增強，形成正向循環。

幣圈做法正好相反：門檻低，放棄監管，流動性強但是沒有透明性，大量割韭菜，形成負向循環。市場愈來愈小，愈來愈亂。一直到FATF執行旅行規則等監管制度實施，使其合規化，開始助力市場發展。

數字資產需要類似傳統市場的相關法規支持

數字資產要承擔 AML（反洗錢）職責，有組織、自由地進行交易，且交易所沒有最低交易額限制。這些措施是為了鼓勵交易，貫徹「交易為王」的思想，增加流動性。當然，被託管的數字資產和其他資產一樣，在

破產時可以用作擔保。

瑞士數字資產託管是「公開存款」，就是採取實名制，可以被其他人看見，而數字資產可以在區塊鏈系統上追蹤。這一點瑞士數字資產和傳統瑞士銀行的做法正好相反，傳統上瑞士銀行強烈保護私隱。由於數字資產出現太多次洗錢事件，連瑞士都支持公開數字資產信息。

28.4 美國數字資產的思想

2022 年 3 月美國總統簽署的數字資產行政令討論的大都是關於數字貨幣，例如 CBDC 或是數字穩定幣等。由此可以推測美國還沒有完整的數字資產戰略。但是美國一向是民間先行。

2021 年當 IBM 退出超級賬本後，美國金融界顧問機構馬上提出他們的新觀點：純 IT 思維的區塊鏈應用沒有市場。所有區塊鏈應用都應和金融、資產關聯，即使不是數字貨幣，也應該是其他金融類的應用。在他們看來，一個新型數字公司需要有以下佈局：

數字企業 = 數字資產 + 數字作業 + 數字股份

數字資產：公司管理、發行、治理的數字資產，可以是數字貨幣（例如合規數字貨幣），也可以是其他數字資產，例如數字權益、數字房地產、數字期貨、數字股票等；

數字作業：包括審計、會計、經營、營銷、企業內部作業和合作單位的交互等；

數字股份：投資人購買該企業的股份，可以以任何形式出現，例如數字股票、智能合約分成等。

公司作業是基於區塊鏈以及智能合約，數字資產以貨幣形式或其他形式發行。這個過程需要考慮價值主張、融資、市場設計和資產設計，基本構想是客戶即是數字股東，只要有人參與，就能夠在平台上有分紅

權。在這種情形下很多企業開始泛金融化，市場結構、科技、法律都會改革。下圖是美國數字金融公司提出的數字金融範本。

治理

參與者	提案過程	決策過程

標記化｜標記設計

產權	平台補貼	貨幣政策

合約設計	**市場設計**	**信息系統**
合約條件	搜索/匹配	聲譽系統
爭議條件	定價/拍賣	身份/匿名
第三方託管	談判的條件	教育

融資｜資本投資

開發成本	投資者回報	股權於代幣銷售

價值主張

用例	目標客戶	策略

圖 28-2： 美國數字金融顧問公司提出的數字金融計劃範本

細心的讀者會發現數字企業範本和傳統企業範本有相同之處，但也有不同的地方：

- 相同地方：都有價值主張，例如 融資、策略、產權、信息系統、市場、治理方案等，這些和傳統機構差不多；
- 不同地方：
  - ➢ 股權或是數字資產的銷售；
  - ➢ 智能合約設計；
  - ➢ 數字資產託管；
  - ➢ 在信息系統多了名譽系統、身份、匿名、教育等；
  - ➢ 數字資產（上面使用「貨幣」）政策。

可以看出，數字資產和傳統資產不同，數字資產權和產權（例如股權）也可以不同。比如說一個房地產，數字資產可以只有房租受益權，而沒有產權，這樣一個房地產可以將其資產分為多種不同數字資產出現。

例如，中國的私人企業不能發行數字貨幣，但是可以有數字合夥人以及數字分成。數字合夥人就是合作夥伴，不需要互相或是單方面持股，但是在業務上合作。一旦有收入，智能合約就可以自動分成，資金直接進入不同的賬戶。

思想問題

這樣的設計實際上解體傳統公司的結構、管理、以及流程，而且全部數字化。當政府、銀行、金融機構、醫院、學校、法院、商店、交通、房地產、娛樂、餐飲等全部數字化，就成了數字社會。

美國數字資產發行流程

下表是美國一家已經做了數字資產發行的公司寫的報告內容，左邊是美國數字資產發行流程，右邊是發行時長。Pre-STO 是指在發行數字資產之前要做的事情，比如需要先設計公司章程，寫計劃，與數據方談話，尋找合適的數字貨幣以及投資人。許多人認為整個流程從開始到結束需要二至六個月，但筆者認為至少需要六個月的時間，之後才是管理。比如要經常向股東披露未來的經營活動，如果要上市則需要持續符合相關法規和規則。他們估計會有多家單位發行數字資產，但是發行後不一定會上市。

表 28-1 美國數字資產流程公司提出的數字化日程表

步驟		預計時間	負責	證券角色	
步驟 1 Pre-STO	公司章程	一週	公司、律師	建議，知識共享	從啟動到發佈的總時間：二至六個月
	報價文件	一個月	公司、律師	建議，知識共享	
	風險投資基金特定設置	零至四週	公司、律師、證券合夥人	支持	
	市場營銷	三個月	公司、經紀交易商	無	
步驟 2 保險	KYC/ AML/ 委派	進行中	證券	領導	
	代幣發行	一天	證券	領導	
	基金	一天	證券	領導	
步驟 3 生命周期管理	正在進行的通訊	進行中	證券、公司	執行方	
	二級交易	進行中	證券	領導	

未來 KYC 的可能架構

整個數字資產的生態是不一樣的。傳統流程是投資者與監管單位報告，未來狀態是 KYC 和區塊鏈，監管單位可以從第三方和公正方得到信息，投資者可以提供 KYC 的信息。

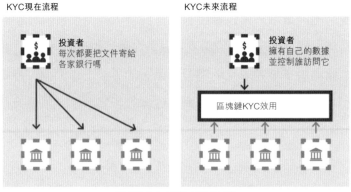

圖 28-3：KYC 流程改變

合規報告模型

對於監管報告，以前銀行是作為監管單位，以後銀行是實時監管數據的發佈者。

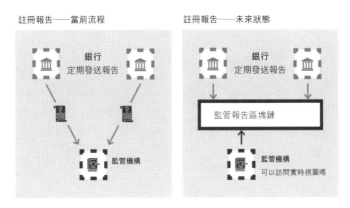

圖 28-4： 合規報告架構和流程改變

數字資產生態

數字資產生態需要媒體、交易所、託管、垂直市場、教育、保險及支援服務、會計、法律、合規、公司管理、數字中心、電子銀行、大數據中心等，只有當整個生態都建立起來才能做數字資產。

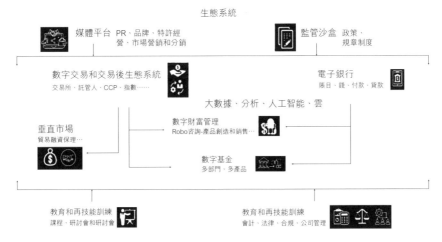

圖 28-5： 數字資產生態

2019 年，英國一家數字資產交易所的軟件服務商表示，如果做數字資產就要做一個數字資產生態，包括銀行、託管、媒體等。對此一些國家做了龐大的計劃。當時一些中東國家也考慮建立自己的大型生態，但因需要區塊鏈等基礎設施同時作業完成，所以就放棄了，其難度程度可見一斑。

第29章

新型數字媒介、加密藝術、數字品牌：NFT

　　2021年，NFT異軍突起，國內外紛紛聚焦其發展，在2021年3月其關注度竟然超過比特幣以及其他數字資產。這會是一個全新的賽道嗎？其市值及應用會超過比特幣？

　　今天回頭看，NFT是和傳統數字代幣不同，有新賽道出現。但因其金融屬性，不能在中國發展。

　　事實上，NFT的出現也改變我們對區塊鏈系統的認知。以前認為區塊鏈系統就是一個賬本系統加智能合約系統，是一個加密數字資產的交易系統。但由於NFT的出現使得以太坊系統還成了一個「數字藝術品的託管中心」，「數字藝術品銀行」，「數字藝術品的認證中心」，「數字品牌中心」，或是新型媒介。整個系統的定位全變了。這些是2022年可以看到的，幾年後，還不清楚會出現甚麼新應用出現。

　　這個定位也改變了數字貨幣的地位。傳統上，數字貨幣的定位在數字資產，數字交易（包括跨境交易），數字金融，現在還包括數字藝術品以及數字品牌。這樣新型數字經濟的規模以及範圍（數字貨幣、數字金融、數字藝術品、數字品牌）將會超過傳統數字經濟（電商，社交網絡，搜尋引擎），並且新型數字經濟還會繼續擴展，應用範圍以及規模會愈來

愈大。

也因為這樣，許多研究機構都認為海外下一波的風口會是以太坊系統（包括以太幣），而不是比特幣。

29.1 2021 年 NFT 爆紅

「非同質化代幣」（Non-Fungible Token，NFT）首次出現是在 2014 年，直到 2020 年才開始被重視，而在 2021 年迅速爆紅。NFT 通常是指開發者根據 ERC 721 協議或是類似協議所發行的代幣。它的特性為不可分割、不可替代、獨一無二。簡單來說，採用 ERC 721 協議或是類似協議而發行的代幣就叫做 NFT。

基於 NFT 的藝術品只是一個不可替代的代幣（token）── 就是一長串的字母和數字被放進一個數字錢包。大量的藝術品以 token 的形式出現，但這裏的 token 是不能切割的，只有一份，和比特幣等傳統數字代幣不同。

數字代幣和 NFT 都是數字代幣，但卻是不同種類的數字代幣。前者是「同質化代幣」可以無限切割，後者「非同質化代幣」不能有任何切割；前者是地下市場的通用「貨幣」，後者由於不能切割，進入不同市場。NFT 對標一個獨立對象（objects），這個對象開始時可以是物理對象（physical objects），但是也可以是虛擬（virtual objects）或是數字對象（digital objects），因此兩者的功能大不相同。數字代幣可以代表數字貨幣（例如比特幣）或是數字資產，而 NFT 代表獨一無二的對象，例如數字藝術品等。

29.2 NFT 是不是一種數字代幣？

國內外都有文章表示，NFT 不是數字代幣，而是另外一種形式的數字資產。

2022 年 5 月，國外一篇題目為《NFT 是不是一個加密貨幣》（Is NFT a Cryptocurrency?[41]）的文章認為 NFT，數字代幣都基於同一科技（區塊鏈和智能合約），但 NFT 不是數字代幣，在交易價值、交易形式、擁有權、應用上都不同。

以下是他們的觀點：

- 不可分割性：NFT 不能分割數字代幣，可以代表唯一的實物（備註：或是虛擬物）；

- 交易價值（Trade value）：數字代幣（例如比特幣）的價值由市場決定，而 NFT 不同。每個 NFT 都有自己的定價，和其他 NFT 無關（即使是同一系列）；

- 擁有權信息（Ownership）：擁有某一 NFT 就代表擁有這獨一 NFT 以及其屬性，但不擁有知識產權；數字代幣擁有「貨幣」；

- 應用（Uses）：NFT 通常代表數字藝術，例如繪畫、音樂、數字房地產等；數字代幣用作支付、投資的工具或是媒介。

但是根據上面同樣的理由，我們得到不同結論：

- 不可分割性：NFT 價值也是由其唯一性決定；

- 交易價值：數字代幣不是傳統定義下的「貨幣」，因為如果要成為貨幣，那麼價值則需非常穩定，且有實際資產的支撐，例如

---

[41]　參見：https://techpostplus.com/nft-cryptocurrency-differences/

黃金、優質債券，或是國家信用在後方支持。美國總統行政令也認為數字代幣不是數字貨幣（Digital Currency），而是數字資產（Digital Assets）。數字代幣和 NFT 都是數字資產，只是屬性不同，而且數字代幣和 NFT 的價值都是市場決定的，不是定價的。數字代幣和 NFT 發行時都有定價，但是一旦交易，價錢都是由市場決定，不是由「定價」決定。

·   擁有權信息：數字代幣和 NFT 都是數字資產，因此數字代幣和 NFT 擁有者都是擁有「數字資產」。

·   應用：海外 NFT 由於可以自由交易，且價值由市場決定，因此也被用作支付和投資用途。俄羅斯在 2022 年 7 月也禁止在本土使用數字代幣和 NFT，表示俄羅斯政府將數字代幣和 NFT 都視為支付工具[42]。

綜上，NFT 就是一種數字代幣，它與傳統數字代幣的區別只是在於不能分割，具有唯一性。另外，NFT 中的「T」就是 token，也就是代幣。從名字來看 NFT 就是數字代幣，名副其實。

這個定位非常重要，因為在中國不能使用數字代幣。如果 NFT 就是數字代幣的一種，則不能發展。

29.3 NFT 爆紅現象

NFT 是一種特殊的數字代幣，是文化藝術數字化的一種表現形式，是加密數字技術的產物。根據相關調查數據報告顯示，其持續爆紅是有

---

[42] 參見：https://www.thestreet.com/crypto/news/russia-bans-paying-for-goods-with-crypto-and-nfts

內在原因的。由於藝術品、收藏品等資產流動性低，會遇到有價無市的情形。如果急需資金，只好以遠低於市值的價錢出售，這對收藏者、藝術工作者都是一個困擾。NFT 的出現可以解決這一問題，讓數字版本的藝術品可以更加方便交易，且數字化可以增加流動性，從而增加交易量和市值。

早期的 NFT 主要基於以太坊系統，使用以太坊的智能合約 —— ERC 721 協議，例如加密貓的流行曾在以太坊系統上成為風尚，但由於只是遊戲而沒有產生實質經濟效益，隨後很快沉寂，接着就是長達 7 年的「靜默期」。直到 2021 年 NFT 再次爆紅，僅第一季度就已超 2020 年全年市值多倍。經過 4 月和 5 月的退熱後，在 7 月又開始更加激烈地爆紅。無論是交易量、價值、還是錢包，均出現了前所未有的峰值，再度引起一波巨大漲幅。

這股席捲全球的 NFT 熱潮同樣蔓延到中國境內，並以數字藏品名義迅猛發展。據加密研究院不完全統計，截至 2022 年 5 月 31 日國內數字藏品相關平台已經超過 500 家。

DappRader 數據顯示，2020 年全球 NFT 市場資產總市值僅為 3.17 億美元，到了 2021 年上半年就大幅度上升到 127.25 億美元，其日均銷售量和銷售額相比 2020 年增長 646 倍。2021 年成為 NFT 的「引爆之年」。這種熱度仍在持續中，2022 年第一季度全球 NFT 交易總資產達到 164.57 億美元。從這幾個數據來看，NFT 市場的確有巨大的增長潛力。

百萬美元

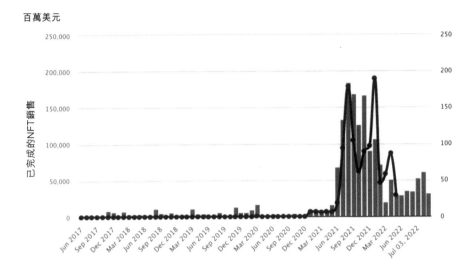

圖 29-1：NFT 在 2021 年前，幾乎沒有價值，在 2021 年才開始爆發

隨時間變化的關注度

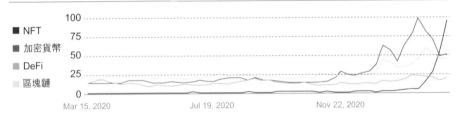

圖 29-2：NFT 在 2021 年年初的關注度超過數字代幣，區塊鏈，以及 DeFi 的關注度

　　圖 29-1 的數據是驚人的，NFT 的關注度超過數字代幣，包括許多人一直認為極端火熱的 DeFi。事實上，DeFi 的關注度在這四個選項中是最低的，還低過純科技項目「區塊鏈」。這表示 NFT 數字代幣的關注人羣是不同的，固然有社區重疊，但從一開始 NFT 就和數字代幣有相對獨立的生命力。

　　量變帶來質變，短短一年的發展，NFT 早已脫離遊戲和數字藝術品範疇，發展擴充到數字營銷等領域，許多實體企業也開始利用 NFT 提升品牌形象並推銷產品。

自此，一個以文創 IP 和潮流品牌為核心內涵，以數字展現、數字推廣、數字營銷、數字廣告為形式，並且能直接完成交易閉環的新型數字經濟模型正在逐漸成形。NFT 技術不再局限於數字文化領域，而是迅速適用於百行百業。下表是國外提供的數據[43]。

公司進入NFT領域的事件表

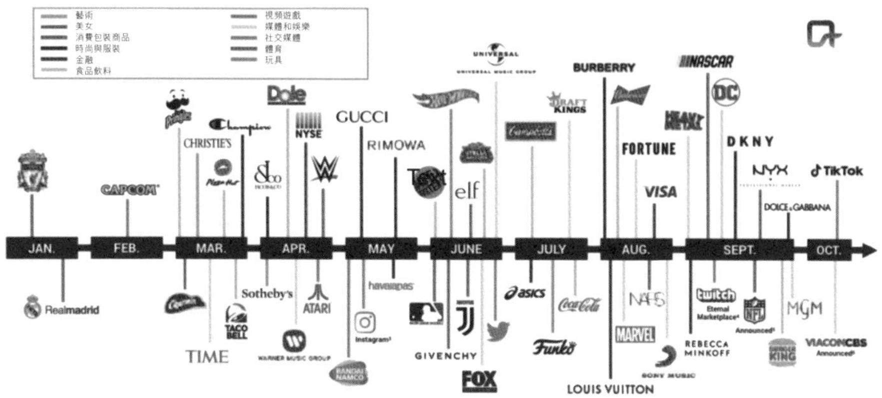

圖 29-3： 這是 2021 年進入 NFT 市場的公司，大部分公司和數字代幣沒有關係

NFT 對海外現代藝術市場的復興功不可沒。2020-2021 年，現代藝術拍賣額增長了 117%，達到 27 億美元。蘇富比（Sotheby's）和佳士得（Christie's）發現了 NFT 帶來的價值，因此建立了自己的基礎設施。蘇富比和佳士都是世界著名拍賣行，2018 年蘇富比品牌世界排名第 195，佳士得排名第 271。每年拍賣額高達 32 億美元。

2022 年世界著名藝術展覽、畫廊和拍賣行，包括巴塞爾藝術博覽會（Art Basel art fair）都表示歡迎 NFT 藝術。巴塞爾藝術博覽會是世界上最高水準的藝術博覽會，被譽為「世界藝博會之冠」。

從 2021 年年底開始，包括紐約證券交易所（New York Stock Exchange）、

43　參見：https://www.defianceetfs.com/nft-outlook-for-2022/

滙豐銀行（HSBC）等在內的金融機構開始註冊各自的 NFT 商標，餐飲、能源、服裝、鞋帽、交通、房地產、科技等企業也紛紛入局 NFT 市場。但需注意，沒有使用加密科技或區塊鏈科技的資產，例如銀行系統內的資金，被歸類為「電子資產」，排除在「數字資產」範疇之外。

29.4 NFT 爆紅的原因

NFT 爆紅有三個原因：

· **NFT 有自己的科技：**

NFT 最早使用的是以太坊的 ERC721 協議，現在已發展出多種不同的協議，並且在不同塊鏈系統上運行。由於 NFT 協議的功能和傳統數字代幣有差異，NFT 和數字代幣以後可以脫鈎，會有完全不同的發展路線。

· **NFT 有自己的盈利模式及企業發展路線：**

NFT 企業和數字代幣發展路線會大不相同，包括融資以及市場推廣都會不同。例如 NFT 走的是市場營銷和品牌推廣的路線，而不是代幣交易，DeFi 等數字代幣幾乎就是純金融業務。金融市場固然龐大，但是非金融市場關注單位及人羣更多，衣、食、住、行、育、樂都是大家關注的話題，因此 NFT 市場可以有高參與度。2021 年餐飲、能源、服裝、鞋帽、交通、房地產、科技企業加入 NFT 就是一個好的證明。

無聊猿遊艇娛樂部現在的公司估值是 50 億美元，他的 NFT 在 2022 年 2 月平均價值是 28 萬美元，總市值（公司市值＋NFT 市值）加起來在 80 億美元左右，而 NFT 大部分是投資人擁有。28 萬美元是甚麼概念？在美國中等城市買一套房差不多是 28 萬美元（2022 年 7 月美國平均價值是 29 萬美元），很多地方甚至不需要 28 萬美元。但花費 28 萬美元不買房地產卻買一張圖片這代表甚麼意思？2022 年 2 月某一週無聊猿交易值就達到了 1800 萬美元，這些數據為甚麼會發生？

圖 29-4： 無聊猿圖片

· NFT 是元宇宙的入口：

NFT 話題離不開元宇宙，這是由於元宇宙大部分活動都是在虛擬環境中進行。如果只是純元宇宙體驗，而不從事數字經濟活動，元宇宙系統很難盈利。元宇宙系統必定會是一個大型的數字經濟市場，必定有數字資產交易，此時就需要一個機制能夠綁定虛擬物體和物理物體。在國外，NFT 就是一個選項，卻不是唯一的選項。由於現在的 NFT 協議運行在公鏈上，在規模上還有很大的限制，因此現有 NFT 的平台以及協議以後會有變化。

最近有數據顯示，全世界討論 NFT 最多的國家不是美國，不是英國，也不是歐洲，而是中國。無法從事 NFT 活動的中國成為 NFT 話題量討論最多的國家，其次是新加坡（新加坡可以從事 NFT），而菲律賓、泰國、馬來西亞、阿聯酋和越南則是擁有 NFT 最多的五個國家。這數據令人驚訝，擁有 NFT 最多的不是發達國家，而是發展中國家。

29.5 只有圖片的 NFT 有價值？

很多人不解 NFT 只是網絡圖片，為甚麼值錢？前面的討論已經談到

NFT 的價值已經轉變為品牌推廣、市場營銷，NFT 如果僅是圖片很難維持價值。這裏，可以講述一個有關特朗普夫人發生在 2022 年的故事。

特朗普夫人梅拉尼婭在 2021 年發行了 NFT，並在 2022 年以總價 17 萬美元進行出售，整個交易流程在經過兩個機構後又自己買了回去。媒體發現了她的自買自賣行為並公開追問，她解釋道「所有在區塊鏈的交易都是公開的，我只是代友人交易」。

圖 29-5： 梅拉尼婭發行的 NFT 圖片

梅拉尼婭的 NFT 起拍價其實是 25 萬美元，並表示會把賺到的錢捐贈給慈善機構。作為世界名人，又在慈善名義下進行拍賣，梅拉尼婭的 NFT 應該是萬人搶購，然而現實卻是不一樣。17 萬美元遠沒有達到預期的起拍價格，而且在拍賣過程中只有 5 次出價，這表示最多只有 5 個人有興趣購買。梅拉尼婭「自買自賣」事件引發國外媒體的大肆報導，但這種「自買自賣」在合規市場是違法的，因為經過這種流程進行定價可以故意拉高或是惡意降低價格，然後再以實際定價交易來完成洗錢。由於當時 NFT 交易還未有明確規定，所以梅拉尼婭這次的交易不算違法。雖然不違法，但「自買自賣」新聞還是產生了大量的負面反應，但並沒有因此影響到梅拉尼婭繼續發行 NFT。

2022 年 2 月 21 日梅拉尼婭以特朗普的名義推出五款「總統」NFT，

這次售價不再是 17 萬美元，而是 50 美元（以美元定價），並且可以使用信用卡付賬。在特朗普執政時期，他曾多次公開反對比特幣，但在 2021年仍有人推出「特朗普 NFT」（來諷刺特朗普競選失敗）並且其市值高達600 萬美元，而在 2022 年 2 月，由夫人推的 NFT 卻只能賣到 50 美元，看起來諷刺圖片還是比正規圖片有更多的價值。

圖 29-6： 2021 年他人諷刺特朗普的圖片 NFT 賣了超過 600 萬美元

如果在以太坊上發行 NFT，50 美元的售價還不足以支付發行費用[44]。這一次，作為世界名人的梅拉尼婭選擇了在廉價平台上發行 NFT，以避免高昂的以太坊發行費用。但是梅拉尼婭發行的 NFT 圖片可以在網絡上免費下載，即使定價足夠低也無人問津。這足以說明只是圖片的NFT 是沒有價值的。

---

[44]　如果在以太坊上發行，發行費用就超過 50 美元。

第 30 章

NFT 發展在中國面臨的問題

2021 年，NFT 的持續爆紅引發世界關注，中國也不例外。

NFT 在海外市場竟然出現一天千倍的漲幅，甚至超過比特幣。一天一千倍是甚麼概念？2017 年是數字代幣發展最為瘋狂的時候，其最高漲幅是一年上漲 15820 倍[45]，以 365 天計算，平均起來每天上漲 43 倍，但是如果以複利計算，每天才漲 3% 左右。可見，NFT 一天暴漲 1000 倍是多麼的驚人。這種一夜致富的事件讓人心動，但也是危險的訊號。

由於成長速度過於驚人，一些平台被邀請「喝茶」。後來，國內 NFT 平台幾乎全部改為「數字藏品」平台，網絡上也開始出現數字藏品的討論文章，包括甚麼是數字藏品，以及數字藏品標準等。但其定義一直是模糊的。

同時間，海外 NFT 也陸續出現問題。美國財政部開始干預 NFT 的野蠻成長，在 2022 年 2 月出文警告 NFT 市場的風險後，2022 年 7 月再度提出監管 NFT 的框架。

2021 年 10 月在國務院發展研究中心國際技術經濟研究所指導下，發

---

[45] 參見：https://www.fool.com/investing/2017/12/29/3-cryptocurrencies-that-rose-by-more-than-100000-i.aspx

展了非同質化權益，目的在於取代 NFT，規避 NFT 在中國的風險。

國外喜歡用巖石（Rock）或是堅硬地板（Hard Place）的選擇，來表示任何選擇都會摔得很慘。一些單位選擇在國內發展 NFT，但是以後可能會面臨金融以及監管風險；如果選擇放棄 NFT，又擔心無法享受海外已建立的市場。

但是他們忘了，走合規路線，市場才會大起來，而國內合規數字文化市場會遠遠大過海外 NFT 市場，而又沒有 NFT 的風險。

30.1 NFT 欺詐事件直線上升

在 NFT 市場日益繁榮的背後，諸多亂象開始滋長。英國報導 NFT 欺詐事件成長了 400%。2022 年 6 月英國高院法庭認為 NFT 是一個財產，代表任何關係到 NFT 的欺詐事件，就是一個犯法行為[46]。可以使用相似的財產欺詐法律來審 NFT 案件。

2022 年，海外媒體開始重點關注 NFT 發展中出現的問題，並發表《為何 NFT 市場會對洗錢者和金融犯罪敞開大門》[47]、《五大 NFT 網絡犯罪》[48]、《NFT 正在成為犯罪的溫牀》[49] 等諸多質疑 NFT 合法性的文章。據報導：雖然 2021 年 NFT 市場飆升，但加密貨幣領域的犯罪涉案金額已達到 140 億美元的歷史新高。

---

[46] 參見：https://www.dechert.com/knowledge/onpoint/2022/6/nft-fraud--the-english-court-recognises-nfts-as--property--and-m.html

[47] 參見：Daniel Doerr, "Why the NFT market is an open invitation for money laundering and Fincrimsters?" April 11, 2022, https://dxcompliance.com/money-laundering-through-nft-non-fungible-token/

[48] 參見：Alin Dessin, "The Big 5 NFT Cybercrime, " March 9, 2022, https://www.verdantnft.com/all-articles/the-big-5-nft-cybercrimes

[49] 參見：Tor Constantino, "Are NFTs turning into a hotbed for crime", Feb. 25, 2022, https://www.fool.com/the-ascent/cryptocurrency/articles/are-nfts-turning-into-a-hotbed-for-crime/

這些文章披露了大量 NFT 犯罪案例和數據，例如：「拉地毯」（Rug pull）是一種數字犯罪，在 2021 讓加密投資者損失了約 28 億美元，佔 2021 全球非法加密貨幣總量的 37%；另外還有一些 NFT 團隊把 NFT 吹捧成為「仙女故事」（fairy tale）或是「烏托邦」（utopia），讓投資者誤認為 NFT 可以點石成金、一夜致富，而犯罪團夥在投資者正沉浸於「白日夢」之時暗中拋售，然後銷聲匿跡……

據國外媒體報導或相關機構的報告，國際上常見的五大犯罪方式為：

- 「釣魚」：釣魚欺詐、黑客和盜竊（Plenty of「phish」in the sea: phishing scam, hack, and theft）—— 犯罪分子誘騙受害者提供他們的數字錢包私鑰（密碼）或簽署許可，藉此訪問受害者的數字錢包（可能通過偽造的 NFT 造幣鏈接），有些犯罪事件甚至涉及黑客入侵 NFT 發行人、NFT 市場、加密錢包應用程式或社交媒體平台的服務器，並發送假裝合法的電子郵件或包含釣魚鏈接的消息。收信人會由於過度興奮、困惑或粗心，從而可能踩中犯罪分子設下的陷阱中 —— 他們的數字錢包被黑客入侵，並被清空。一旦發生這種情況，其後果幾乎不可能逆轉。

- 假冒商品：假冒 NFT 爆炸（The fake goods: the explosion of counterfeit NFTs）—— 不計其數的藝術家在不知情和未經同意的情況下，其作品就被盜取並鑄造成 NFT 出售，當然，藝術家們也沒有獲得任何收入或版稅。儘管剽竊在 NFT 領域一直很普遍，但如今，當自動機器人刮取在線圖庫，甚至搜索谷歌圖像以獲得 NFT 收藏時，剽竊已經失控。

- 洗牌交易（wash trading）：就是左手賣給右手，目的就是抬高價錢，吸引其他人來購買接盤。洗牌交易在傳統證券和期貨交易中是非法的，是指交易者購買證券和期貨將其出售給自己控制的另一個賬戶，向市場釋放誤導性的信息來哄抬價格。就 NFT

而言，由於任何人都可以擁有任意數量的數字錢包，洗牌交易者可以通過使用相同的數字錢包或單獨的數字錢包同時買賣相同的資產，人為推高資產的價格和知名度再向不知情的買家出售 NFT 以獲得收益，而這些買家被蒙在鼓裏，誤以為他們的收藏品價值飆升。

- 通過 NFT 清洗贓錢：自我清洗（Cleaning dirty money through NFTs: self-laundering）—— NFT 可用於進行「自我清洗」，類似於洗牌交易，這是一個犯罪分子出售和使用黑錢或贓錢回購 NFT 的過程，目的是在區塊鏈上偽造看似真實的銷售記錄，然後出售給無辜的第三方，達到了違法收入但是形式上似乎是完全合法的假像。

- 永遠不會成真的童話：拉地毯（Fairy tale that never comes true: rug pull）—— 拉地毯指的是開發商在作出重大承諾後放棄項目，並捲走投資者錢款逃走，這些承諾常常涉及構建 NFT 遊戲、發行代幣、啟動 DAO 或重新分配利潤等。

由於出現太多洗錢和金融犯罪，海外市場對一些 NFT 的估值開始懷疑。最典型的案例是推特創始人在發佈其 NFT 後一年時間便暴跌 99% 的事件：2021 年 3 月，一位買者以 290 萬美元買下推特聯合創始人傑克·多西第一條推特的 NFT；時隔一年後，當買者準備以高價出售時，竟然無人接盤 —— 只有某個平台中從 0.0019 ETH（當時價值 6 美元）到 2 ETH（當時價值 6250 美元）不等的幾個報價。即使出售者接受最高出價，也將導致損失超過 99% 的投資。

NFT 協議是一種協議，協議本身是中性的，只是其運行機制卻為金融犯罪提供了極大的便利。正因如此，2022 年 2 月 4 日，美國財政部發佈了一份《關於通過藝術品交易為洗錢和恐怖融資提供便利的研究》

（*Study of the Facilitation of Money Laundering and Terror Finance Through the Trade in Works of Art*）。在這份研究報告中，美國財政部建議金融業考慮以下幾種監管選項：

- 鼓勵創建私營部門信息共享項目，為藝術市場參與者帶來透明度。
- 更新針對執法、海關執法和資產追回機構的指導和培訓。
- 利用 FinCEN 記錄保存機構支持信息收集和加強盡職調查。
- 將藝術市場參與者納入「反洗錢 / 反恐金融危機」法律框架，並責成他們創建和維護「反洗錢 / 反恐金融危機」項目。

2022 年 7 月，美國財政部再度對 NFT 提出警告，並且提出監管框架。

另外，其他國家例如新加坡、韓國等都紛紛出台了 NFT 相關監管條例，印度、澳大利亞等國則計劃對 NFT 交易進行徵稅。俄羅斯在 2022 年 2 月宣佈接受比特幣支付，但是過了五個月後，其又宣佈比特幣和 NFT 不可以在俄羅斯本土作為支付的媒介。俄羅斯的政策確定 NFT 和比特幣屬於同類性質的數字資產，並且以同等待遇應對。

30.2 只有顯示權沒有價值

許多 NFT 只是有顯示權，或是收藏權[50]，但是這樣的權益是沒有價值的。瑞士兩位大學教授 Patrick Reinmoeller 和 Kark Schmedders 在 2022 年出文認為 NFT 如果只是提供圖片是沒有價值的。為甚麼？因為在 NFT 上的圖片，任何人都可以下載，也可以在自己的手機上收藏，可以顯示

---

[50] 在中國，一些 NFT 項目以數字藏品名義出現。但也有學者提出數字藏品不是 NFT，這點在後面再討論。

給其他人看，世界沒有法律禁止，一切都是合法的。因此在 2021 年，一個高價 NFT 海外出售後，中國微信圈就有大量網友（都合法地）顯示同樣圖片當作頭像[51]。以高價買到的也是一個圖片，而且是同樣的圖片，為甚麼在以太坊上的圖片價值百萬或是千萬美元，而在我們手機上的同樣圖片卻是沒有價值的？因此這兩位作者認為 NFT 的前途不可能好，甚至以後整個產業會消失[52]。

這樣的觀點最近也被人接受，在下一章我們就會討論到許多 NFT 改變價值方法，例如給予版權，給予其他權益，而 NFT 的價值從這些權益中決定。

NFT 協議有諸多限制

現在 NFT 協議並不包含作品的版權信息，購買者只有顯示以及收藏的權力，無法商用 NFT 中的圖片。國外出現「NFT 不是版權」（NFTs are not Copyrights）這樣的標題文章。而現在 NFT 協議[53]只包含：1）聯絡位址；2）token 身份證；3）token 名字；4）圖片信息；5）原始創作者信息（Original Creator）；6）token 元數據（metadata）。不知道大家發現沒有？NFT 協議竟然沒有版權信息！由於 NFT 沒有版權信息，僅僅只有 NFT 協議無法保護版權，也不能轉移版權。這些需要在其他合約上表達。由於版權的確權並不在現在 NFT 協議中，海外發生多起他人盜竊版權發行 NFT 的事件。

如果 NFT 發行方願意給予購買者權益，需要在 NFT 協議外面另外簽署合約。

---

[51]　因此高價收購 NFT 的買主不能在法院上控告在微信圈顯示同樣圖片的人們。

[52]　參見：https://www.gulf-times.com/story/708845/Why-the-NFT-market-will-collapse

[53]　參見：https://www.weforum.org/agenda/2022/02/non-fungible-tokens-nfts-and-copyright/

30.3 NFT 在中國發展的制約因素

國外 NFT 爆發時，國內的一些機構也加入了 NFT 的追捧之列，甚至市面上已經出現「萬物皆可發 NFT」的火熱觀點。

據天民（青島）國際沙盒研究院收集的數據，一些所謂 NFT 產品沒有使用 NFT 協議，有的沒有使用任何區塊鏈技術，有的公開使用海外公鏈。市面上各種平台發行的 NFT 或是數字藏品，還存在着諸多隱患：

- 只使用數據庫或是檔存相關信息，沒有顯示使用任何區塊鏈技術；
- 使用不合規的區塊鏈系統，例如海外公鏈；
- 使用海外公鏈發行 NFT，在中國以人民幣結算，其後發行方在海外以數字代幣結算；
- 宣稱使用海外公鏈，但是在該公鏈系統上卻沒有相關的記錄；
- 使用聯盟鏈，但是只提到鏈的名字，而沒提鏈的特性。由於一些海外開源的區塊鏈系統被發現是「偽鏈」或是「弱鏈」，不具備保護消費者的功能；
- 使用一機構的聯盟鏈，但一旦機構出事，聯盟鏈就可能消失，相關數字藏品也消失。

NFT 在中國發展主要存在着三大制約因素：

第一大因素：NFT 容易淪落為國際洗錢通道

NFT 是一種數字代幣，和以太幣本質一樣，差別只是 NFT 不能分割，而以太幣可以分割。由於 NFT 在海外公鏈上發行，而公鏈上又有支付通道，NFT 成為國際跨境洗錢的通道。

國際跨境洗錢的操作流程概述如下：A 雖然身在中國，但可以通過網絡在以太坊系統中發行 NFT；B 準備買通或賄賂 A，於是通過海外

NFT 交易所購買 A 發行的 NFT，A 於是獲得能在全球很多地區或公開或私下流通，卻不受主權國家監管的以太幣，到達「洗錢」的目的。

這裏 A 或是 B 在哪個國家或是地區並不重要，他們可以在同一地區，或是不同地區，A 和 B 可以都在國外，或是都在國內，洗錢的方式大同小異。例如 A 在國外發行 NFT，B 在中國重金購買，A 在國外收到資金；如果 A 是 B 的朋友，A 等於替 B 洗錢到國外，又沒有經過外匯管制，傳統監管機制無法發現。

這有點類似於清朝著名貪官和珅的洗錢辦法：和珅通過典當行，將不值錢的「破碗」當作古董放在典當行出售，而行賄的人心領神會，以重金買下「錨定」的「破碗」，巧妙完成洗錢行賄行為。

「洗錢」由來

在美國的洗衣房是用現金交易的，20 世紀 20 年代，芝加哥一名黑手黨卡彭（Capone）買了投幣（現金）洗衣機，開自助洗衣店。每天晚上，結算當天的洗衣收入時，可以把違法收入加進洗衣收入，這樣違法收入就變成合法收入。交稅後，稅後資金就合法化。讓我們看到，洗錢的流程就是部分流程是合情合理的，而讓不合情合理的收入暗中放進合法收入內。

這一點，中國的老祖宗的做法要比美國洗錢高明得多。在清朝乾隆時代，著名貪官和珅洗錢的途徑就是網絡版的「共識經濟」。和珅拿一個不值錢的東西放進典當行，只要出錢的客人認為值錢，就算值錢，這就是「共識」。於是和珅把不值錢的東西放在典當行，讓別人花大價錢買下賄賂和珅，和珅再拿賄賂的錢買下真實高價的古董。和珅就這樣經過這樣的「共識經濟」流程得到 2 億兩白銀，而當時清朝政府一年才有 7000 萬兩白銀收入。和珅倒台後，在家裏發現 8 億兩白銀，超過《南京條約》、《北京條約》和《馬關條約》賠款的總和。和珅以典當行方式的賄賂方式後來被稱為「雅賄」。

第二大因素：NFT 讓國內數字資產「流失」於海外

海外公鏈採取的是將實際資產存儲於區塊鏈系統內，但由於區塊鏈系統一個特性是數據不能被篡改，以至於一旦國內某數字資產註冊在海外公鏈上，就意味着原生於中國的數字資產將留在海外的公鏈上，永遠回不來了。這樣一個暢通無阻的網絡通道，並不經過銀行或是政府監管機構，成為國內資產轉移海外的通道。

第三大因素：中國無法使用數字代幣

NFT 就是一種數字代幣，中國不能發展。中國相關部門已經多次明令禁止在中國買賣像以太幣這種樣的數字代幣，因此，在中國無法使用基於以太幣或是其他數字代幣的 NFT 協議。

30.4 奇特共識經濟有洗錢風險

在《互鏈網：未來世界的連接方式》一書中，筆者定義共識經濟交易雙方同時得到同樣信息，而且大家都知道對方有甚麼信息，並且知道對方不能更改信息。這樣的定義就是新型交易的方式。

但是在網絡媒體上出現不同定義的「共識經濟」，就是只要交易雙方同意一個價錢，這個物體（可能是虛擬的，或是物理物體）就值這個價錢。舉例來說，比特幣後面沒有黃金或是其他貴重金屬支撐，也沒有國家信用支持，更沒有優質的債券支持。根據傳統經濟理論，價值是零。但是由於有人認為比特幣有價值，於是根據網絡共識經濟的定義，比特幣就有價值，這個價值是人們共識下得到的。清朝的和珅就是經過這樣的「共識經濟」洗錢。

因此「共識經濟」就有不同定義。有一些人為了說這 NFT 值錢，拍

賣 1 億[54]，於是其他人也認為這個 NFT 值這個價錢，理由是客戶有共識。其實不然，這就是一個經典洗錢的路線。

因此我們認為如果只有單純的「網絡版共識經濟」，而沒有第三方客觀性的評估和評價，「網絡版共識經濟」就是助力洗錢。

數字文化資產必須使用數字代幣科技？
法律問題還是科技選擇？

數字資產一定要建立在海外公鏈以及數字代幣的基礎上？答案是否定的。數字代幣只是千百種數字資產中的一種，不是所有數字資產必須使用的科技。而且區塊鏈還會有許多種，不會只是現在形式的公鏈。

多國央行正在推出 CBDC 計劃，例如美聯儲、歐洲央行、英國央行，而這些國家都不預備使用公鏈來實現。因此可見，今天 NFT 使用海外公鏈是基於商業考量（由於 NFT 可以抬高相關的數字代幣市價），而不是科技上的必然選擇。

既然不存在科技難題，且中國政府已經通告不可使用數字代幣，中國繼續使用 NFT 協議便是法律問題，而不是科技的選擇。數字資產在中國的發展，需要探索一條符合國情的全新路線。

30.5「NFT 亂象」
已經引起有關部門重視

2022 年年初，中國境內發佈的一個 NFT 項目在很短時間內暴漲千

---

[54]　2022 年 7 月根據海外 NFT 市場報導，最貴的 NFT 價值 9000 萬美元，差不多是 6 億人民幣。

倍，充分顯示出 NFT 的強金融屬性。亂象叢生的中國 NFT 產業現狀，挑戰國家金融秩序的強金融屬性，已經引起社會各界和相關部門的高度重視。這主要體現在以下幾個方面：

一、行業倡議：「三會」倡議書

2022 年 4 月 13 日，互聯網金融協會、中國銀行業協會、中國證券業協會聯合出台針對 NFT 的相關倡議：

- 不在 NFT 底層商品中包含證券、保險、信貸、貴金屬等金融資產，變相發行交易金融產品。
- 不通過分割所有權或者批量創設等方式削弱 NFT 非同質化特徵，變相開展數字代幣發行融資（ICO）。
- 不為 NFT 交易提供集中交易（集中競價、電子撮合、匿名交易、做市商等）、持續掛牌交易、標準化合約交易等服務，變相違規設立交易場所。
- 不以比特幣、以太幣等虛擬貨幣作為 NFT 發行交易的計價和結算工具。
- 對發行、售賣、購買主體進行實名認證，妥善保存客戶身份數據和發行交易記錄，積極配合反洗錢工作。
- 不直接或間接投資 NFT，不為投資 NFT 提供融資支持。

《關於防範 NFT 相關金融風險的倡議》呼籲會員單位：共同倡議行業堅持守正創新，賦能實體經濟，同時堅守行為底線，防範金融風險；自導秒殺、暴漲暴跌、左手倒右手、「空數藏[55]」等都是不規範的表現；需要

---

[55] 「空數藏」指沒有在任何區塊鏈系統上註冊的「數字藏品」。

確保 NFT 產品的價值有充分支撐，引導消費者理性消費，防止價格虛高背離基本的價值規律。

二、法律維權：NFT 已經出現多項欺詐案件

2022 年 4 月 20 日，杭州互聯網法院依法公開開庭審理一起發生在 NFT 領域的侵害作品信息網絡傳播權糾紛案——「胖虎打疫苗」案件。在當前法律沒有明確規定的情況下，司法部門正對 NFT 以及 NFT 數字作品的性質、NFT 交易模式下的行為界定、NFT 數字作品交易平台的屬性以及責任認定停止侵權的承擔方式等方面，進行積極的探索，並形成了相應的司法審查標準。

2022 年 8 月，以中國著名品牌的英文名註冊的 NFT 出現拉地毯跑路的現象。表示海外常發生的 NFT 欺詐事件也出現在中國了。

後面技術決定本質

有人認為只要給 NFT 一個新的名字，NFT 就是不是數字代幣，例如數字通證或是憑證。其實給予 NFT 甚麼樣的名字，或是翻譯都不是最重要的，重要的是這後面的科技是甚麼。第一個角度就是技術決定本質，而不是根據名字或是翻譯決定本質。

決定一個物件是不是數字代幣需要有下列屬性：

- 該物件運行在海外公鏈上；
- 該物件不能篡改，記錄不能被更正；
- 在該公鏈上有數字代幣支付系統；
- 該物件有價值，可以交易，交易後價值就從一個賬戶轉到另外一個賬戶；
- 該物件可以和數字代幣自由交易轉換。

任何物件符合上面條件的，就是一種數字代幣。不論是叫通證，憑證，還是其他甚麼名字，最主要的是看該物件使用甚麼技術。如果它的底鏈使用的是公鏈，用的是以太坊 ERC721，就是一枚數字代幣。

數字代幣是自帶金融屬性，並不是說換一個名字就沒有金融屬性，而且數字代幣又不經過外匯管理，因此會有相應的金融風險。名不一定副實，我們需要看本質。如果還是數字代幣，在中國發行以及銷售都有風險。

第31章

華夏數字文化：
數字權益（NFR）

2021 年，NFT 發展日益火爆，但因其法律風險 有人提出能否開發出一個符合中國國情的協議，於是非同質化權益（Non-Fungible Rights，NFR）誕生了。

NFR 是一種智能合約協議，建立在互鏈網上，既沒有代幣，也沒有支付系統，卻又能維持 NFT 的特性。

NFR 協議採用交子模型。宋朝交子為了能夠與民間仿造進行區分，從紙張、花押、印壓圖案等多方面進行了防偽。NFR 採用多樣的設計理念，使用加密演算法、加密協議、區塊鏈、數字簽名等多次加密。

而且 NFR 和 NFT 不同，NFR 還可以成為華夏元宇宙的治理科技以及基礎設施。NFT 由於基於海外公鏈，不能用來支持華夏元宇宙的數字經濟。

31.1 符合中國法律的 NFR

NFT 在中國不能發展，並不代表藝術品等領域的數字化發展在中國無路可走。在國務院發展研究中心國際技術經濟研究所指導下，筆者團

隊提出非同質化權益（Non-Fungible Rights，NFR）在中國的發展模式和路線。由此，探索數字權益確權、存儲、轉移、流通的合規手段。

NFR 是一種數字資產或具有獨特資產所有權的數字代表，使用區塊鏈技術、以電腦代碼為基礎創建，記錄基礎物理或數字資產的數字所有權，並構成一個獨特的真實性證書。因為每一個 NFR 包含的數據使其與其他 NFR 不同，所以它是非同質化、獨一無二的資產。

NFR 記錄在區塊鏈賬本上，區塊鏈是不可更改的數字賬簿，用於記錄電腦代碼「區塊」中的交易，這些區塊有時間戳並連接在一起，證明資產的來源，所有權和真實性；區塊鏈還可以記錄數字資產的交易歷史，使記錄的數字資產不被盜用、修改或刪除。NFR 由「智能合約」形式的代碼組成，可以為交易設定自動執行的條件，直接控制交易在某些條件和條款下在各方之間執行。

理論上，任何獨一無二的資產，包括無形資產和有形資產，都可以作為 NFR 的基礎資產。尤其地，這一模式為藝術作品、表演權、品牌或其他有價值的財產創造了新的分銷、授權、商業化管道。

在中國的法律監管框架下，數字財產保護制度日益成熟，《民法典》規定，法律對數據、網絡虛擬財產的保護有規定的，依照其規定。這是中國第一次在法律層面提及網絡虛擬財產。《最高人民法院、國家發展和改革委員會關於為新時代加快完善社會主義市場經濟體制提供司法服務和保障的意見（法發〔2020〕25 號）》明確提出，加強對數字貨幣、網絡虛擬財產、數據等新型權益的保護。

NFR 解決了 NFT 存在的幾乎所有問題，具備以下重要特性：

- 不使用任何數字代幣或是他們的協議。比如比特幣、以太坊或是任何數字代幣，或是他們的協議。由於沒有使用數字代幣及其協議，NFR 不存在與之相關的違反中國法律的問題。
- 不使用任何公鏈系統，只能使用實名可信有私隱保護的互鏈網

網絡，互鏈網可加強私隱保護。而現在國外所有公鏈系統交易都是公開交易信息。最好的方式就是建設新一代可以監管的區塊鏈系統，例如自帶合規和監管系統的區塊鏈系統。

- 確保 NFR 交易沒有規避外匯監管的問題，由於沒有數字代幣參與，不可能以數字代幣的形式將資產轉移到國外。
- 完善實名認證機制，符合相關法律法規。
- 支持文化藝術產業數字化，由於數字化帶來的價值實現和流動性增加，文藝產業收入以及相應國家稅收實現增長。
- NFR 產品可以交由第三方評估、測試、認證，交易公平公開。

表 31-1

特性	NFT 問題	NFR 解決方案
1 協議	使用數字代幣	不使用數字代幣
2 系統	以太坊系統	不使用任何公鏈，只使用互鏈網
3 外匯	有外匯通道	沒有支付通道，沒有外匯通道
4 法律	缺乏法律保障，在中國因為使用以太坊及虛擬貨幣屬於違法行為	符合中國現有法律制定規則
5 監管	沒有規範的監管，現在只有間接的監管，沒有直接的監管	傳統監管加上智能合約嵌入式自動監管
6 私鑰遺失	相關數字資產遺失，實際資產存儲在網絡上	由於使用數字憑證模型，實際資產不在網絡上，網絡上只是憑證，使用實名制，資產不會遺失。他人即使拿去交易，資金也將自動轉歸合法擁有者
7 匿名性	匿名	可保護私隱的實名註冊，數字憑證包含擁有者數字身份證

31.2 NFR 特色

NFR 代表全新的藝術與科技的結合。NFR 的核心優勢是具備法律監管框架,而且可以由科技執行,由法律框架賦權。NFR 具有如下特性:

物理與虛擬環境緊密結合:NFR 堅持以物理世界為基礎,而不只是尋求虛擬發展,即不鼓勵毀掉原有物理作品,只保留 NFT 不可分割、不可替代、獨一無二的特性。NFR 協議是中國開發的,不是國外開發的。由於虛擬環境上的數字資產和實體經濟中的資產是相關聯的,虛擬資產才有實際價值。

助力實體經濟:與 NFT 哲學思想正好相反,NFR 不是「以實助虛」,而是「以虛助實」。發展 NFR 在虛擬環境下助力實體經濟,擴大市場、增加市值。數字賦能實體,而不是實體經濟被虛擬世界掏空。

使用互鏈網技術:建立全球化網絡治理,摒棄以往的互聯網數字金融規則,避免行業壟斷,保護數據私隱。

嚴格的數字資產治理:實施嚴格的物理資產憑證、虛擬資產憑證。其中,實際資產在物理空間,不在網絡或是數字空間,虛擬資產是添附在物理資產之上的。

多樣的添加價值:由於不是數字代幣,又和實體經濟結合,NFR 的經濟模型和 NFT 截然不同。

其他領域應用:NFR 不只是藝術品領域可以應用,其他領域也具備廣闊的應用空間,例如影視、音樂、遊戲、數字創意、農業、體育、教育、知識產權等等等等。

符合中國法規:NFR 的本土化發展符合中國監管規則。

帶動數字科技發展:傳統上,數字貨幣科技由國外發起領導,中國跟隨。現在由於國外 NFT 不符合中國法律,中國需要一套全新的符合中國監管要求的 NFR。NFR 也使用區塊鏈技術,但是和地下經濟的數字代

幣的體系不同，屬於合規科技。從此，數字資產會出現走出兩個不同路線：NFT 和 NFR。兩個路線的底層技術基礎和架構上會有重大分歧，包括系統架構，網絡基礎設施，賬本系統，認證機制都會不同。

連接元宇宙：臉書在 2021 年宣佈公司將從社交網絡公司轉型成為元宇宙公司，再度震撼世界。前一次震撼世界是 2019 年 6 月 18 日，當天臉書發佈穩定幣白皮書。而這次臉書是有備而來，其在 2014 年已經收購一家元宇宙公司，最近又收購了多家相關公司。這是人類歷史上一個融合科技、文化、金融、治理的重要里程碑，充分將虛擬環境和實體環境緊密結合。NFT 將成為臉書元宇宙的重要科技。與之相對的，中國的 NFR 屬於本土發展起來的現代數字科技，可以在中國版的元宇宙中實現快速發展。由於 NFR 符合中國法律，而且即使在虛擬環境下，虛擬人物、虛擬資產在元宇宙環境中都和物理人物、物理資產實現綁定，這奠定了 NFR 的合法性基礎，也為未來數字化的產業發展和數字生態建設打開了巨大的想像空間，甚至國家法律都可以在此實現數字化，進而借NFR 映射到虛擬的元宇宙環境中，開展監管治理。

NFR 法律觀點討論

互聯網對物理空間和生活場景的滲透愈發深入，巨大的便利往往伴生着巨大的風險，各國政府對於形形色色的互聯網創意產品，始終保持着對潘朵拉盒子的一份警惕和防範之心。近來，尤以比特幣等虛擬貨幣為甚。NFT 亦面臨諸多的政策風險與法律監管問題。

有別於傳統資產類別，NFR 具有一系列獨特的商業、監管和法律的考慮，既適用現有的法律和監管，也出現了一些突破傳統認知的新發展。

NFR 創建和交易的首要前提是不逾越任何法律和政策紅線，不從事任何需持牌經營的業務，例如證券經紀、拍賣等，或任何被明令禁止的

活動，例如非法發行證券、非法集資、非法發售代幣票券等非法金融活動等，並遵循反洗錢、稅務、外匯等的合規監管要求。

同時，與之相關的關鍵法律問題還包括，如何對 NFR 的底層資產和交易類別進行分類、知識產權、網絡安全、數據安全和私隱保護、數據託管、內容審核、消費者保護等。

雖然每個 NFR 要結合其底層資產和交易類別進行分析，但其中最容易被誤解的可能是權屬問題，例如知識產權問題。

以某件畫作為例，以其為基礎資產創建的 NFR 在出售、購買、授權許可時，賣方出售的是這幅畫作的數字代表，即 NFR，它和原作品本身是兩個獨立的東西。NFR 將被放在區塊鏈上，它將識別 NFR 的所有權或相關權益是否被轉移，這就是該 NFR 的功能。而更複雜的是許可 / 授權問題，也就是賣方和 NFR 的許可是甚麼？在出售、轉讓、授權、許可 NFR 的過程中會轉移哪些知識產權？

常見的誤區是，NFR 的買方通常認為他購買了與 NFR 相關的基礎資產；但實際上，原創作者往往仍然是版權所有者，他保留了複製、分發、修改、公開展示作品等獨家權利，買方通常只收到 NFR 或和 NFR 相關的一系列捆綁的有限權利。因此，確保在創作者 / 藝術家、購買者 / 收藏者和任何其他參與方之間有效和公平地分配知識產權至關重要。

一般來說，NFR 包含描述其所對應的資產的元數據，NFR 隨附的權利是由 NFR 的創建者決定的。如果 NFR 的創建者是內容創作者，那麼創建者自身即擁有內容的所有權利，並可以創建對應於該內容的 NFR，將其中的任何權利轉讓給買方，例如，使用、複製、展示和修改內容的權利；如果 NFR 的創建者是從其他創作者處獲得內容，那麼創建者的權利將受限於該創作者轉讓或授權給他的權利，並且只能將這些有限的權利轉讓或授權給買方，例如，使用第三方享有著作權或相關合法權利的作品或使用第三方享有肖像權的肖像等素材創建 NFR，則應獲得第三方

權利人的授權。

因此，和傳統的知識產權權利分割一樣，NFR 的交易也應確保通過準確清晰的交易條款實現買賣各方的交易意圖、權利分配和轉移。具體的，通過智能合約（複雜的代碼）詳細說明所有權、轉讓的權利、NFR 使用的限制、許可費的支付、日期和時間戳、是否向上游支付授權許可費等等。

此外，常見的問題還包括，限制買賣雙方減損作品的經濟價值，甚至仿冒的問題：例如，創作者可以通過創建不同類型的檔為同一數字資產創建不同的 NFR 達到製作無差別副本的效果，買方也可以複製、修改或創建原始基礎資產的衍生品，並將其作為「真實」的 NFR，這些都是這一新模式下值得關注的問題。

31.3 NFR 系統結構和協議

NFR 使用互鏈網，就是多區塊鏈系統連接在一起，在本書《互鏈網》章節討論過互鏈網。互鏈網不同於互聯網，互鏈網保護私隱、反壟斷，互鏈網可以說是中國版的 Web 3 架構。

NFR 設計方案的哲學思想和 NFT 有許多不同之處。現在大部分 NFT 只在以太坊系統上運行，以太坊上的實際資產存在以太坊網絡上，錢包存的只是打開網絡資產的鑰匙，不是實際資產。如果以太坊系統被下架，即使有私鑰也沒有用[56]；或是私鑰遺失，數字資產就會消失，原因是在網絡上的數字資產由於沒有私鑰不能打開。但是 NFR 不同，實際資產不存

---

[56] 由於現在絕大部分的公鏈都是採取這模型，因此公鏈必須具有難移除性。因為一旦一條公鏈成功下架，在上面所有的數字資產全部消失。即使有私鑰，也沒有用處。

圖 31-1：中國宋朝發行的銀票：
益州交子銀票

在網絡上，在區塊鏈系統上只是存數字憑證。有了數字憑證，就可以對實際資產主張權利。而且是多鏈參與，如果一條鏈出現問題，其他鏈仍然可以運行並提供服務，而 NFT 只在以太坊上運行，如果一個國家禁止以太坊，則該國居民在以太坊上的交易就是不合規的。

NFR 採用《數字貨幣或是數字憑證（中）：傳統數字貨幣模型與國家貨幣體系的衝突》提出的交子數字憑證。數字憑證不是實際資產，只代表實際資產的擁有權。由於採取實名制，每個數字憑證都是獨立制定的。其他人拿走數字憑證，交易時智能合約會將資金自動轉進合法擁有者，而不是持有數字憑證者。

古代銀票為了防假，採用了多重印押、密押技術，還有隱藏的記號，還同時要本人畫押，在提取款項時，錢莊還要留下印記。NFR 數字憑證也採用多次加密，數字簽名，實名認證，加密存儲，將擁有者身份證也打進 NFR 數字憑證，然後這些數字憑證存在多個區塊鏈系統上，連接自律組織或是監管單位。聰明的讀者不知道發現沒有，中國宋代的金融專家其實非常聰明，他們當時的方式現在我們還在用。唯一不同的地方是宋代的專家只有紙、筆、墨水可以使用，而現在有電腦、網絡、加密演算法、加密協議可以使用。我們可以看看下表：

表 31-2

	宋代做法	對應的現代做法
1	多重印押	層層加密
2	密押技術	加密演算法
3	隱藏的記號	雜湊、時間戳
4	本人畫押	公私鑰數字簽名
5	留下印記，難更改，不能否認以前的行為	區塊鏈（或是數據庫）數據，不能篡改，無法否定以前的交易

NFR 參與系統包括：一、客戶身份證認證中心系統；二、數字藝術品發行單位；三、數字藝術品認證中心；四、數字藝術交易所；五、相關區塊鏈系統。交易所可以是電商，或是線下實體商店，或是兩個都是。

不同於 NFT，NFR 沒有任何數字代幣，沒有支付系統，也不會有地下外匯通道。而且使用多鏈系統，由不同鏈存相關信息，不像 NFT 主要存在以太坊系統上，增加了系統可靠性。還採用區塊鏈數據湖的雙鎖定機制，各鏈不能各自為政，相關數據有多個鏈共同維持，更加安全。

所有數字藝術品發行單位都必須在數字藝術品認證中心註冊，得到許可後才能作業。而且所有發行的數字藝術品都必須先註冊才能發行。他們必須同意接受自律組織或是監管單位的監管。由於每個數字藝術品都是獨立不可複製，不可切割，每個都必須在認證中心註冊。認證中心有相關的藝術品評估中心提供評估服務，認證中心得到他們的評估後，決定是不是認證一個數字藝術品、成為國家體制下合規的「數字藝術品」。認定後擁有者可以買賣、收藏，展示。由於數字藝術品只存在電子環境（或是虛擬環境），所有交易都經由認證中心的認證流程來確定其合法擁有者。

系統特性：

- 使用多鏈系統，不同鏈維持不同數據，並且和自律組織或是監

管單位連接；

- 使用互鏈網，數據加密再分片，大大增強破解難度；
- 使用區塊鏈數據湖的雙鎖定的協議，數據加密存在兩個以上的區塊鏈系統內，保障數據不能被篡改；
- 採用數字憑證模型，而不是數字貨幣模型，物理資產仍然留在物理空間，但是數字憑證存在互鏈網系統上；
- 數字憑證包含擁有者的數字身份證，數字憑證被他人取去，買賣有困難，即使成交，智能合約會自動轉賬給資產合法擁有者。

31.4 助力國家數字文化戰略實施

2021 年 3 月 13 日兩會期間，發佈了《中華人民共和國國民經濟和社會發展第十四個五年規劃和 2035 年遠景目標綱要》，明確部署「實施文化產業數字化戰略，加快發展新型文化企業、文化業態、文化消費模式，壯大數字創意、網絡視聽、數字出版、數字娛樂、線上演播等產業。」

2022 年 3 月 28 日，中共中央辦公廳、國務院辦公廳印發《關於推進實施國家文化數字化戰略的意見》（以下簡稱《意見》）的通知。該意見的提出是為貫徹落實黨中央關於推動公共文化數字化建設、實施文化產業數字化戰略的決策部署，提出了總目標：「在到 2035 年，建成物理分佈、邏輯關聯、快速鏈接、高效搜索、全面共享、重點集成的國家文化大數據體系，中華文化全景呈現，中華文化數字化成果全民共享。」

《意見》明確了「科技支撐，創新驅動。促進文化和科技深度融合，集成運用先進適用技術，增強文化的傳播力、吸引力、感染力」的工作原則。其中涉及文化科技發展，文化資源上鏈，文化資產交易，文化數字消費，文化數字治理等重點工作，NFR 都將在其中發揮重要的科技支撐作用。

- 文化科技創新發展：科技創新主導，促進文化和科技深度融合，融合網絡，大數據、人工智能、區塊鏈、金融、超算、數字孿生、移動、雲計算、數字電視、安全等科技。
- 數字文化資源上鏈：依託信息與文獻相關國際標準，在文化機構數據中心部署底層關聯服務引擎和應用軟件，按照物理分佈、邏輯關聯原則，匯集文物、古籍、美術、地方戲曲劇種、民族民間文藝、農耕文明遺址等數據資源。
- 數字文化資產交易：文化產權交易機構要充分發揮在場、在線交易平台優勢，推動標識解析與區塊鏈、大數據等技術融合創新，為文化資源數據和文化數字內容的確權、評估、匹配、交易、分發等提供專業服務。推動文化機構將文化資源數據採集、加工、挖掘與數據服務納入經常性工作，將凝結文化工作者智慧和知識的關聯數據轉化為可溯源、可量化、可交易的資產。
- 文化數字消費：集成全息呈現、數字孿生、多語言交互、高逼真、跨時空等新型體驗技術，大力發展線上線下一體化、在線在場相結合的數字化文化新體驗。推動「大屏」、「小屏」跨屏互動，融合發展，促進網絡消費、定製消費等新型文化消費發展。
- 文化數字化治理：構建與文化數字化建設相適應的市場准入、市場秩序、技術創新、知識產權、安全保障等政策法規體系。

《意見》着重強調了數字化戰略助力經濟發展的功效，推動文化存量資源轉化為生產要素，將凝結文化工作者智慧和知識的關聯數據轉化為可溯源、可量化、可交易的資產。並強調「全民共享」，即：分享文化素材，延展文化數據供應鏈，推動不同層級、不同平台、不同主體之間文化數據分享。堅持把社會效益放在首位，文化數字化為了人民，文化數

字化成果由人民共享。

NFR 可以覆蓋文旅、體育、藝術、文娛潮玩等多個領域，為各種藝術形式的數字化表達賦能。單單國內文化藝術產業的產值就是四萬億，超過海外 NFT 市場的總值[57] 多倍。

NFR 不僅可以適用於百行百業，更適合植入中國元宇宙系統內。由於 NFR 可以在數字環境裏綁定數字資產，而且沒有使用任何數字代幣。因此，NFR 構成發展元宇宙的基礎磐石，可以用於治理元宇宙系統內的數字資產以及數字經濟。

NFR 也不會只是中國的科技或是標準。海外 NFT 寄居在數字代幣系統（例如以太坊系統）上，許多國家不認可數字代幣為「貨幣」，也不接受通過 NFT 的跨境洗錢通道[58]。

現在多國計劃大力發展元宇宙經濟，今天不接受數字代幣的國家，未來也不會接受數字代幣以及 NFT 進入他們境內的元宇宙系統。合規性、私隱保護會是這些國家元宇宙系統的必要屬性。

因此，NFR 就成為一項重要的選擇。使用 NFR，相關的數字經濟以及支付都會通過相關的銀行系統。所以 NFR 有望成為國際標準，在國際舞台上和海外 NFT 共存。

---

[57] 根據 2022 年 6 月 13 日國外網站（https://nftgo.io/analytics/market-overview）的數據，NFT 整體市值是 227.9 億美元，差不多等於 1500 億人民幣。

[58] 即使接受 NFT 的國家，也計劃出台監管政策。例如美國財政部在 2022 年出台政策，預備封鎖國際 NFT 洗錢通道。

總結

06

第 32 章

只見森林不見樹：
根在這裏

　　本章是本書的一個總結。在過去 14 年中，世界各國學者發表了幾十萬篇文章，幾千本書，幾千篇論文討論數字貨幣的出現，題目從數字貨幣經濟學、數字金融、比特幣、以太坊、ICO、DeFi、NFT、NFR 到元宇宙等。2015 年筆者開始研究區塊鏈，可參考論文屈指可數，就連 2016 年在倫敦舉辦的小型研討會（Workshop）都被英國媒體報導為「世界第一個國際區塊鏈學術討論會議」。經過多年發展，現在包括證券公司、律師事務所等多個行業、多個領域都在討論元宇宙、數字貨幣、NFT 等，數字貨幣也被多個國家列為國家金融戰略。事物發展日新月異。

　　同時，問題也出現了。數字貨幣關係到經濟理論、區塊鏈系統設計、加密協議、通訊、監管科技、交易科技等，但目前的研究大多由單一學院進行，而不是多個學院或是研究院聯合發展，2016 年筆者在北京提出建立這樣的融合學院。經過八年的發展，這種單一學院的研究方式的弊端開始突顯，例如一些重要機構發佈的數字貨幣研究報告就是基於單一學院發展出來的分析理論；把比特幣系統和以太坊系統假設為同樣的數字貨幣系統；把原臉書的合規穩定幣和 USDT 歸為一類，不區分公鏈和聯盟鏈。這顯然是不正確的假設。另外，一些電腦學院則是從系統架構

開始研究數字貨幣，例如共識演算法，分析數學。他們通常假設所有數字貨幣的交易流程都是一樣的，即交易就是結算，並認為這是創新，能夠改變世界。但是根據多年發展累積下來的交易原則共識，交易不好等於結算。這不是科技問題，是金融風險的問題。如果沒有這種認知，開發的科技也解決不了原始問題。

32.1 數字貨幣整體思想

所謂隔行如隔山，區塊鏈科技長期被誤解。一開始，區塊鏈技術是伴隨着比特幣、以太坊出現的，一些互聯網文章把兩者等同，多人在不了解其工作原理就接受了這思想，慢慢地誤區反而成了「真理」。這些誤區成為區塊鏈科技的發展的阻礙。許多學者多次在公開場合對區塊鏈科技嚴厲批評，就是這種根深蒂固的思想造成的。因為在他們眼裏，任何區塊鏈的工作都是比特幣，而比特幣會擾亂金融，會遵循無政府主義，而沒有真正地將區塊鏈以及數字貨幣當作一門學問，而且是一個關係國家經濟的重要科技來研究和看待。只在此山中，雲深不知處。

以下就是本書數字貨幣的總導圖：

圖 32-1：數字貨幣整體理論的導圖

一、交易科技和交易原則：交易科技和交易原則決定區塊鏈應該如何設計，而最近最重要的交易原則是國際標準 PFMI。根據這些原則設計出來的系統可以保護金融機構，可以在金融危機時避免被其他國家金融風險所殃及，減少系統性風險。這是數字貨幣理論的根基礎，也是數字貨幣系統的原始出發點。在本書第 5

章《央行數字貨幣起源》提到英國央行研究比特幣的出發點就是遵從交易科技和交易原則。如果從其他點出發，由於受到現有的系統影響，就會出現偏差。

二、 區塊鏈、數字貨幣系統設計：根據交易科技的流程和交易原則設計出來的區塊鏈系統以及數字貨幣系統，安全性最高，風險最小。這樣設計出來的區塊鏈系統和現在區塊鏈系統不一樣，數字貨幣交易的方式也會不一樣。如果根據現有的區塊鏈系統或是數字貨幣系統繼續開發，由於是基於不穩定的交易原則，不論再如何設計、優化，系統還是會出問題，或是存在金融風險，或是容易產生欺詐事件。

三、 數字貨幣經濟體系：不同的數字貨幣系統帶來不同的經濟體系。一個合規的數字貨幣系統設計會促進數字貨幣經濟體系健康，穩定地成長，而不是發生大量欺詐洗錢事件。相反的，一個有問題的數字貨幣會增加地下經濟，對國家、對社會都會產生不良的影響。如果一個國家接受了不合規數字貨幣，就可以預測其在將來必定會陷入困境，而且一個有問題的數字貨幣很難依靠國家制度使其「改邪歸正」。例如美國嘗試將比特幣合規化，結果如何？美聯儲邀請麻省理工學院更改比特幣代碼，為甚麼？德國銀行協會曾發表過類似的觀點，他們認為數字貨幣會影響到整個國家經濟體系，而不只是銀行或是金融業。

四、 國際經濟競爭：如果世界各國都發展數字貨幣，建立數字貨幣經濟體系，那麼在國際數字貨幣市場就會存在競爭。一旦有競爭就會有攻防，就會產生大量經濟摩擦，世界金融體系就會分裂。競爭包括金融競爭，還有對應的數字貨幣系統以及區塊鏈科技的競爭。

可以看到，以上四部曲會對國家、社會的影響大。雖然這四部曲看起來簡單，但卻是包含了多年研究經驗成果。如果以該框架來分析現代的一些數字貨幣項目，就可以清楚地看到其弊端。

32.2 比特幣路線

比特幣是世界第一個數字貨幣，其系統設計體系採用「交易＝結算」的交易方式，加上難移除性等特性讓全球監管單位無法將比特幣系統從世界上徹底移除。這表明比特幣的設計從一開始就是要建立全球地下經濟體系，可以在世界網絡的每個角落橫沖直闖，沒有限制。儘管比特幣的這一特性引發很多監管單位的不滿，但目前仍沒有直接治理的方法（現在多依靠間接方式，也很有效）。

由於比特幣是全球「貨幣」，因此國際攻防也很奇特：

· 地下經濟體系和合規經濟體系的競爭；

· 被制裁國家用來對抗制裁的工具，這已經發生許多次；

· 世界所有法幣和比特幣的競爭。2021 年美聯儲公開表示比特幣正在挑戰美元，而美元是世界儲備貨幣，如果比特幣能夠挑戰美元，就等於比特幣可以挑戰世界所有的法幣，例如歐元和日元！

圖 32-2： 比特幣數字貨幣理論的導圖

32.3 原始英國央行的彎路

英國央行是世界上第一個開啟央行數字貨幣的國家，但它提出的第一代央行數字貨幣的設計與比特幣大同小異。如果英國央行成功地實現第一代數字英鎊的模型，會產生怎樣的數字貨幣經濟體系呢？非常奇特！一個不是比特幣卻類似比特幣的四不像數字貨幣經濟體系。這裏就不再過多討論分析這個奇特的設計。

圖 32-3：RSCoin 數字貨幣理論

32.4 以太坊的散彈槍路線

事實上，以太坊的系統要比比特幣複雜得多。由於其系統增加了智能合約，於是就增加了可編程的經濟體系，而可編程的經濟體系可以應用在各行各業，於是數字經濟體系就會無限分支，而每一個分支的經濟體系又不一樣。因此，以太坊系統如果沒有被限制，將可能成為公鏈之首，推翻比特幣在數字代幣的「王者」地位，且難治理。

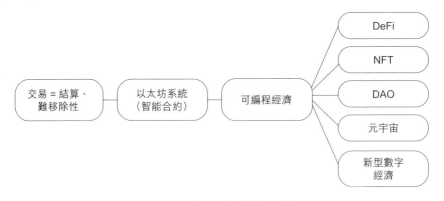

圖 32-4：以太坊經濟體系的導圖

圖 32-4 中最後一列提出「新型數字經濟」，是指未來數字經濟體系。如果讀者將這張圖與英國央行原有的數字英鎊路線圖進行對比，就會發現以太坊的經濟體系是一個「散彈槍」，子彈向多方向同時間發出，方向越多影響越大。

　　德國銀行協會通過以太坊「散彈槍」似的發展特性，認為可編程經濟是未來世界科技的最大競爭點。筆者在《智能合約：重構社會契約》一書中提出只有標準化、服務化、本土化的開發才能解決無限分支發展的問題，這就是皋陶模型的精神。如果允許智能合約自由開發，而又不對基礎設施以及應用標準化，就會發生永無止境的金融風險事件。

　　以太坊的攻防是最為複雜的，根基也是最不穩定的。由於其設計主要還是參考比特幣，而比特幣的發展也遠超「中本聰」最初的系統設計，其經濟體系同樣不完善，加之以太坊系統還在比特幣系統的基礎上加入了智能合約，由此導出來的數字經濟體系只會更加複雜，更不穩定。2022 年一連串 DeFi 欺詐事件，數字穩定幣事件都證實以太坊系統的基礎太過薄弱。因此，只有改變以太坊的交易方式和交易原則才能從根本上解決以太坊的問題，而不是在脆弱的基礎上繼續完善系統和應用代碼。

　　此外，以太坊系統在開發設計之時只是單純地考慮科技問題，在經濟上也只是準備發行「以太幣」，因此未曾預料會產生一個新的數字貨幣經濟體系。例如，2015 年英國央行提出基於區塊鏈的 CBDC，2019 年 6 月原臉書提出的數字穩定幣以及 2019 年美國提出的數字貨幣戰爭。這些新概念的出現讓合規數字貨幣與以太幣路線漸行漸遠。

32.5 我們提出的發展路線

　　本書一直強調的數字貨幣發展路線就是其設計必須從合規交易科技和傳統交易原則（PFMI）出發，這樣導出來的區塊鏈系統會和比特幣的

區塊鏈系統大不相同，其數字貨幣的作業方式差異也非常大。

為甚麼要跟隨比特幣（或是以太坊，或是超級賬本）的腳步前進，我們不能有自己的創新？這一次，不只是區塊鏈系統進行改革，還要對整個 IT 系統進行改革，是一次數字經濟的改革。

圖 32-5： 我們提出的區塊鏈發展路線

讀者自己的分析以及新發展路線

讀者如果以圖 32-5 來分析超級賬本系統，原臉書系統以及美聯儲在 2022 年 2 月提出的 CBDC 系統，就可以看出他們的路線有甚麼優勢？有甚麼缺點？從他們的出發點就可以預測在將來會遇到甚麼難題以及其解決方式。

讀者也可以提出新的發展路線。現在的數字經濟還處於非常早期的階段，以後的發展會是千變萬化的，比特幣、以太坊、超級賬本、NFT、 DeFi 不會是最終形態。

天下之大，不需為公鏈生，也不需為公鏈死。

放下過去，就是前進的第一步。